普通高等教育“十四五”规划教材

环境与资源类专业系列教材　程芳琴　主编

工程设计
（环境与资源类）

Engineering Design
(Environmental Engineering & Resources Recycling)

成怀刚　王　晓　宋慧平　李慧芳　张圆圆　**编著**

扫码看本书
数字资源

北　京
冶　金　工　业　出　版　社
2024

内 容 提 要

本书共分为12章，主要针对环境与资源循环类工程设计的特点，介绍了工程设计特征、工程制图、工艺流程设计、物料与能量平衡计算、设备选型、车间与管道布置、非工艺设计、设计概算和技术经济、设计文件编制、厂址选择及总布置设计、计算机辅助设计、工程设计发展历程等内容。

本书可作为资源循环、环境、矿物加工、冶金、化学等专业教材，也可供资源循环利用、低碳工业领域相关从业人员阅读参考。

图书在版编目(CIP)数据

工程设计：环境与资源类/成怀刚等编著. —北京：冶金工业出版社，2024. 1

普通高等教育“十四五”规划教材

ISBN 978-7-5024-9741-5

Ⅰ. ①工…　Ⅱ. ①成…　Ⅲ. ①工程设计—高等学校—教材　Ⅳ. ①TB21

中国国家版本馆CIP数据核字(2024)第040841号

工程设计：环境与资源类

出版发行　冶金工业出版社　　**电　　话**　(010)64027926

地　　址　北京市东城区嵩祝院北巷39号　　**邮　　编**　100009

网　　址　www. mip1953. com　　**电子信箱**　service@ mip1953. com

责任编辑　刘小峰　刘思岐　美术编辑　彭子赫　版式设计　郑小利

责任校对　王永欣　责任印制　窦　唯

三河市双峰印刷装订有限公司印刷

2024年1月第1版，2024年1月第1次印刷

787mm×1092mm　1/16；16. 75印张；403千字；253页

定价 56. 00 元

投稿电话　(010)64027932　投稿信箱　tougao@cnmip. com. cn

营销中心电话　(010)64044283

冶金工业出版社天猫旗舰店　yjgycbs. tmall. com

(本书如有印装质量问题，本社营销中心负责退换)

深化科教、产教融合，共筑资源环境美好明天

环境与资源是“双碳”背景下的重要学科，承担着资源型地区可持续发展和环境污染控制、清洁生产的历史使命。黄河流域是我国重要的资源型经济地带，是我国重要的能源和化工原材料基地，在我国经济社会发展和生态安全方面具有十分重要的地位。尤其是在煤炭和盐湖资源方面，更是在全国处于无可替代的地位。

能源是经济社会发展的基础，煤炭长期以来是我国的基础能源和主体能源，据统计，全国煤炭储量已探明1600余亿吨、原煤产量40余亿吨，其中沿黄九省区煤炭储量占全国的70%以上，原煤产量占全国的78%以上。煤基产业在经济社会发展中发挥了重要的支撑保障作用，但煤焦冶电化产业发展过程产生的大量煤矸石、煤泥和矿井水，燃煤发电产生的大量粉煤灰、脱硫石膏，煤化工、冶金过程产生的电石渣、钢渣，却带来了严重的生态破坏和环境污染问题。

盐湖是盐化工之母，盐湖中沉积的盐类矿物资源多达200余种，其中还赋存着具有工业价值的铷、铯、钨、锶、铀、锂、镓等众多稀有资源，是化工、农业、轻工、冶金、建筑、医疗、国防工业的重要原料。我国四大盐湖（青海的察尔汗盐湖、茶卡盐湖，山西的运城盐湖，新疆的巴里坤盐湖），前三个均在黄河流域。由于盐湖资源单一不平衡开采，造成严重的资源浪费。

基于沿黄九省区特别是山西的煤炭和青海的盐湖资源在全国占有重要份额，搞好煤矸石、粉煤灰、煤泥等煤基固废的资源化、清洁化、无害化循环利用与盐湖资源的充分利用，对于立足我国国情，有效应对外部环境新挑战，促进中部崛起，加速西部开发，实现“双碳”目标，建设“美丽中国”，走好“一带一路”，全面建设社会主义现代化强国，将会起到重要的科技引领作用、能源保供作用、民生保障作用、稳中求进高质量发展的支撑作用。

山西大学环境与资源研究团队，以山西煤炭资源和青海盐湖资源为依托，先后承担了国家重点研发计划、国家“863”计划、山西-国家基金委联合基金重点项目、青海-国家基金委联合基金重点计划、国家国际合作计划等，获批了

煤基废弃资源清洁低碳利用省部共建协同创新中心，建成了国家环境保护煤炭废弃物资源化高效利用技术重点实验室，攻克资源利用和污染控制难题，获得国家、教育部、山西省、青海省多项奖励。

团队在认真总结多年教学、科研与工程实践成果的基础上，结合国内外先进研究成果，编写了这套“环境与资源类专业系列教材”。谨以系列教材为礼，诚挚感谢所有参与教材编写、出版的人员付出的艰辛劳动，衷心祝愿环境与资源学科宏图再展，再谱华章！

2022 年 4 月于山西大学

前　言

工程设计是一项新技术从实验室走向生产线的桥梁，是建设项目生命周期中的重要环节。在工程设计过程中，通过提供可靠的设计文件和图纸，对建设项目进行整体规划，将科学技术转化为实际生产力。工程设计是否准确、经济和合理，对建设项目的可行性和生产成本都有着极为重要的影响。

本教材主要聚焦于资源循环工程设计，具体属于环境工程和废弃物回用的技术领域。近年来，随着环境污染物治理及环境保护意识的不断深入，资源循环的理念愈发受到人们的重视，主要面向各类废弃物和低值品的转化和利用。由于废弃物和低值品的来源极为广泛，因此各类资源化利用新技术不断涌现，使得资源循环工程设计不仅需要涵盖环境、化工、生物、矿冶等多个门类的技术手段，还需要紧跟新技术的发展趋势。在这种情况下，学科交叉和技术变革都对工程设计教材提出了新的要求。

据此，作者撰写了这部工程设计教材，主要面向废弃物资源化循环利用过程中的工程设计，讲述了工程制图、工艺流程设计、物料与衡量平衡计算、设备选型、车间与管道布置、厂址选择等内容，既包括了工程设计的方法和步骤，也介绍了建模计算、应用案例、新兴设计理念等方面的知识点。教材的第12章以课程思政的方式，回顾了资源与环境方向工程设计的发展成就。

为了跟进前沿的设计技术，作者在教材中还论述了工业互联网、智能工厂等最新的设计思想，并介绍了各类流程模拟、工艺衡算、布置模拟等方面的新型设计软件。另外，基于作者从事工程设计教学和实践的体会，在教材中还提供了若干实践性的资源循环设计案例，例如低品位盐矿制备加碘盐、盐矿分解-浮选制备钾肥、电石渣矿化制备纳米碳酸钙等，并在附录中提供了部分设计案例的全文。通过这些前沿设计技术和实践案例的分析，希望能让读者更深入地了解资源循环工程设计。

本教材第4、5、6、10章由青海大学王晓、李慧芳编著，其余章节由山西大学成怀刚、宋慧平、张圆圆编著。全稿由成怀刚汇总并校对，丛书主编、山西大学程芳琴教授对全稿的修改进行了指导。

作者感谢山西大学在本书出版过程中的资助、指导和帮助。本书获山西省教育厅教学改革、山西省研究生优秀教材建设项目（2021YJJG010）资助，在此表示诚挚的谢意。作为工程类教材，作者凝炼了在资源循环科研与工程研发中的心得与体会，因此作者由衷地感谢国家自然科学基金（U20A20149、22378241）、国家重点研发计划（2023YFE0100700、2022YFB4102100）、山西省和青海省基础研究计划（2023-ZJ-920M 等）等项目所提供的历练机会。同时，第一作者感谢青海大学化工学院及青海省昆仑英才·高端创新创业人才计划的帮助，感谢山西省“1331 工程”计划的培育，以及山西省科技厅和青海省科技厅的大力支持！

敬请读者提出宝贵意见、批评指正，使本教材得以不断改进！

编著者

2023 年 11 月

目　录

1 环境与资源领域的工程设计

本章提要：

(1) 了解环境工程和资源循环工程的特点，以及工程设计在工程建设中所发挥的作用。

(2) 理解工程设计的分类及设计阶段，了解不同阶段设计工作的内容与程序。

(3) 对于环境工程和资源循环工程，理解工程设计的特点和原则。

工业社会中的环境保护是21世纪全球关注的焦点问题之一，环保与资源循环的原则也是我国经济社会发展的重要基点。党的二十大报告中指出，“加快发展方式绿色转型。推动经济社会发展绿色化、低碳化是实现高质量发展的关键环节……实施全面节约战略，推进各类资源节约集约利用，加快构建废弃物循环利用体系”。在新的发展形势下，节能环保、资源循环利用已经成为先进工业的根本理念。

从古至今，不同形式的资源开发都容易引发环境问题。例如，远古时期为了获取更多的农业资源，开荒种田引起森林植被破坏，或者开荒用火造成森林火灾；早期的农业生产中一些不合理的开垦和灌溉活动造成水旱灾频繁、水土流失、土地贫瘠等；手工业时期的矿山资源采掘导致矿区生态受损，炼铁、冶铜、锻造、制革等活动引起“三废”以及生活垃圾的无序排放——这些都是人类活动导致环境问题的案例。在工业革命之前，人类资源开发活动虽然导致了一定的环境问题，但是并没有像工业时代那样引起巨大的破坏。工业革命以后，大规模、系统化的工业活动逐渐演化为环境问题的重要源头之一。

应对环境问题的措施有很多，例如通过技术进步减少污染物的排放，或者将废弃物进行资源化循环回用等。对于后者而言，由于资源循环是通过消纳废弃物来避免污染的，既实现了减排，又推动了环保，因此是解决环境问题较为彻底的途径之一。这就要求将各类新技术的优势充分发挥出来，建立资源循环的工厂或车间。然而在生产过程得以建立之前，一个基本的技术保障就是要做出一份完善且可靠的工程设计。在这种情况下，工程设计就成为衔接资源循环工程与环境工程的工具之一。

本章从环境问题出发，沿着历史脉络简要地介绍了环境工程的由来，以及如何从中发展出了资源循环科学与工程，并阐述了资源循环工程设计的作用、分类和原则等。

1.1 环境问题与资源循环

1.1.1 环境问题及环境工程的发展

与农耕和手工业时代相比，工业时代的环境问题更为突出，更加凸显了资源索取与环境问题之间的矛盾。随着资源需求的加大，尤其是工业社会的全球化进程加快，范围大、破坏严重的环境污染问题随之出现。大规模工业发展起来之后，典型的环境案例为规模化工业早期的一些环境污染事故，即已被写入教科书的20世纪初的八大环境公害事件。所谓八大公害事件，是指在20世纪30年代至60年代，因现代规模化工业的兴起和发展，工业废弃物排放的增加幅度远远超出了社会消纳的容量，致使出现了惊人的环境污染和破坏事件。这些事件包括1930年12月发生在比利时的马斯河谷烟雾事件，致60余人死亡、数千人患病；1948年10月发生在美国的多诺拉镇烟雾事件，致5910人患病、17人死亡；1952年12月发生在英国的伦敦烟雾事件，致4000多人死亡，甚至事故之后又死亡了8000多人；第二次世界大战之后每年的5~10月，美国洛杉矶都会发生光化学烟雾事件，致人发病，并引发交通事故；1952~1972年，日本间断发生的水俣病事件，死亡50余人，283人严重致残；1931~1972年间断发生的日本富山骨痛病事件，致34人死亡、280人患病；1961~1970年发生的日本四日市气喘病事件，2000余人受害，不堪忍受病痛而自杀者数十人；1968年3~8月，日本还发生了米糠油事件，致数十万只鸡死亡、5000余人患病。

这些环境公害事件具有一些共同的特征，例如都发生在工业发达国家，都发生在规模化工业蓬勃发展的早期，并且都因为人类对工业经济的依赖已经不可剥离而难以避免。与此同时，解决这些环境污染公害事件的过程也呈现出了一些共性的特点，例如都是依靠技术进步，在继续满足人类社会资源需求的前提下，通过减排、污染物处理等方式来减少污染物排放，从而改善生态环境。

在这种情况下，环境工程应运而生。在环境工程发展历程中有几次代表性的国际会议，其中包括1972年6月5~16日，在瑞典斯德哥尔摩召开的联合国人类环境会议。这次会议通过了《人类环境宣言》和《人类环境行动计划》，目的是要促使人们和各国政府注意人类的活动正在破坏自然环境，并给人们的生存和发展造成了严重的威胁。联合国人类环境会议确立了人类对环境问题的共同看法和原则，号召各国政府和人民为保护和改善环境而奋斗，并开创了人类社会环境保护事业的新纪元，是人类环境保护史上的一座里程碑。

随后，1992年6月3~14日，在巴西里约热内卢召开了联合国环境与发展大会，会议提出将经济发展和环境保护结合，并提出了可持续发展战略；2002年8月26日至9月4日，在南非约翰内斯堡召开了可持续发展世界首脑会议，会议提出经济增长、社会进步和环境保护是可持续发展的三大支柱；2012年6月20~22日，在巴西里约热内卢召开了联合国可持续发展大会，会议发起了可持续发展目标讨论进程，并提出绿色经济是实现可持续发展的重要手段。

中国的环境工程是在20世纪70年代中后期发展起来的，1977年，清华大学在原有给水排水专业的基础上，成立了我国第一个环境工程专业。截至2000年初，中国大约有140多所大学成立了环境工程专业。中国十分重视环境教育工作，确立了“环境保护，教育为本”的指导思想，指出环境教育是一项终生教育的基础工作，是提高全民族环境道德素质和环境科学文化素质的基本手段。例如，为了指导与实施标准化建设，国家环境保护总局在国家商标局注册了“中国环境标志”，其图形俗称“十环”，由青山、绿水、太阳及周围的十个环构成，图形中心结构表示人类的生存环境，外围紧密结合的十个环表示公众共同保护环境。“十环”标志的作用等同于一种对工业商品的认证，可以表明产品符合特定的环保要求，通常用于建材、汽车、家电、日用品、办公用品等。

1.1.2 环境工程背景下的资源循环科学与工程

随着工业活动的发展，其引发的环境问题对社会经济造成了很大的反噬和危害。既要发展工业、农业与社会经济，又要避免废弃物的产生或规避废弃物对环境的危害，那么可行的解决方案之一即为消纳这些废弃物，也就是设法使各类废弃物成为二次资源，得到循环回用。基于这样的需求，在发展环境工程的背景下，资源循环的理念越来越受到重视。

资源循环与环境工程既有传承，也有区别。伴随着对环境问题的认识的不断深入，首先发展起来的是基于污染治理的环境工程，随后由于废弃物回用的现实需要，产生了资源循环科学与工程。从这个角度来看，资源循环科学与工程是环境工程的延伸，然而二者的区别也是显而易见的。

首先，环境工程和资源循环的内涵并不完全相同。环境工程是全面研究环境治理的工程学科，重点针对自然资源保护、环境污染防治、环境质量提高等方面的问题，侧重于环境工程建设、环境监测、污染防范与处理，其目标是污染的最小化，利用科学的手段解决日益严重的环境问题、改善环境质量、促进环境保护与社会发展。资源循环科学与工程则是解决环境问题的具体且重要的手段之一，主要研究废弃物资源的再生利用，考察再生物质的性能和应用，追求节能减排，解决废弃物二次资源化的科学和技术问题，开展资源循环的科学研究与产业化工作，其目标是废弃物的资源化，贡献于国家节能减排、低碳经济及循环经济的发展需求。在资源循环过程的实际运行中，建设工厂、开发产品、发展生产的意识是特别突出的。

其次，与环境工程相比，资源循环科学与工程更注重不同废弃物资源化技术之间的交叉。由于废弃物的来源极为广泛，包括了各类工业废气、废水及固体废弃物，以及农业、医疗、建筑业、制造业、市政的生产和生活垃圾等，因此可想而知，资源循环需要面对的原料、使用的技术手段、转化的产品都是多样化和复杂的。从这个角度来看，资源循环科学与工程不同于经典意义上的环境治理，不同行业间技术交叉的特征较为明显，涉及环境工程、化学工程、制药工程、材料科学、矿物加工、冶金工程、机械制造等各行业的新技术，与经济、管理等领域也有关联；同时，因为可能用到自动控制、智能生产等技术，所以也与自动化、控制工程、大数据、通信工程等专业密切相关。因此，对于资源循环过程而言，技术的多样性和复杂性都非常明显。

从某种意义上来说，资源循环科学与工程是建立在工厂生产和技术交叉的基础上的。在工厂的建设过程中，在需要采纳多类行业技术的情况下，要求首先要做好工程设计，根据不同废弃物的理化性质，按照相关规范编制工程建设过程所需的报告、图纸和文件，并通过工程验收，保证废弃物资源循环流程的正常运行。

可以说，从环境治理到资源循环，以资源循环手段解决环境问题，是社会经济发展的必然结果。伴随着工业经济发展对废弃物处理、处置、利用的实际需求，中国教育部自2010年开始布局高等学校的资源循环科学与工程专业，属于工学门类。工程设计作为实践性特色明显的课程，是资源循环教学中的重要一环。

1.2 工程设计的价值和意义

1.2.1 资源循环工程设计的范围

资源循环工程活动伴随着环境治理而存在，是国民经济重要的组成部分，需要大量具备正确设计思想和相应专业知识的专业人员，这对于设计新厂、旧厂改造、新产品研发、降低能耗、综合利用、“三废”治理和提高生产效率都十分必要。此类工程设计的对象主要是废弃物循环利用的建设项目，与之相关的还有相应环境保护设施的建设项目，包括工业活动相关的废气、污水、固体废弃物、噪声污染、放射性电磁污染防治与处理设施等。一些对环境产生影响但缺少环保设施的老企业，如需新增环保及废弃物回用设施，则也属于资源循环工程设计的范畴。

本书所述的工程设计，是以资源循环工程设计为主的，并充分考虑了环境工程的特点。

1.2.2 工程项目的建设过程

一个建设项目从设想到建成投产，一般包括投资决策前、投资、生产（运行）三个时期，统称为基本建设阶段。其中，投资决策前时期还要划分为项目建设书、可行性研究、评估和决策、编制计划任务书等阶段。在投资时期，相应的工作包括谈判和订立合同、工程设计、施工、试运转、项目竣工验收等阶段。投资决策前时期和投资时期结束之后，开始进入生产（运行）时期。我国的这种项目管理方式，既适用于单独实施的整体建设项目，也适用于整体建设项目的子项目。

1.2.3 工程设计的作用

在资源循环领域，工程设计主要是根据废弃物处理与回用过程的特点，设计生产流程，研究其合理性、先进性、可靠性和经济可行性，再根据工艺流程和条件选择合适的生产设备、管道及仪表等，进行工厂的布局设计，同时工艺专业与非工艺专业紧密合作，最终使工厂建成投产。工程设计将资源循环的设想推向了应用，涉及采矿、冶金、化工、环境、机械、土建等各个专业，以及国情、国策、标准、法规、资源、产品、市场、用户等诸多方面，还需要考虑安全卫生、运输、给排水、采暖通风等多个因素，是一门综合性很强的技术科学。工程设计的作用是将科学技术转化为实际生产力，保障扩大再生产，更新改造原有企业，增加产品种类、提高产品质量，节约能源和原材料，促进国民经济的发展。

另外，通俗来讲，工程设计和工艺设计之间还存在着一些区别。在现代工业生产中，工艺设计和工程设计是两个必需的设计环节，二者略有不同。工艺设计的目的是制订生产工艺流程，包括原材料选择、生产工艺、设备选型、生产线布局等。而工程设计则是以工艺设计为基础，进一步设计出设备、生产线、厂房等。工艺设计是工程设计的前提，只有确定了工艺流程，工程设计才可以展开；工程设计是工艺设计的实现，通过工程设计将工艺流程转化为生产设备和厂房。

1.2.4 学习工程设计的意义

在工程项目建设的过程中，工程设计发挥着主导性作用，决定了企业在建设时能否按时保质施工和节省投资，以及运营时能否获得预期的社会效益、环境效益和经济效益。从这个角度来看，工程设计是工程建设中的关键。由于新改扩建工厂、技术革新改造、节能降耗、废弃物治理、产品开发等都需要具备工程设计的专业知识，因此进行有关工程设计方面知识的学习和训练是必要的。

通过本课程的学习，可帮助学生掌握有关工程设计的基本理论，了解并熟悉设计有关的规范标准以及技术经济等内容和要求；熟悉可行性研究报告、设计说明书和工艺设计图的有关内容、特点、规范和标准等，增强工程概念，培养学生运用不同学科的基本理论来解决实际问题的能力。

1.3 工程设计分类与设计阶段

1.3.1 工程设计分类

根据建设项目性质，对于新建项目，工程设计类型可分为工程设计、复用设计和因地制宜设计。其中，工程设计主要是指没有装置可以参照的设计，或者仅能根据中试或其他实验装置来设计的工业生产装置；复用设计是指依据已有装置来进行新装置的设计，这种设计一般不需要做出大的改动；因地制宜设计是指根据已有装置的技术资料，基于新建装置的实际情况进行改进，以适应新装置的要求。

根据厂区和车间的划分原则，化工厂等资源生产类工厂的设计可以分为三种类型，即新建工厂设计，原有工厂改建和扩建设计，以及车间、厂房的局部修建设计。其中，新建工厂设计涉及的范围最广，是最具代表性的设计工作。

从设计的工作性质上看，资源与环境工程设计大致可分为两类，即设施工程设计和新技术研发过程设计。设施工程设计是常规意义上的资源环境工程设计，将成熟技术或经过中间试验并通过中试鉴定的新技术作为设计的基础，贯穿建设项目的各个阶段，设计阶段一般可分为初步设计和施工图设计[1]；新技术研发过程设计一般需要经过概念设计、中间试验设计和基础设计三个阶段，是保证一项新技术从实验推进到设施工程的必需步骤。

（1）概念设计。概念设计是指依靠从实验研究而来的概念及数据，确定工艺流程、条件、设备选型等，估算基建投资、产品或运行成本等技术经济指标。概念设计需要和中间试验（中试）相结合，可以在中试之前进行，也可以在中试以后开展。如果在中试以前开展概念设计，则应判断研究的工艺条件是否合理，数据是否充分，并据此提出研发项目的初步经济评价，确定技术路线是否合理及其改进措施；或者确定是否需要补充小试的实验内容，以及是否需要进行中试及其规模、范围，明确中试研究应该解决的问题和所需数据等。

中试以后的概念设计，其工作内容仍是确定工艺流程和条件，在此基础上还要开展进一步的技术经济性分析，确定该项目工业化的可能性。如果发现研究中存在问题和不足，则应及时采取措施以及时解决问题。

（2）中间试验设计。中间试验简称中试，主要是为了解决从实验研究到工业应用的过程中可能存在的问题，尤其是相关过程的技术经济性。与之相对应的是中试之前的小试阶段，即小量试制，大多是在实验室内探索工艺方法，通过积累数据而提出合适的技术路线。小试的目的主要是对方案进行探索和开发，需要明确预定的反应或分离过程是否可行，试制出合格的产品样本。转入中试阶段以后，需要回答采用何种手段、装备的问题，在小试基础上考察中等规模试验过程的各项经济技术指标。

之所以要进行中试，是因为生产环节的规模、原料来源、流场条件、传递环境、反应器型式与材质都与小试阶段有很大区别，有必要验证和完善小试工艺的合理性，开展设备选型和车间布置等工作，为正式生产提供基础工艺数据。特别地，在中试阶段验证实验室研究或小试研究是否可靠的过程中，需要着重考察从小试到中试的放大效应，研究没有在实验室阶段进行考察的各个因素，并进行设备、材料、仪器、控制方案等方面的试验。中试之后往往还需要经过工艺验证或示范生产，才会正式进入工业生产阶段。

开展中试的设计时，应当注意在能满足各项试验任务的要求，不因规模小而引起设备选型困难的情况下，尽量选择小的试验规模；地点应在有同类生产装置的老厂，以节省原料和辅料材料费用；在保证能够实质反映工业生产规律的情况下，可以不开展全流程试验，流程和设备结构也不必与工业装置完全相同。

中试设计的内容虽基本和工程设计相同，但由于其规模小，当施工安装力量较强时，可以不绘制管道、仪表、管架等安装图。

（3）基础设计。基础设计是新技术开发阶段的总结性成果，一般在研究内容全部完成和通过鉴定后进行，内容主要包括将要建设的设施或装置的所有技术要点，如设计基础、工艺流程图及说明、带控制点的管道流程图、设备名称表和设备规格说明书、对工程设计的要求、设备布置建议图、装置操作说明、自动控制设计说明、安全卫生及劳动保护要求、消耗定额等。

1.3.2 设计阶段划分

建立一座工厂，一般需要经过可行性研究、化工设计、施工、试车和考核等过程，统称为基本建设阶段[2]，其基本建设程序如图 1-1 所示。另外，从投资决策的角度而言，这样的过程大致还可以划分为投资决策前、投资、生产（运行）等三个时期，如 1.2.2 节所述。

新建一个工厂，首先进行可行性研究，即对生产产品的原料供应、生产技术、销售等情况进行调查、评价，写出可行性报告，送交上级部门和建设单位审核，待报告经审核批准后，进行组织设计。设计的同时，展开建厂的筹备工作。在主要施工图设计完成后，现场施工全面展开，进行设备和管道的安装施工；在整个生产装置安装完毕后，要及时开展各项试车工作。首先进行设备单车试车，然后进行组织联动试车，而后转入技术考核。在技术考核期内，只有在各项技术指标均达到设计要求后，该厂才算建成投产，转入正常生产管理。

根据工厂设计的客观规律，在设计工作方法上，一般采用由浅入深、由原则到具体、分阶段进行的办法。目前在设计阶段划分上，国内与国际通用设计体制还存在着不同。

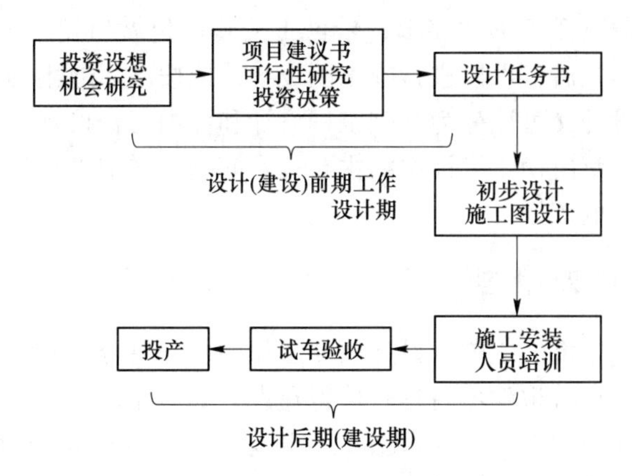

图 1-1 工程项目的基本建设程序

1.3.2.1 国外设计阶段划分

国际通用设计体制是当今世界通用的国际工程公司模式，该设计体制有利于工程公司对工程建设项目进行总承包，对项目实施进度控制、质量控制和费用控制，也是工程公司参与国际合作竞争并进入国际市场的必备条件。国际上通常把全部设计过程分为两大设计阶段，即由专利商承担的工艺包（基础设计）和由工程公司承担的工程设计。

具体而言，工程设计又分为工艺设计、基础工程设计和详细工程设计三个阶段。

工艺设计阶段属于工程设计的第一个阶段，主要是把专利商提供的工艺包或本公司开发的专利技术按照合同的要求进行工程化，转化为工程公司的设计文件。

基础工程设计阶段通常以工艺设计为依据，始于工艺发表、设计开工会议，以关键图纸的发表为结束，这些图纸包括供详细工程设计用的管道及仪表流程图、管道平面设计图和装置布置图。国外有的工程公司还将基础工程设计细分为分析设计和平面设计两个阶段。分析设计主要为平面设计阶段的工作提供设计条件，所做的工作包括编制管道及仪表流程图、工艺控制图和装置布置图，以及编写设计规格说明书和设备请购单等；平面设计主要为详细工程设计提供设计依据，需要编制管道平面设计图、审查设备供货方的图纸，以及统计散装材料、进行首批材料订货等，此阶段以管道平面设计图的发表为其结束的标志，由此进入详细工程设计阶段。

详细工程设计阶段为施工图设计阶段，需要提供全套施工图纸、进行散装材料的最终统计、完成材料订货、审查并确认供货厂商图纸等。

1.3.2.2 国内设计阶段划分

我国设计阶段一般按工程规模的大小、工程的重要性、技术的复杂性、设计条件的成熟程度以及设计水平的高低而分为两个阶段或三个阶段进行设计。对于重要的大型企业、技术复杂或比较新型的工厂，为了保证设计质量，一般分三个阶段进行设计，即初步设计、技术设计（又称扩大的初步设计、扩初设计）和施工图设计阶段。对于技术比较简单或比较成熟的、生产规模较小的工厂及车间，以及当技术改造与措施比较成熟时，可以将设计简化至两个阶段，即技术设计和施工图设计阶段。

一般而言，开展工程建设项目时，在工程设计工作前，需要将技术的工艺包（基础设计）形成向有关部门和用户报告、供审批的初步设计。初步设计在批准的可行性研究报告的基础上进行，根据设计任务书的要求，依据工艺软件包做出技术经济可行的设计方案。初步设计经过审查批准之后，可以进行施工图设计，或按国际通用的设计程序进行工程设计，这一部分的工程设计又可以分为基础工程设计和详细工程设计。基础工程设计一般根据已批准的初步设计，解决初步设计中的主要技术问题。详细工程设计则在基础工程设计之后，将成为工程施工的依据。

1.3.3 设计前期工作步骤与内容

在工程项目的设计未批准之前，设计前期工作的任务是分析和比较该项目的技术、工程和经济潜力，论证和评价拟建项目是否值得建设、如何建设。对于设计前期的工作步骤与内容，国内外做法还不完全一致。国外分为机会研究、初步可行性研究、可行性研究、评价及决策等阶段；国内则分为项目建设书、可行性研究、编制设计任务书等阶段。本节主要介绍国内的设计前期工作步骤与内容。

1.3.3.1 项目建议书

项目建议书是指建设单位在完成机会研究或大型项目初步可行性研究后，针对可能的投资项目，快速并以少量费用完成向上级主管部门报送的建议性文件。对于列入建设前期工作计划的项目，均应有经批准的项目建议书。

项目建议书是由项目法人单位依据社会发展的长远规划、国家产业政策，以及行业、地区发展规划和国家的有关投资建设法规而进行编报的。项目建议书应对拟建项目的各个要素进行认真的调查研究，并据实进行测算和分析。建议书的内容和深度随工程项目的不同而有所差别，根据工程项目条件的不同而各自有所侧重，可根据拟建项目具体情况确定。

项目建议书[2]的内容包括如下几点：

(1) 项目建设的目的和意义：项目提出的背景和依据，投资的必要性及经济意义。

(2) 市场预测分析：国内外市场中产品的供需现状、进出口情况与远期预测；相同或可替代产品的生产能力及发展趋势；产品的销售潜力预测，市场竞争能力、销售价格现状与预测。

(3) 产品方案和生产规模：产品及副产品的品种、规格、质量指标及拟建规模（以日生产能力和年生产能力计）；产品方案是否符合国家产业政策、行业发展规划、技术政策和产品结构要求。

(4) 工艺技术初步方案：生产方法和技术来源；引进技术和设备的范围、内容及理由。

(5) 原材料、燃料和动力的供应：原材料、辅助材料、燃料的种类、规格、年需用量及供应来源；资源的来源、品位、成分等情况，资源供给的可能性和可靠性；水、电、汽等动力的用量，供应方式和供应条件。

(6) 建厂条件和厂址初步方案：建设地点的自然条件和社会经济条件，当地的发展规划要求；厂址方案选择的初步意见。

(7) 公用工程和辅助设施初步方案：公用工程初步方案、辅助设施初步方案、土建（建筑与结构）的初步方案等。

(8) 环境保护：建设地区环境概况，包括拟建厂址、渣场场址情况，以及周围的大气、地面水、地下水、噪声环境质量状况，应执行国家规定的环境质量标准和污染物排放标准；对于企业扩建和技术改造的项目，应说明企业废弃物排放和环保工作情况；污染源的位置，所排污染物的种类、数量、浓度、排放方式；拟采用的原料路线、工艺路线，主要生产装备的初步方案是否符合清洁生产的要求，提出环境保护和综合利用的初步措施和方案；拟建项目的初步环境影响分析。

（9）工厂组织和劳动定员估算：工厂体制及管理机构设置的简要说明，工厂班制和劳动定员的估算。

（10）项目实施初步规划：建设工期初步规划，项目实施初步进度表。

（11）投资估算和资金筹措方案：投资估算，资金筹措方案。

（12）经济效益和社会效益的初步评价：产品成本和费用估算，财务分析、经济分析、社会效益分析。

（13）结论与建议：结论，存在问题，建议。

另外，项目建议书还应该包括一些附件，例如大中型项目的初步可行性研究报告，或者厂址选择初步方案报告（新建项目），主要原材料、燃料、动力供应及运输等初步意向性文件或意见，资金筹措方案初步意向性文件，有关部门对建厂地址或征用土地的初步意见，建设项目可行性研究工作计划，以及邀请外国厂商来华进行初步交流计划等。

1.3.3.2 可行性研究

项目建议书经筛选后，需要进行可行性研究论证，其步骤是收集资料并进行必要的科学研究和试验，再进行可行性分析、论证，然后根据地区和行业规划的要求，对建设项目的技术、工程和经济进行调查研究和分析比较。可行性研究的目的主要是科学、民主地对建设项目开展投资决策，对拟建项目做出正确的判断，避免和减少投资失误，以便于有效地利用投资。可以说，在实际工程建设过程中，可行性研究是十分必要的。可行性研究有助于发现新建项目和改扩建项目中的一些问题，从国家战略需求和企业发展需求的角度进行综合性的比较和论证，在投资和建设方面给出参考性的意见，为决策提供依据。总体来看，可行性研究报告除了作为建设项目的设计基础之外，还可以作为项目管理部门、建设单位、投资方的谈判依据，以及筹措资金和申请贷款的依据。

可行性研究的主要内容包括对各个方面因素的研究，如市场销售情况、原料和技术路线、工程条件、人员情况（劳动力来源和费用、人员培训、项目实施计划）、资金和成本、经济效果等。可行性研究的结果是提交可行性研究报告，在编制时需要依据一些文件，包括正式批准的资源储量、品位、成分的审批意见，厂址选择和选线报告（大型项目），原材料、燃料、动力供应和运输，征地，供水等有关协作单位签署的意见或签订的意向性协议书等；另外，自筹资金建设的项目应附同级财政、物资部门对资金来源和物资供应的审查意见，还可附有环保部门对环境影响的预评价报告的审批意见、城市规划部门对建厂地点和征用土地的审批意见、相关外国厂商的基本情况资料、外国厂商技术交流及初步探询价格的有关资料等。

可行性研究报告[2]的内容可以包括如下几个部分：

（1）总论；

（2）产品需求和市场预测；

（3）产品方案及生产规模；

（4）工艺技术方案；
（5）资源可靠性，原材料、燃料的供应及公用设施情况；
（6）建厂条件和厂址方案；
（7）公用工程和辅助设施方案；
（8）节能；
（9）环境保护及安全、工业卫生；
（10）工厂组织、劳动定员和人员培训；
（11）项目实施规划和安排；
（12）投资估算和资金筹措；
（13）产品成本估算；
（14）财务、经济评价及社会效益评价；
（15）评价结论；
（16）相关附件。

除了上述的内容之外，可行性研究报告还有其他形式的章节设置，例如在建设偏重于环境工程的大中型项目时，可行性研究报告可以按如下章节[1]进行撰写：

（1）总论；
（2）项目背景和发展概况；
（3）市场分析与建设规模；
（4）建设条件与厂址选择；
（5）工厂技术方案；
（6）环境保护与劳动安全；
（7）企业组织和劳动定员；
（8）项目实施进度安排；
（9）投资估算与资金筹措；
（10）财务与敏感性分析；
（11）可行性研究结论与建议。

在上述的可行性研究报告章节中，项目总论需要指明项目的背景情况，例如项目承办单位、主管部门、拟建地点等；还需要说明可行性研究的结论和主要技术经济指标。

项目背景部分需要说明项目提出时相应的国家或行业发展规划，以及项目发起的缘由；项目发展概况方面应指出已进行的调查研究项目及其成果、试验工作情况、厂址初勘情况等，以及项目建议书或初步可行性研究报告的撰写、提出及审批过程情况；另外，还要说明投资的必要性。

撰写市场分析与建设规模时，应写出市场调查与市场预测情况，包括拟建项目产出物用途、产品现有生产能力、产品产量及销量，以及有无替代产品、产品价格如何、国外市场情况等，做出国内市场需求预测、产品出口或进口替代分析、价格预测等；可以写明推销方式、促销价格制度、产品销售费用预测等市场推销战略，以及产品方案和建设规模，做出产品销售收入预测等。

建设条件与厂址选择方面，需要阐明资源和原材料、建设地区选择、厂址选择三个问题。例如，从资源评述、原材料及主要辅助材料供应、生产试验原料等角度论述资源和原材料的来源，从自然条件、基础设施、社会经济条件等角度说明选择建设地区的理由，进行厂址的多方案比较，提出厂址选择的推荐方案。

在工厂技术方案部分，需要写明项目组成、生产技术方案、总平面布置和运输、土建工程等内容[3-5]。其中，对于生产技术方案，应指明产品标准、生产方法、技术参数和工艺流程、主要工艺设备选型、原材料和燃料动力的消耗指标、主要生产车间的布置方案；对于总平面布置和运输，应说明总平面布置原则、厂内外运输方案、仓储方案、占地面积及分析；对于土建工程，应该论述主要建筑物和构筑物的建筑特征与结构设计、特殊基础工程的设计、建筑材料等内容。

在环境保护与劳动安全部分，需要撰写的内容包括建设地区环境现状、主要污染源和污染物、环境保护标准、治理环境的方案、环境监测制度建议、环境保护投资估算、环境影响评价结论、劳动保护与安全卫生等。其中，劳动保护与安全卫生方面应说明职业危害因素、安全卫生主要设施、劳动安全与职业卫生机构、消防措施和设施方案建议。

在企业组织和劳动定员部分，企业组织应包括企业组织形式和企业工作制度；劳动定员需要说明劳动定员情况、年总工资和职工年平均工资估算、人员培训及费用核算等。

项目实施进度安排包括项目实施的阶段计划、实施进度表、实施费用等内容。其中，实施阶段计划包括七个阶段：建立项目实施管理机构、资金筹集安排、技术获得与转让、勘察设计和设备订货、施工准备、施工和生产准备、竣工验收。项目实施费用包括六个科目：建设单位管理费、生产筹备费、生产职工培训费、办公和生活家具购置费、勘察设计费、其他的支持费用。

投资估算与资金筹措方面包括三个内容：项目总投资估算、资金筹措、投资使用计划。对于项目的总投资，需要考虑固定资产投资总额和流动资金估算；对于资金筹措，需要明确资金来源和项目筹资方案；对于投资使用计划，除了要明确投资使用计划之外，还应该明确借款偿还计划。

财务与敏感性分析是可行性研究报告的重要内容之一，应合理论述生产成本和销售收入估算，该科目包括生产总成本估算、单位成本、销售收入估算；另外，还需要论述财务评价、国民经济评价、不确定性分析、社会效益和社会影响分析。

在可行性研究报告的最后，需要给出可行性研究结论与建议，以及提供必要的附件和附图。

需要注意的是，正式的可行性研究报告需要由具备相关资质的机构出具。在大中型建设项目的可行性研究工作进行过程中，为了能够进行技术、经济、商业及社会分析和评价，需要组织各方面人员共同完成。与此同时，银行也需要对项目进行评估。可行性研究可由主管部门下达计划，或由相关部门和技术单位委托设计单位或咨询机构进行。承担研究的单位或咨询机构必须是权威性的，国家各部委、各省市自治区和全国性专业公司要对其业务水平和信誉状况进行资格审查和确认。承担可行性研究的单位在完成全部工作后，要把报告和有关文件提交委托单位。

1.3.3.3 设计任务书

在可行性研究的基础上，按照审定的建设方案，落实各项建设条件和协作条件，审核技术经济指标，确定厂址和落实建设资金，然后便可以编写设计任务书，这是设计工作的依据。

设计任务书[2]的内容如下：

（1）建设目的和依据；

（2）建设规模、产品方案，生产方法或工艺原则；

（3）矿产资源、水文地质和原材料，燃料、动力、供水、运输等协作条件；

（4）资源综合利用和环境保护、废弃物治理的要求；

（5）建设地区或地点，占地面积的估算；

（6）防空、防震等要求；

（7）建设工期；

（8）投资控制数；

（9）劳动定员控制数；

（10）经济效益的要求。

设计单位接到设计任务书后，基于任务书的内容和要求，可以开始收集资料，并准备初步设计。改扩建大中型项目的计划任务书还应包括原有固定资产的利用程度和现有生产潜力发挥情况；自筹基建大中型项目的计划任务书，还应注明资金、材料、设备的来源；小型项目的计划任务书的内容则可以简化。在上报计划任务书时，应附送经国务院主管部门或各省、自治区、直辖市批准的矿产资源储量报告，水文、地质资料，以及生产所需原料，协作产品，燃料、水源、电源、运输等协作关系的意见书或协议文件。

1.3.4　初步设计阶段工作内容与程序

当设计任务书发布之后，设计单位就可以开始进行初步设计，即编制初步设计文件。初步设计阶段的目的是论证工程项目的技术可行性和经济合理性，说明在指定地点和规定期限内如何选址及确定原料供应来源，衡量工程的总造价和基本技术经济指标。具体的初步设计任务包括根据设计任务书或可行性研究报告来确定总体设计原则、标准、方案和重大技术问题，并对其他非工艺专业提出相应的技术要求，以便于据此得出工程量，编制初步的投资概算。对于工艺专业而言，在初步设计阶段需要做出设计说明书、附表（设备一览表、主要材料估算表等）、附图（物料流程图、管道及仪表流程图、总平面布置图、车间设备布置图、关键设备总图等）、概算书和技术经济分析资料等。

初步设计的内容深度应满足以下要求，即能够选择和确定合适的设计方案，明确主要设备和材料的订货渠道，以及土地征用办法、控制建设投资的措施，并可以提供给主管部门和有关单位进行设计审查，确定生产工人和生产管理人员的岗位、技术等级、人数及人员技术培训计划，要求能够作为施工图设计的主要依据，能够支撑施工安装准备和生产准备工作等。

初步设计的工作程序一般包括如下八个步骤：

（1）初步设计准备，即根据任务书或可行性研究报告，工艺专业开始做开工报告，非工艺专业做设计准备。

（2）讨论设计方案，做好工艺比选和技术经济论证。

（3）确定非工艺设计条件。

（4）完成各专业的具体设计工作。

（5）开展中间审核和最终校核。

(6) 完成设计文件和图纸，由各专业进行图纸会签。

(7) 编制初步设计总概算，论证设计的经济合理性。

(8) 审定和报批设计文件，用作施工图设计阶段工作的依据。

1.3.5 施工图设计阶段工作内容与程序

施工图设计是最终的设计阶段，需要根据批准的初步设计文件和图纸，做出详细的设计，其主要目的是提供施工的技术资料，相应的设计文件是工程施工安装的主要依据。

在施工图设计阶段，有一些基本的工作要求，包括应在已审定初步设计方案的基础上进行设计，如有原则性修改，应在上级部门或建设单位同意后才能实行；需要做出设备订货和各种设备材料的安排，确定非定型设备和其他设备的制造办法；进行施工准备和施工预算，应能满足土建施工和设备、设施、仪表、电气、管道、机械等就位及安装工程要求，作出施工安装的图纸和施工方法说明等。

施工图设计的主要工作内容是根据初步设计审批的意见，解决初步设计中特定的问题，进行施工单位的编制组织设计、编制施工预算和如何实施等。在施工图设计阶段，要求提供施工安装用的图纸、表格，还要提出验收质量标准以及特殊施工安装方法和注意事项的施工说明书；在初步设计的基础上，向非工艺专业提供进一步的设计条件和要求，并进一步完善初步设计中提出的工艺流程图、设备布置、管道布置等，做好设备、管道的保温及防腐设计等，完成施工图设计文件。

施工图设计阶段的工作程序包括如下六个步骤：

(1) 在初步设计的基础上，修改和复核工艺流程和技术经济指标，提供及审核设备订货合同、设备安装图纸及技术说明书。

(2) 复核和修正工艺衡算、设备选型与安装等方面的基础数据，确定专业设备、通用设备、运输设备，以及管径、管材、管接等。

(3) 确定生产车间方面需要配合的问题，协商工作的时间节点，工艺专业应向非工艺专业提供正式资料，同时也要验收非工艺专业返回的资料。

(4) 绘制生产工艺系统图、设备布置图、管道布置图，编制设备与电动机明细表。

(5) 绘制非定型设备和所需工器具的制造安装图纸，编制材料汇总表，向建设单位发图，给出订货和交货进度建议。

(6) 编写施工安装说明书。

在设计深度方面，施工图设计要求能够实现和初步设计的连贯衔接，另外还需要明确地做出设备、材料的订货和交货安排，以及非定型设备的订货、制造和交货安排，以便于作为施工安装预算和施工组织设计的依据，并控制施工安装质量，最后根据施工说明要求进行验收。

1.3.6 车间设计工作程序及内容

如 1.3.1 节所述，资源生产类工厂的设计可以分为新建工厂设计、原有工厂改扩建设计、车间厂房局部设计。在实际工作中，设计一般分为以工厂为单位和以车间为单位的两种设计，也就是说，工厂需要进行总体设计，车间也需要进行工艺设计。

工厂总体设计包括厂址选择、总图设计、工艺设计、非工艺设计、技术经济等，

1.3.3~1.3.5 节介绍了总体设计的大致情况。工厂总体设计由各个车间或界区设计组成，需要工艺专业和其他非工艺专业协作完成，其中，非工艺专业的设计包括土建、采暖、通风、水汽、电气、动力、自动控制等方向的工作。

车间设计也可分为工艺设计和非工艺设计两部分，其中，工艺设计主要包括生产方法选择、工艺流程设计、工艺计算、设备选型、车间布置设计、管道布置设计，另外还需要向非工艺专业提供设计条件，以及编制设计文件和概算等工作。车间工艺设计[2]的主要内容、步骤和文本情况如图 1-2 所示。

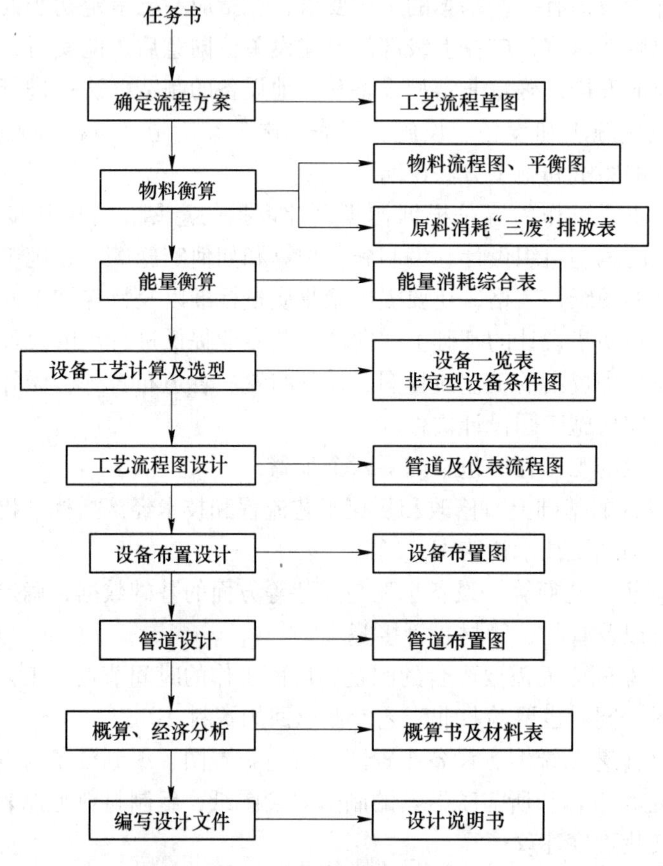

图 1-2 车间工艺设计的主要内容和步骤

1.3.6.1 生产方法的选择

如果工业产品只有一种生产方法，那么就无需在多种工艺方案中进行选择。但是，大多数情况下工业产品是不止一种生产方法的，因此在设计之初首先需要确定一个合适且先进的方法，这就需要根据设计任务、选址条件、资源状况等因素，通过对现有生产方法的比较，从中选出符合当地条件的工艺路线。对工艺方案的比较和选择，一般称为工艺比选。

1.3.6.2 工艺流程设计

确定了生产方法之后，要根据生产原理，把主要物料的流向以图解的形式表示出来，包括原料、中间产品及最终产品的走向，以及需要经过的工艺环节及设备、设备之间相对位差、物料输送方法等，必要的时候还应该加以说明和详细叙述。

1.3.6.3 工艺计算

工艺计算包括物料衡算、能量衡算和设备选型三部分，相应地还需要绘制必要的物料流程图、主要设备总图及其部件图。

物料衡算是指基于质量守恒定律，对进入和流出某一过程或设备的物料进行计算，计算过程包括了物料的损失情况，然后汇总成原料消耗综合表。能量衡算与之类似，但主要聚焦于工艺过程的能量收入和能量支出情况。能量衡算可以确定需要使用的加热剂或冷却剂消耗量，或者可以计算出传热设备所需的传热面积，并得出能量消耗综合表。

设备选型即设备的工艺计算与选型，其目的是保证与一定生产能力相匹配的设备主要工艺尺寸能够被准确地设定，或者反过来根据一定的设备规格确定其生产能力，并绘制出设备示意图或条件图，作出设备一览表。

1.3.6.4 车间布置设计

在进行车间或界区布置设计时，需要考虑如何解决厂房及场地的配置问题，包括确定设备在平面和立面空间的具体位置，并进一步确定厂房或框架的结构形式。车间布置设计应考虑各生产工段或岗位、设备、动力机器间、机修间、变电配电间、仓库与堆置场、化验室等因素，并在设计中兼顾工段整体布置和厂房轮廓。对于车间布置设计而言，需要绘制车间平面布置图和立面布置图。

1.3.6.5 管道设计

设备选型结束之后，需要对管道布置进行设计，即确定装置的管线、阀件、管件、管架的位置及型式。管道设计的工作很多，大部分需要在施工图阶段确定，设计内容包括依据输送介质的物性及操作参数（温度、压力）来确定管道的材质、管壁的厚度等；根据输送介质的流速而初算管道直径，并尽可能地选择标准化的管径；选择管道的配置，例如连接、排污的方式等；对地埋管道的管沟提出合理的要求；确定管道架设的方法，包括管架形式、高度、跨度、规格与要求等；确定管道的热补偿装置、保温、防腐、涂色等。

1.3.6.6 非工艺设计条件

在工艺设计之外，还有一些非工艺性的条件需要明确，称之为非工艺设计内容。这些非工艺设计包括总图运输、自控、电气、动力等内容，需要由工艺专业的设计人员提出设计条件，由其他专业的人员负责实施。因此，对于工艺专业的设计人员而言，设计时的主要任务是确定这些非工艺内容的设计条件和技术要求，确保非工艺设计部分的内容能够有效地支撑生产工艺。

1.3.6.7 设计说明书

车间工艺设计需要提供三方面的资料，即设计说明书、附图、附表。设计说明书是项目审查，下一段设计、施工、生产的重要依据，应该对工艺情况及非工艺要求、经济概算等内容做出详细且严谨的文字说明；附图包括总平面布置图、流程图、设备布置图、设备图等；附表包括设备一览表、材料汇总表等部分。

1.3.6.8 概（预）算书的编制

概算书和预算书是工艺设计中的重要组成部分，二者略有不同。概算书主要是在初步设计时对工程投资做出概略的计算，可作为工程项目总投资的依据；预算书主要是在施工图设计阶段进行编制的，根据施工设计内容来计算各个工程项目所需的建设费用。预算书一般比概算书更加详细和准确。

1.4　工程设计的特点和原则

工程设计一方面需要体现出技术创新，将技术改造的效果充分发挥出来；另一方面也要严格遵守国家的各项法规和技术规范，不能逾越规则限制、自由发挥。因此与其他学科相比，工程设计可以说是创意和严谨的结合体。

1.4.1　工程设计的特点

资源循环类工程项目的建设普遍具有工艺复杂的特点，且原材料、中间产品和成品往往易燃、易爆、具有毒性和腐蚀性。工程项目排放出的有毒有害物质会污染环境，破坏自然生态和资源。在这种情况下，工程设计既要解决环境污染防治的问题，也要关注废物资源化的实际需求，发展清洁闭路的生产技术。在实际的工程设计中，应体现出如下的特点：

（1）政策性。工程设计必须遵循国家标准的规范，遵守设计程序，按照规定的格式和要求进行设计。

（2）技术性。工程设计是理论知识、专业技能、实践经验的综合体现，要求消化吸收既有的设计经验和先进技术。

（3）经济性。工业生产过程大都比较复杂，技术的经济性尤为重要，因此需要全面考虑物料与能量的消耗、基建费用等因素。只有经济可行，新技术才有可以推广应用的空间。另外，环境效益和社会效益也是工程设计需要考虑的因素。

（4）交叉性。随着新技术的不断涌现，工程设计所涉及的学科越来越多，所依据的知识理论体系显示出交叉性和多样性的特点。工程设计不仅是工艺、土建、给排水、能源、仪器仪表等专业的工作，甚至还包括信息、大数据等新的工科内容，以满足智慧工厂的建设需求。一些污染防治控制相关的环境工程设计，还可能涉及遥感方面的技术，这就意味着工程设计工作越来越呈现出学科交叉性的特征[6,7]。

（5）综合性。工程设计是一项系统工程，融合多个学科。要想做好一项工程设计，需要依赖于工艺设计人员和非工艺设计人员的合作。

1.4.2　工程设计总原则

工程设计需要全面考虑政策可行性、技术可行性与经济可行性的关系，还需要特别注意如下设计原则：

（1）贯彻执行国家的工程建设方针和政策，在国家法令、标准、规定允许的范围内组织设计，保证设计质量。

（2）在工程建设的同时注重环境保护，建设项目应该配套建设相应的环保设施，尾气、尾液、尾渣的排放应在国家标准和地方标准的规定范围内。环境保护设计需要采用能耗、物耗小，污染物少的清洁生产工艺，将工业污染防治从末端治理转向生产过程控制。

（3）以集约化使用资源和能源为基准，选用先进技术，并坚持安全可靠、质量第一，使设计符合标准规范、经济合理。建设项目的技术经济指标应以先进水平为标准，环境工程设计应力求经济代价的最小化。

（4）需要注重全系统的可操作性和可控制性，贯彻工厂布置一体化、生产装置露天化、建（构）筑物轻型化、公用工程社会化、引进技术国产化的设计原则。

（5）注重资料数据的准确性和可信度。使用的资料要准确、可靠，各种数据和技术条件要正确合理，文字说明应清楚，图纸要清晰，避免出现设计错误。

本章小结

本章面向环境与资源领域，着重介绍了资源循环工程设计的特点、分类、阶段，以及工程设计的特点和原则等。

资源循环是消纳废弃物、推动解决环境问题的重要渠道之一，工程设计是资源循环技术从实验室走向应用的保障手段。国内的工程设计一般分为初步设计、扩初设计和施工图设计三个阶段，当设计要求简单时，也可按照技术设计和施工图设计两个阶段开展设计工作。在设计前期，需要编制项目建议书、可行性研究和设计任务书；在初步设计阶段，需要提供初步设计文件，论证工程项目的技术可行性和经济合理性；在施工图设计阶段，需要提供施工的详细技术资料。特别地，针对资源生产类工厂的实际特点，需要开展车间工艺设计，详细地给出工艺比选、平衡计算、设备选型、车间与管道布置等的方案。

习　　题

1-1 简述环境工程与资源循环工程项目的建设过程，分析工程设计在这些工程建设中的作用。

1-2 工程设计是怎样分类的，可以划分为哪些设计阶段，初步设计阶段和施工图设计阶段的工作内容与程序有什么不同？

1-3 查阅某一废弃物的循环回用工程案例，试分析其工程设计的特点，讨论其设计工作的内容与程序。例如，建设煤基固废、城市污泥等废弃物的循环经济园工程，回收煤基固废、城市污泥，经破碎加工后作为烧结砖或建材骨料的原料，试针对此工程项目进行分析。注意，除生产车间外，资源循环工程项目还应该考虑配套办公用房、原材料及成品仓库、道路与绿化、给排水、电气工程、消防等，并注意如何防止大气、水、土壤、噪声的二次污染，以及如何避免再次产生新的固废。

2 工程制图基础

本章提要：

(1) 理解画法几何、机械制图和工艺制图的特点。

(2) 掌握画法几何的基本原理、正投影的基本规律，掌握表面取点、截交线、相贯线等的作图方法，理解视图、剖视图、断面图等的表达方法。

(3) 领会制图国家标准的理念，掌握零件图、标准件与常用件、装配图的作图方法。

(4) 掌握工艺制图的方法，能够绘制和阅读工艺流程图、设备布置图和管道布置图。

图样被称为工程界的语言，由一组视图、尺寸标注、符号组成，还包括必要的文字说明和表格。在工程设计过程中，对于非标准化的设备，需要绘制出设备图；对于选定的工艺，需要绘制出工艺流程图；对于厂区、车间和设备的安装，需要绘制出相应的布置图。绘制设备图时需要用到机械制图的知识，工艺流程图和布置图则属于工艺制图的范畴。为了更好地讲述后续的工程设计内容，本章简要介绍制图的基本方法。如果需要了解详细的制图原理，可以参阅专门的工程制图教材。

在本章中，将制图理解为机械制图和工艺制图两个方面，其中机械制图部分主要涉及投影、零件图、设备图等内容，而工艺制图则包括了工艺流程图、设备布置图等内容。一般来说，在制图的学习过程中，机械制图是工艺制图的基础，因此本章会首先介绍机械制图部分。

2.1 画法几何

学习机械制图时，需要掌握投影、截交线、相贯线等画法几何的基本原理，学习组合体、视图等方面的基础知识，从而掌握零件图、装配图等图样的绘图和读图技能。对于机械零件或机器而言，主要是按照正投影法绘制的，因此正投影的基本原理是绘制和阅读机械图样的基础。

2.1.1 正投影

2.1.1.1 投影与正投影

投影是制图中的基本概念，可以理解为从一个投影中心射出一条投影线，经过一个空间点之后，在一个投影面上留下一个投影，如图 2-1 所示。投影分为中心投影法和平行投影法，其中平行投影法又分为正投影和斜投影两种方法。当投影线相互平行，并且垂直于投影面时，称为正投影。

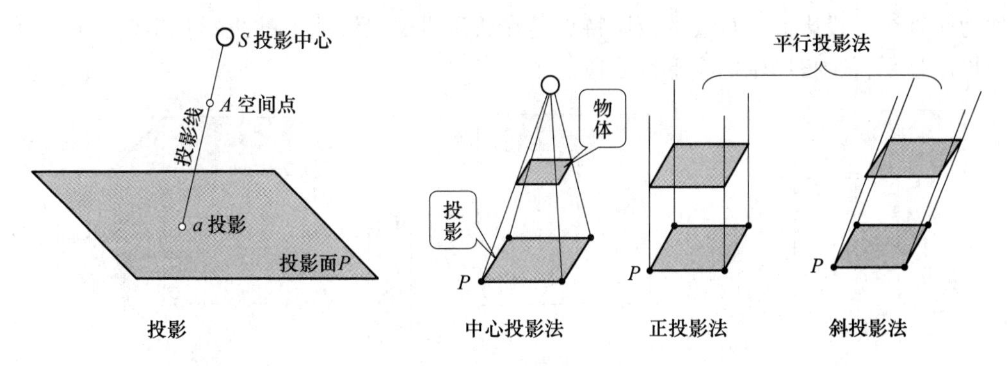

图 2-1 投影及正投影示意图

工程图样通常采用正投影图，其原因在于这种投影方法能够准确地表现出物体的真实形状，符合工程科学的严谨性要求。正投影的基本特点可归纳如下：

（1）实形性：当线段或平面平行于投影面时，其投影反映实长或实形。

（2）积聚性：当线段或平面垂直于投影面时，其投影积聚为点或线段。

（3）类似性：当线段或平面倾斜于投影面时，其投影变短或变小。

2.1.1.2 点、线、面的正投影

所有物体在制图时，都可以分解为点、线、面的投影。由于物体具有空间上的三维度特性，因此理论上讲需要有三个投影面才可以完整地表现出该物体的全部形状特征。一般情况下，使用相互垂直的三个投影面来进行点、线、面的投影。图 2-2（a）表示出了点 A 在标记为 H、V、W 的三个投影面上的投影，图 2-2（b）为这三个投影面的平面表示方法。H、V、W 投影面分别称为水平投影面、正面投影面和侧面投影面，点 A 在三个投影面上的投影点分别标记为 a、a'、a''。由图 2-2 可知，点的三面投影就是从该点出发向三个投影面所作垂线的垂足。

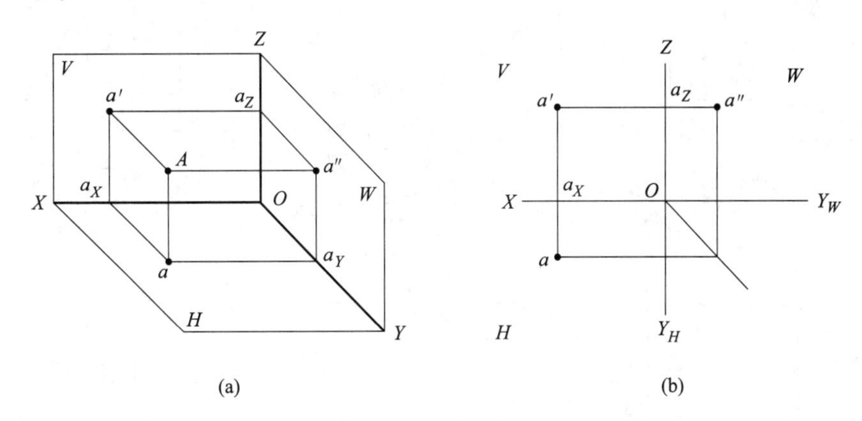

图 2-2 点的正投影

线的正投影也具有类似的特点。在本节中，所述的直线实际指的是线段。物体表面上的直线，相对于投影面有三种位置关系。

第一种是垂直于投影面的直线，称为投影面的垂直线，如图 2-3 所示。一般将垂直于正投影面的直线称为正垂线，垂直于水平投影面的直线称为铅垂线，垂直于侧投影面的直线称为侧垂线。投影面垂直线的投影特点是在所垂直的投影面上的投影积聚为一点，另外两个投影是平行于投影轴的实形性线段。

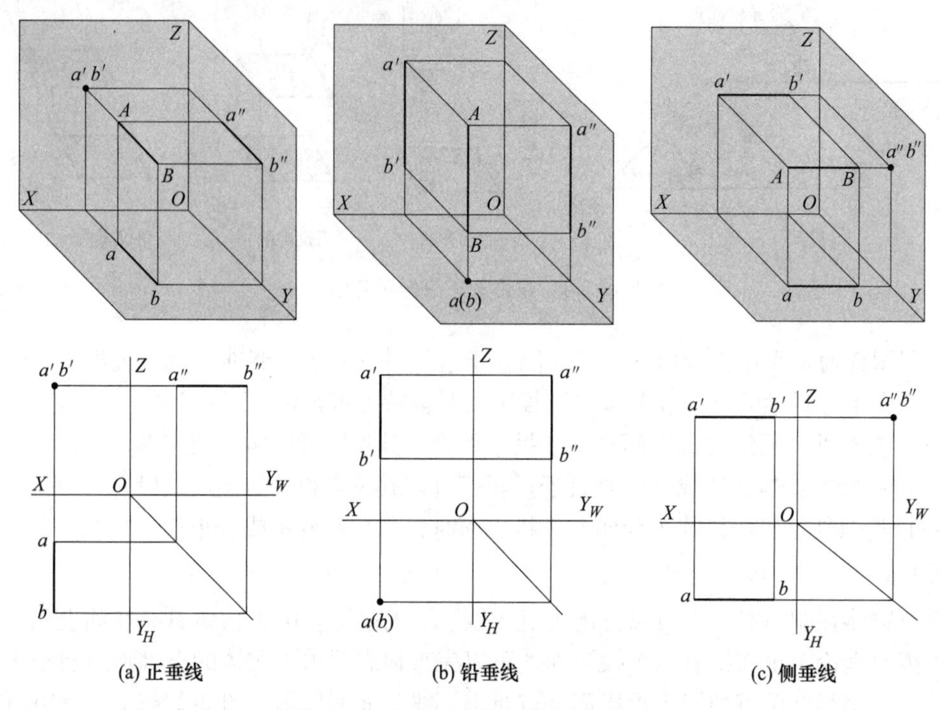

图 2-3 投影面垂直线示意图及其投影

第二种是平行于投影面的直线，称为投影面的平行线，如图 2-4 所示。平行于正投影

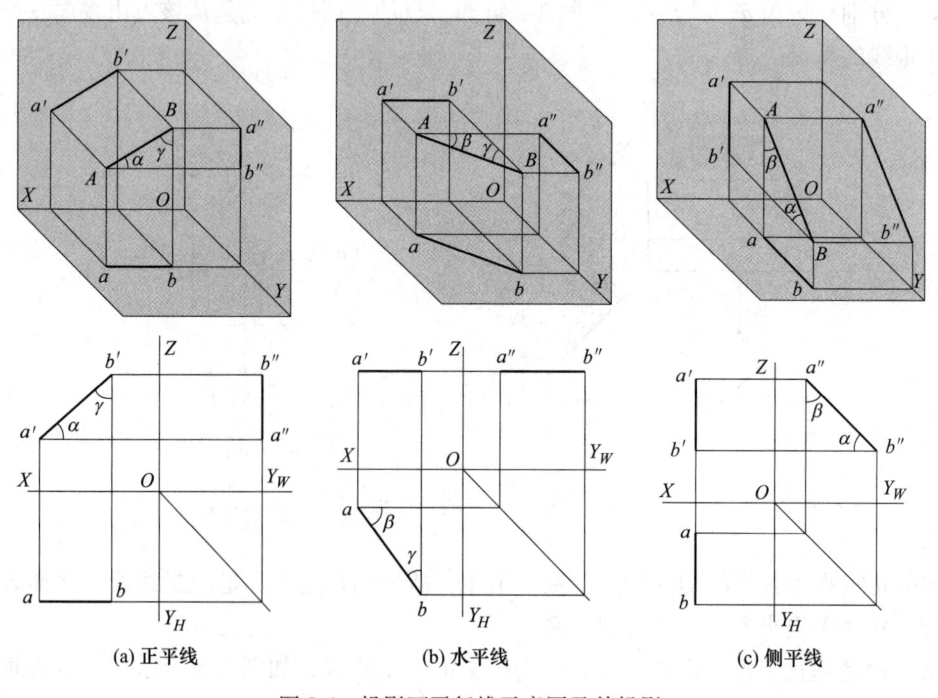

图 2-4 投影面平行线示意图及其投影

面的直线称为正平线，平行于水平投影面的直线称为水平线，平行于侧投影面的直线称为侧平线。投影面平行线的投影特点是有两个投影平行于投影轴，第三个投影倾斜于第三个投影轴且反映实长，其倾角等于实际的倾斜角度。

第三种是一般位置直线的投影，如图 2-5 所示，其三面投影为相对于三个投影面都倾斜的直线。投影的特点是三个投影都倾斜于投影轴，并且都比实长短，反映了正投影规律中的类似性。

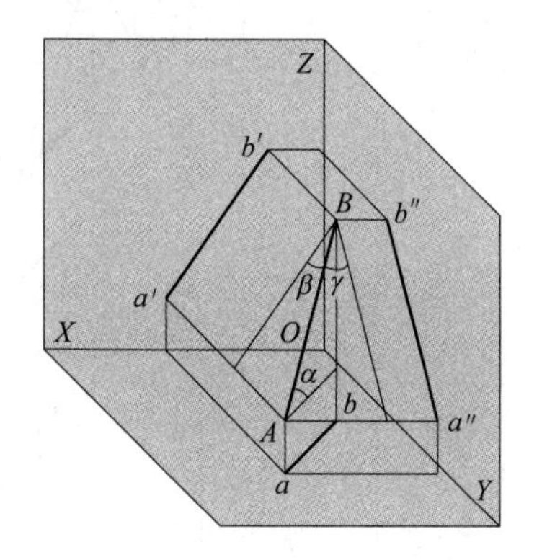

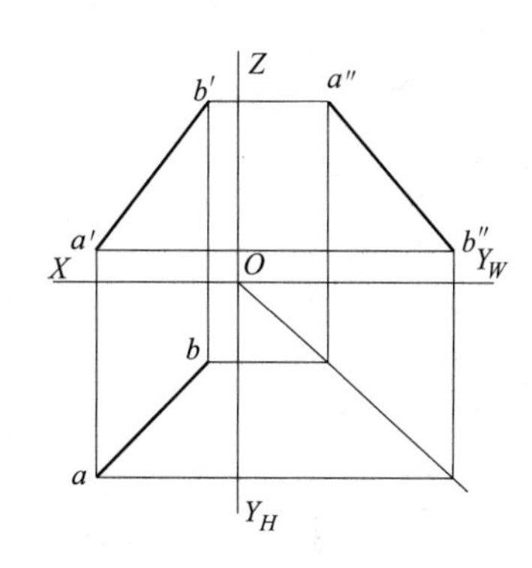

图 2-5 一般位置直线示意图及其投影

平面的投影也分为三种情况，即投影面的垂直面、投影面的平行面、一般位置平面，如图 2-6~图 2-8 所示。

在投影面的垂直面中，将垂直于水平投影面的平面称为铅垂面，垂直于正投影面的平面称为正垂面，垂直于侧投影面的平面称为侧垂面（图 2-6）。投影面垂直面的投影特点是在其垂直投影面上的投影积聚为一线，另外两个投影则为类似平面。

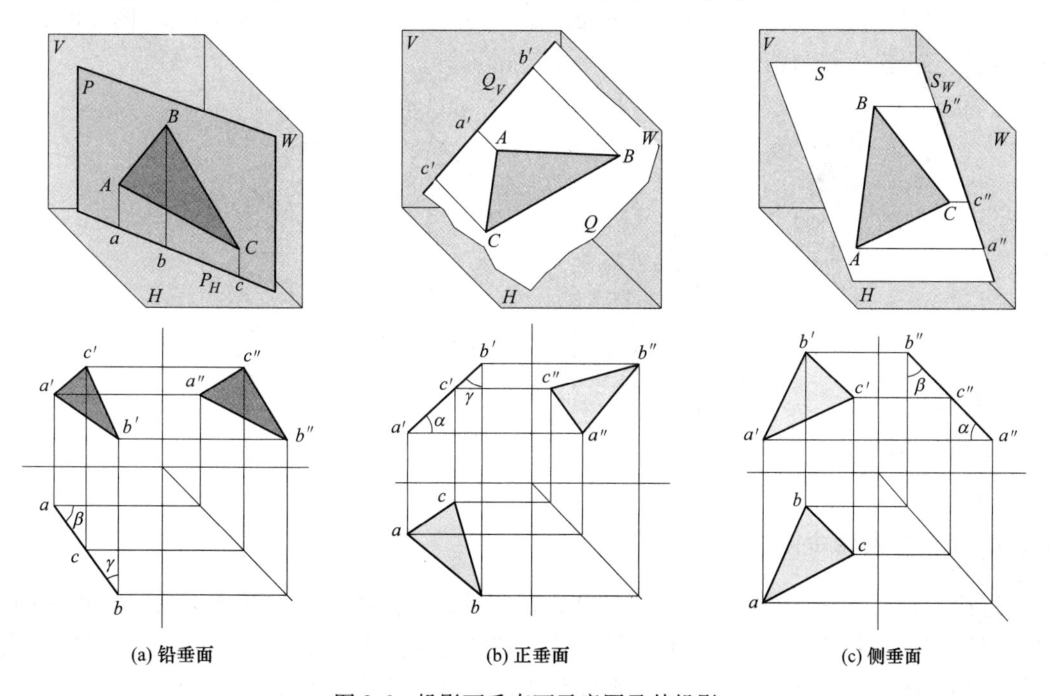

(a) 铅垂面 (b) 正垂面 (c) 侧垂面

图 2-6 投影面垂直面示意图及其投影

在投影面的平行面中，平行于水平投影面的平面称为水平面，平行于正投影面的平面称为正平面，平行于侧投影面的平面称为侧平面（图2-7）。投影面平行面的投影特点是有两个投影面积聚为直线，且平行于投影轴，在平行的投影面上的投影则反映实形。

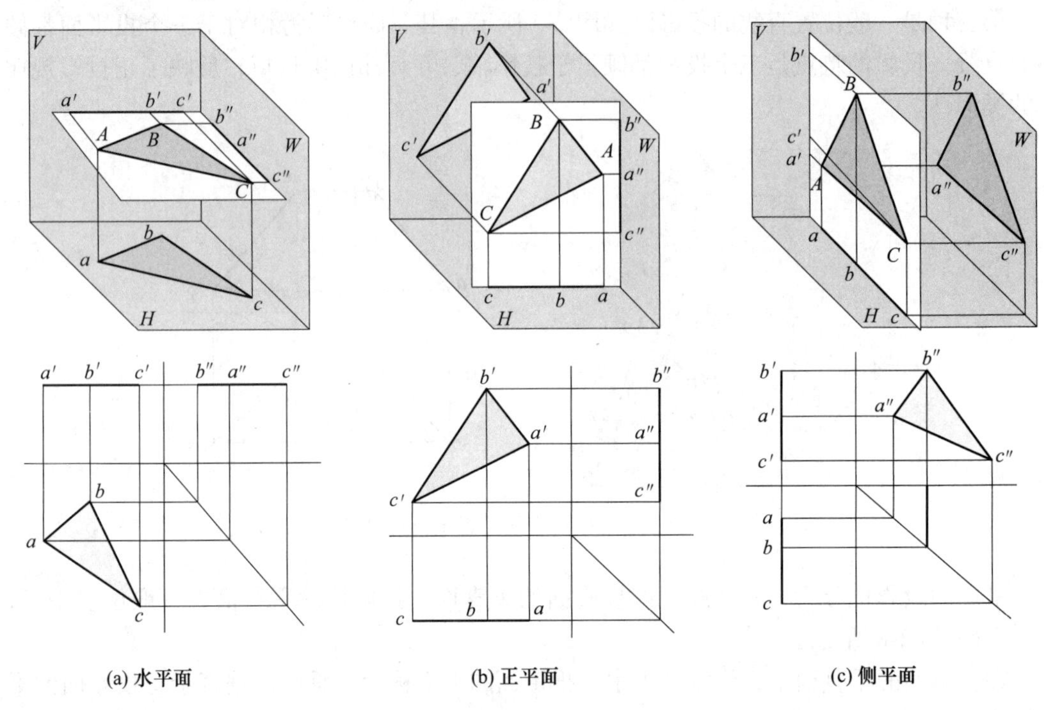

(a) 水平面　　(b) 正平面　　(c) 侧平面

图2-7　投影面平行面示意图及其投影

一般位置平面是指相对于三个投影面都倾斜的平面，即投影面的倾斜面（图2-8），投影特点是三个投影都为相似形，面积均小于实际面积。

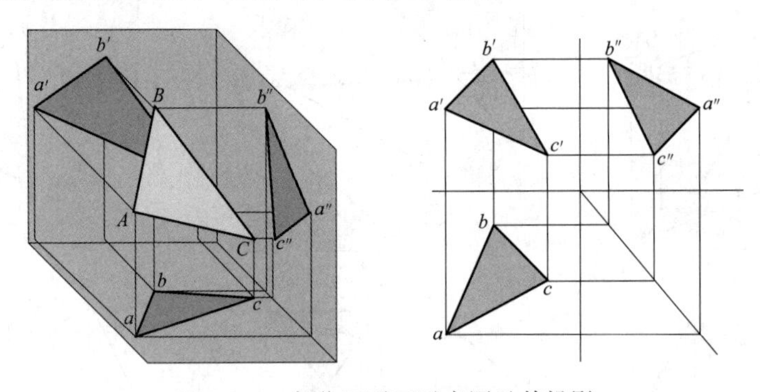

图2-8　一般位置平面示意图及其投影

2.1.2　基本体与组合体

理论上讲，任何三维物体，例如各类机械零件，都是由简单的基本形状组合而来的。这种最基本的简单几何体简称为基本几何体，例如棱柱、棱锥等几何体称为平面基本体或平面立体；圆柱、圆锥、球、环等几何体称为曲面基本体或曲面立体，如图2-9所示。平面立体的特点是其所有表面都是平面；曲面立体的特点是其表面都是回转面（球、环）或由回转面与平面（圆柱、圆锥）所围成。回转面是指处于同一平面上的动线（可移动的直线）绕定线（不移动的直线）回转一周所形成的回转面。以图 2-9 的圆锥为例，线 OA 为动线，线 OO_1 为定线。起始位置上的动线称为母线，不在起始位置上的动线则称为素线。动线上的某一点在回转一周后，可以形成一个圆，称为纬圆，如图 2-9 的圆锥所示，过 B 点的圆就是一个纬圆。

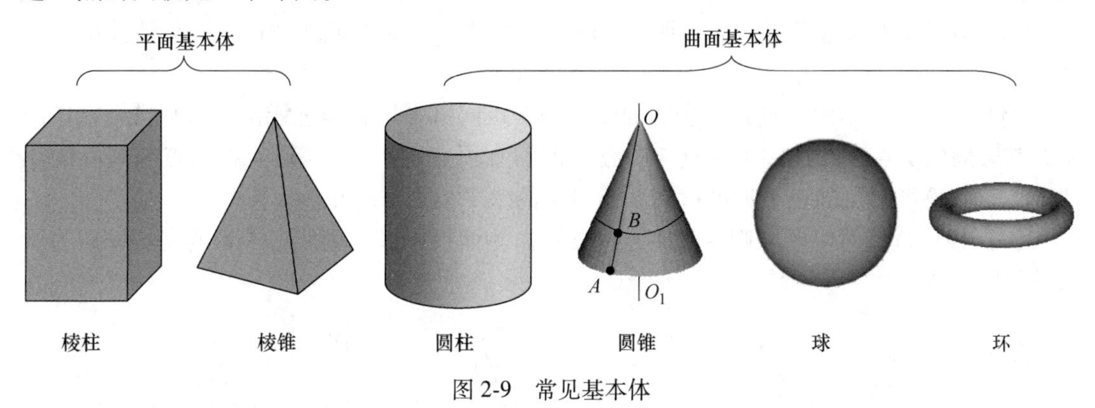

图 2-9　常见基本体

2.1.2.1　基本体投影

对于基本体投影的绘制，大致为首先确定基准线，用细点划线绘制出对称轴线、中心线等，再绘制底面投影，按照高度（正面投影和侧面投影的上下方向）平齐、长度（正面投影和水平投影的左右方向）对正、宽度（水平投影的上下方向、侧面投影的左右方向）相等的原则，绘制该基本体的全部三面投影。对于平面基本体和曲面基本体而言，绘制方法和步骤都是类似的。以圆锥的三面投影为例，图 2-10 所示为其绘制步骤。

在绘图时，水平投影和侧面投影的点、线、面需要一一对应，一般是使用一条 45°的辅助坐标轴，两个投影面中所对应的几何元素应在此辅助坐标轴相交。可将水平投影中的水平基准线延长，与侧面投影中的垂直基准线相交，过交点作 45°的辅助坐标轴。水平基准线可以是水平投影中的水平中心线，以及过最上端点或最下端点的线；垂直基准线则是相对应的垂直中心线，以及过最左端点或最右端点的线。

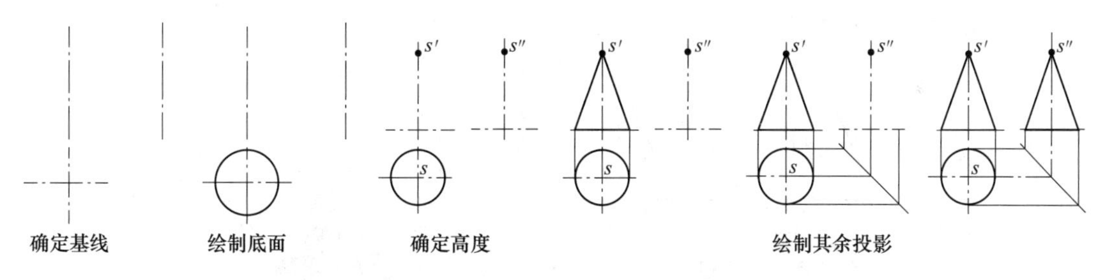

图 2-10　圆锥投影的绘制步骤示意图

2.1.2.2　表面取点

学习画法几何的基本要求之一是能够确定几何体表面上任意一点的三面投影。对于几何体的表面取点，有两条经验可以借鉴：充分利用有积聚性特征或表面轮廓的投影，确定点的位置；对于一般位置上的点，通过辅助直线或辅助圆，创造能与积聚性投影线段或轮廓线产生交点的特殊条件。

本节以圆锥为例，讲述两种表面取点的方法。第一种方法称为辅助素线法，如图 2-11 所示。

（1）已知在正面投影中，圆锥体上有一点 k'，需要确定该点在其余两个投影面上的投影。

（2）在正面投影中连接 $s'k'$，延长并使其与底边（底面轮廓）相交，$s'k'$延长线即为辅助素线。

（3）在正面投影中，过素线和底面轮廓的交点向水平投影作垂线，在水平投影中作出垂线与圆周的交点，并连接该交点与圆心（即圆锥顶点的水平投影）。在交点与圆心的连线上，正面投影 k'点的正下方处就是 k'点对应的水平投影，标记为 k 点。

（4）根据位置对应的原则，过 k'点和 k 点向侧面投影作辅助线，二者的交点 k''即为所求的投影点。

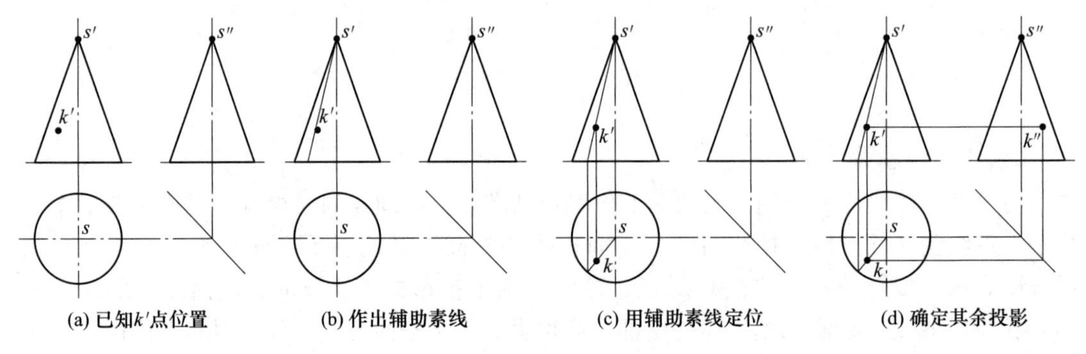

图 2-11　辅助素线法圆锥表面取点

表面点的三面投影绘出来以后，还需要确定投影点的可见性。根据相对位置的前后、左右关系，可知图 2-11 中的 k、k'、k''点都是可见的。如果是不可见点，则应该在字母标记上加注括号，如图 2-12 所示。

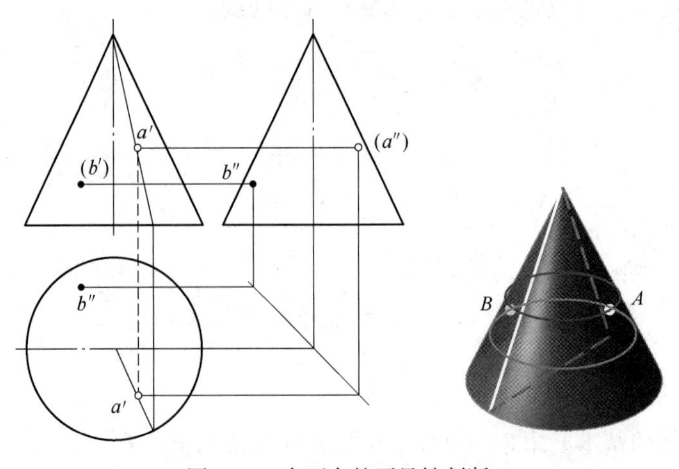

图 2-12　表面点的可见性判断

第二种方法称为辅助纬圆法，即通过创造一个纬圆来强化对表面点的定位条件，具体作图方法如图 2-13 所示。

(1) 已知在正面投影中，圆锥体上有一点 k'，需要确定该点在其余两个投影面上的投影。

(2) 过 k'点作一条水平的线，该线实际上就是辅助纬圆的正面投影。因为该纬圆是一个水平的圆，即位于正平面上，所以其正面投影就是一条体现了积聚性特点的线段。过该纬圆投影线与圆锥轮廓线的交点，向下作一条辅助的垂线，与水平投影上的中心对称轴线产生了一个交点，然后再过此交点，以圆锥顶点投影为圆心作出一个圆，这个圆就是纬圆的水平投影。

(3) 由 k'点向下作垂线，与辅助纬圆投影的下半圆相交于 k 点，这就是 k'点所对应的水平投影。过 k'点的垂线与辅助纬圆水平投影相交得到两个交点，由于在正面投影中 k'点没有作括号标记，说明它在正面投影中是可见点，因此从相对位置上分析 k 点应位于纬圆的下半圆部分。

(4) 根据位置对应的原则，过 k'点和 k 点向侧面投影作辅助线，二者的交点 k''即为所求的投影点。从正面投影和水平投影的相对位置上分析，k''点也应该是可见点。

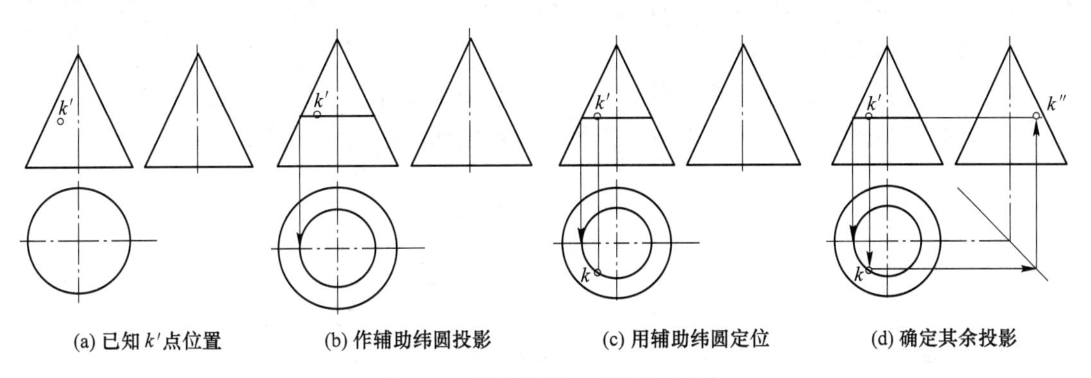

(a) 已知 k'点位置　(b) 作辅助纬圆投影　(c) 用辅助纬圆定位　(d) 确定其余投影

图 2-13　辅助纬圆法圆锥表面取点

2.1.2.3　组合体投影

由两个或多个基本体组成的物体一般称为组合体，基本体在组合时既可以是叠加的方式，也可以是挖切的方式，如图 2-14 所示。在绘制组合体的投影时，无论组合方式如何，按照每个基本体的投影单独分析的原则进行绘制即可。

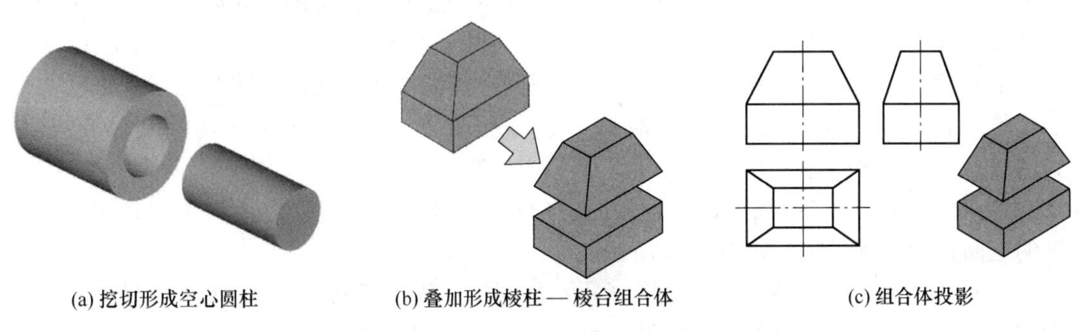
(a) 挖切形成空心圆柱　(b) 叠加形成棱柱 — 棱台组合体　(c) 组合体投影

图 2-14　组合体的组合方式及投影

在分析组合体的表面轮廓时，需要注意的是基本体之间存在不同的表面连接方式，因此在组合时可能不会出现轮廓线，在作图时也不应绘制出来。如图 2-15 所示，在平齐和相切的表面连接方式条件下，基本体之间不会产生公共的轮廓线；在相交的表面连接方式下，基本体之间会有公共的轮廓线产生，此时就需要绘制公共轮廓线的投影。

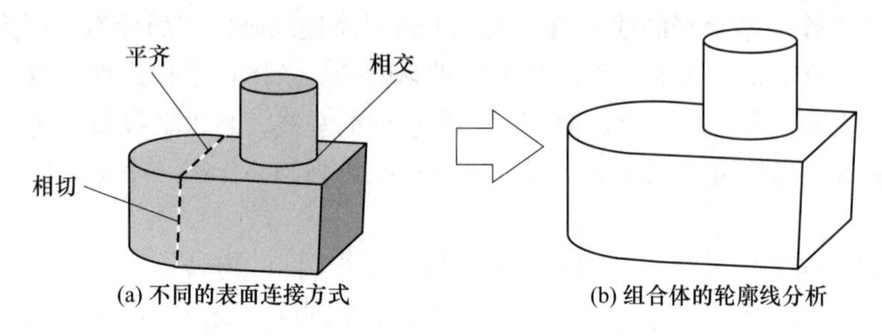

图 2-15 组合体的不同表面连接方式及轮廓线

当两个物体相交时，所产生新轮廓的交线大致可以分为两种情况，一种是立体的物体与平面相交，所产生交线称为截交线；另一种是立体的物体之间相交，所产生的交线称为相贯线。接下来介绍这两种交线的特征与绘制方法。

2.1.2.4 截交线

截交是指基本几何体被平面所截切，用于截切的平面称为截平面，截平面与几何体表面的交线称为截交线，截交线所包围的平面称为截断面或截交面（图 2-16）。

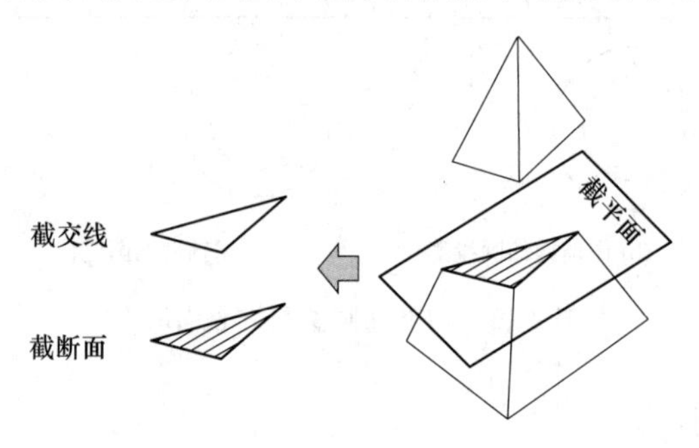

图 2-16 截交线的产生及其几何要素

截交线的作图过程大致可以借鉴两方面的经验：先确定点的位置，再通过连接各个点而画出线；在确定点位置的时候，应先寻找特殊位置上的点，再确定或创造作出若干个一般位置上的点。

平面基本体的截切较为简单。本节以曲面回转体的截切为例，说明截交线的形状与作图步骤。截平面可以从不同角度对圆柱、圆锥和圆球进行截切，其截交线的形状如图 2-17～图 2-19 所示。

下面以类似于图 2-19 的截平面与轴线平行但不过锥顶的截切方式为例，介绍截交圆锥的三面投影绘制步骤，如图 2-20 所示。

（1）作出圆锥基本体的三面投影（暂不需要使用粗实线）；然后在水平投影上先作出能够直接确定的截交线投影，即如图 2-20（a）所示的水平投影上的横线。

（2）利用投影关系及辅助纬圆等方法，确定截切过程中出现的特殊点，如

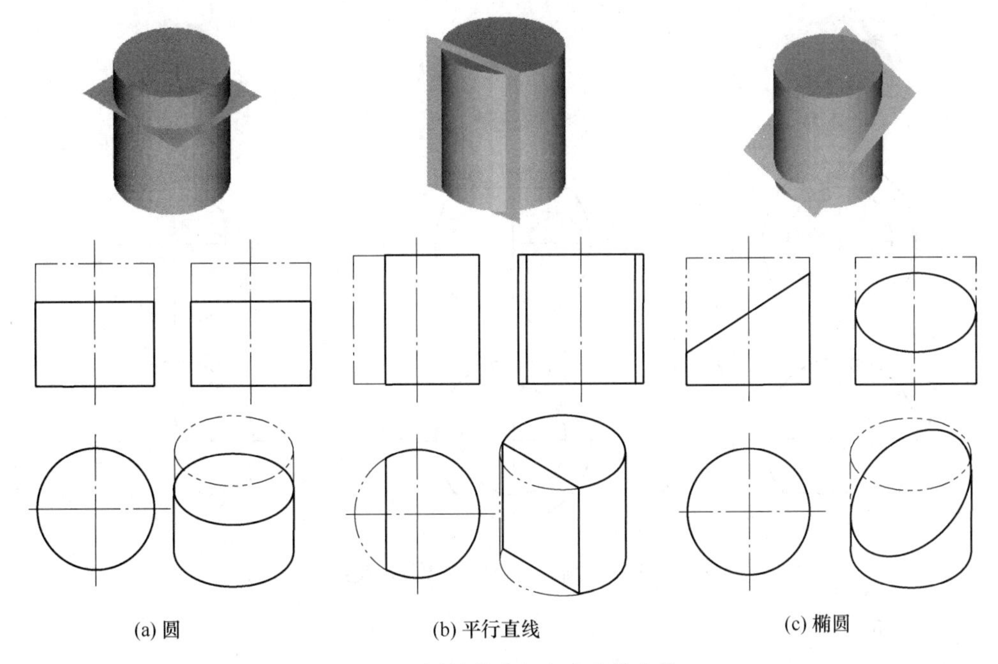

图 2-17 圆柱的截切方式及截交线

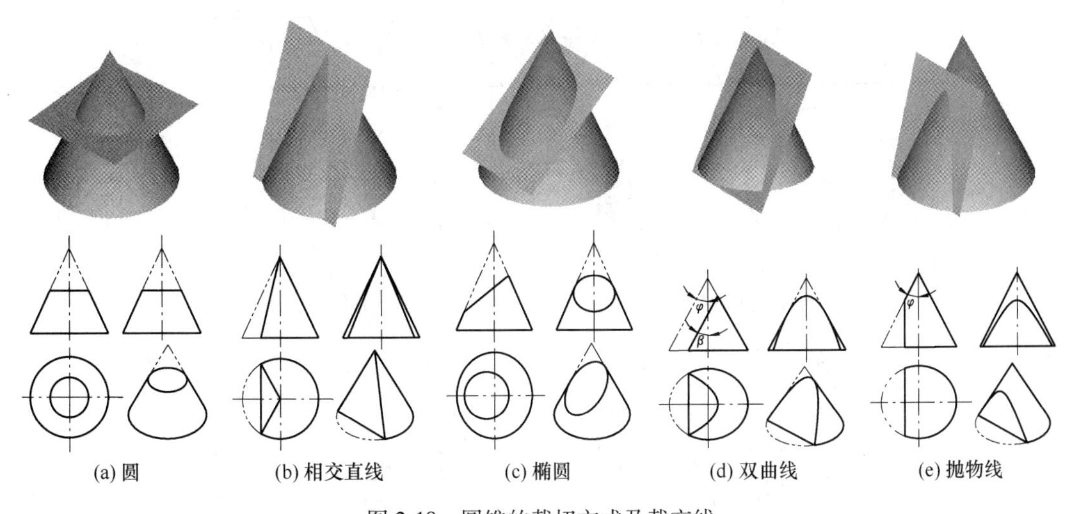

图 2-18 圆锥的截切方式及截交线

图 2-20（b）中的 a 点、c 点、d 点所示。

（3）通过创造辅助纬圆等方法，在三面投影上寻找若干一般点的位置，如图 2-20（c）中的 b 点所示。

（4）光滑连接各个特殊点及一般点，判断其可见性，并对轮廓线进行加粗和加深，截取的轮廓线可以用双点划线表示。擦去图中的辅助线，为了清晰地显示作图过程，图 2-20（d）中保留了这些辅助线。

2.1.2.5 相贯线

两个以上基本几何体的相交称为相贯，相贯几何体表面的交线称为相贯线，相贯几何

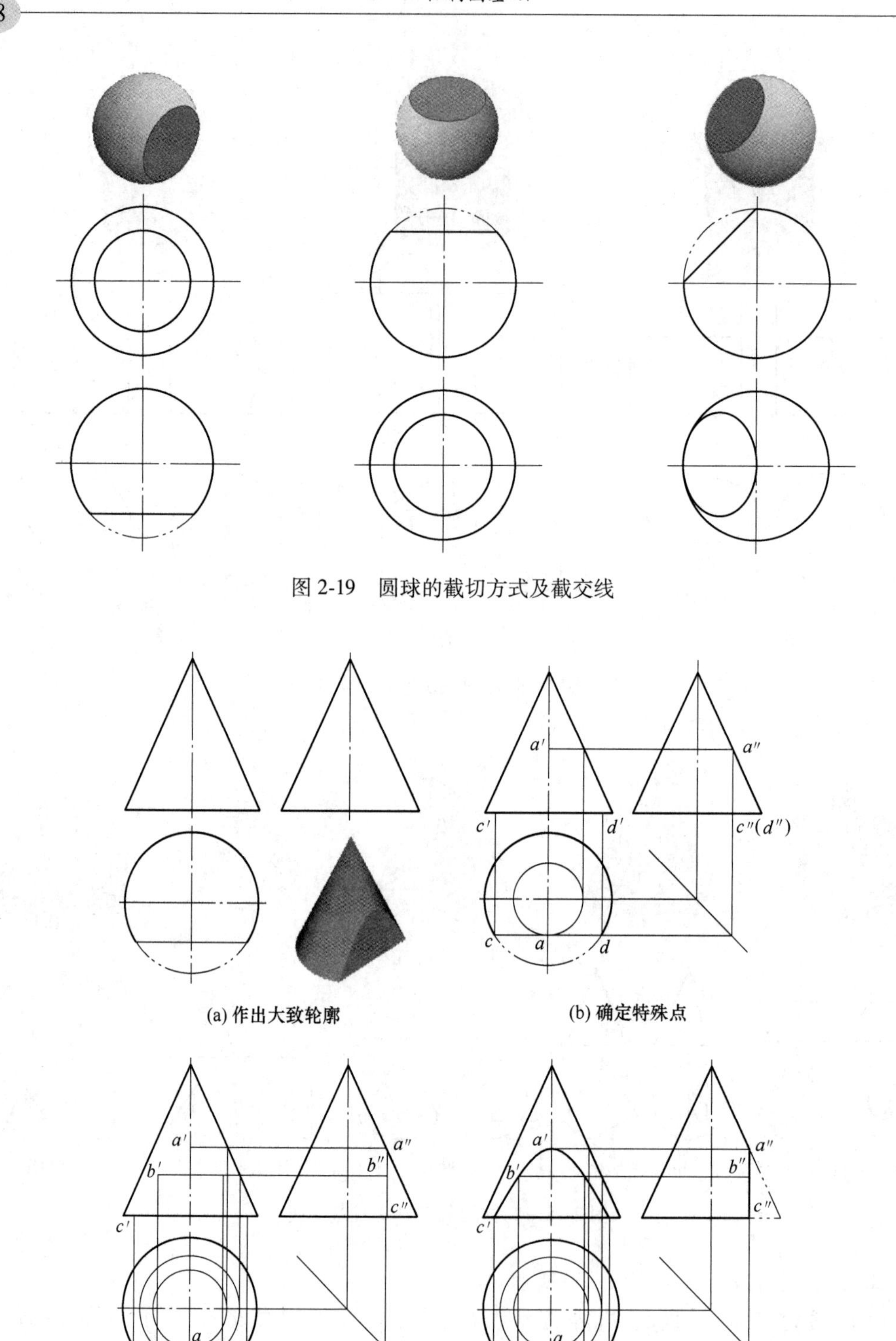

图 2-19 圆球的截切方式及截交线

(a) 作出大致轮廓

(b) 确定特殊点

(c) 作出一般点

(d) 连线与加粗

图 2-20 圆锥截交线的作图步骤

体也称为相贯体。相贯线与截交线的不同之处在于相贯线是立体与立体之间的相交，而截交线则是平面与立体的截切。

常用的相贯线画法有两种，即回转面表面取点法和辅助平面法。无论采用哪种方法，基本的思路都是先设法确定特殊点，再寻找一般点，然后光滑连线作出相贯线。

回转面表面取点法主要基于2.1.2.2节中的作图步骤，即针对相贯线上的点，作出其三面投影，然后再依次连接、画线。以图2-21为例，相贯线的作图步骤如下：

（1）画出基本几何体三面投影的大致轮廓，如图2-21（a）所示。

（2）确定特殊点的位置，例如最上、最下、最左、最后、最前、最后等极限位置点，或者位于转向轮廓线上的点。转向轮廓线是指当回转体在平行于回转轴的投影面上进行投影时，能够区分回转面上可见部分和不可见部分的两条分界素线，例如图2-21（b）中的$a'a_1'$、$b'b_1'$、$c''c_1''$、$d''d_1''$。转向轮廓线上的点在投影到其他投影面时，大多数情况下会位于其他投影面的中心对称轴线上，该性质可以应用于相贯线作图过程的简化。

（3）利用表面取点的方法，寻找并确定一般位置点的三面投影。如图2-21（c）所示，在水平投影中有一圆周轮廓线，即图2-21（a）右下角立体图中的竖直圆柱体的水平投影，也是相贯线的水平投影。可以在此圆周轮廓线上作一直线，相交出两点（e点和f点），这两个点在侧面投影面上重合于$e''(f'')$点，然后再利用投影位置对应的关系作出正投影中的e'点和f'点。

（4）用光滑曲线连接各点，得到相贯线的正投影，如图2-21（d）所示。同时，需要注意对轮廓线进行加粗，并判断其可见性。为了更清楚地表示作图过程，图2-21（d）保留了部分辅助线，在实际作图结束以后应该擦去。

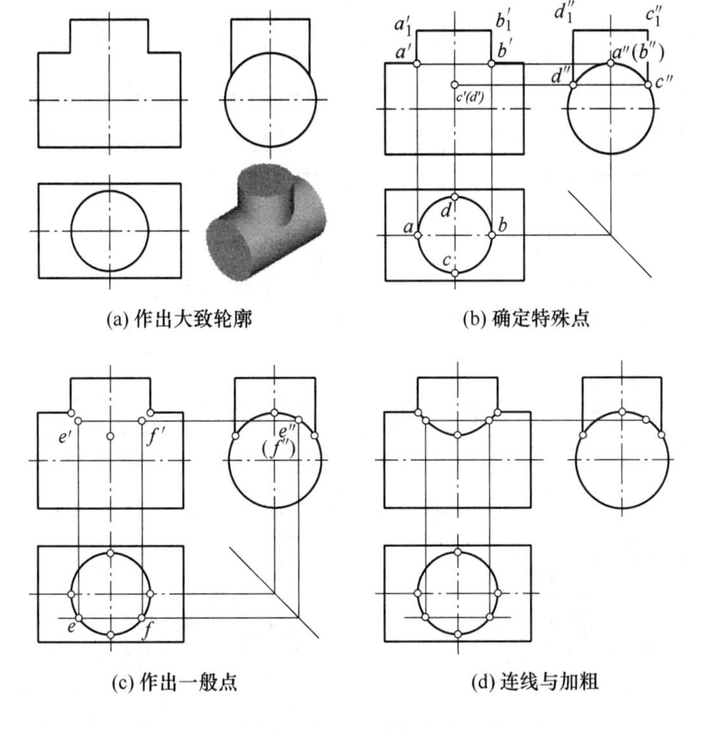

(a) 作出大致轮廓
(b) 确定特殊点
(c) 作出一般点
(d) 连线与加粗

图2-21　两圆柱间相贯线的作图步骤

辅助平面法的思路是创造一个截平面（优选与两个或多个基本体同时产生截切的平面），该截平面会与每个基本体相交出一条截交线，而两条或多条截交线的交点就是相贯线上的点。通过这样的办法，可以作出复杂立体的相贯线。如图 2-22 所示，用一个平面 P 对圆柱和圆台间的组合体进行截切，截平面 P 与圆柱产生的截交线是两条平行直线，与圆台产生的截交线是一个圆，那么这两条平行直线和圆的交点就是相贯线上的点。如果用更多的截平面进行截切，就会产生更多的交点，光滑连接这些交点之后就可以作出准确的相贯线。

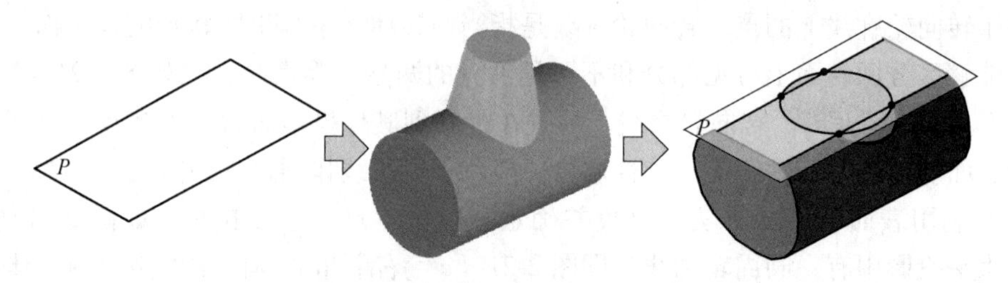

图 2-22　用辅助平面对圆柱和圆台的组合体进行截切

以图 2-23 为例，对图 2-22 中的相贯线作图，具体步骤如下：

（1）根据圆台和圆柱的位置关系，首先作出大致的轮廓。

（2）确定出特殊位置点，例如图 2-23（b）中侧面投影上的最上位置（也在中心对称轴线上）的 b'' 点，以及最下位置（也在转向轮廓线上）的 a'' 点和 c'' 点，根据位置对应关系、转向轮廓线特殊位置点的投影特征，可以作出这些点在其他两个投影面上的投影。

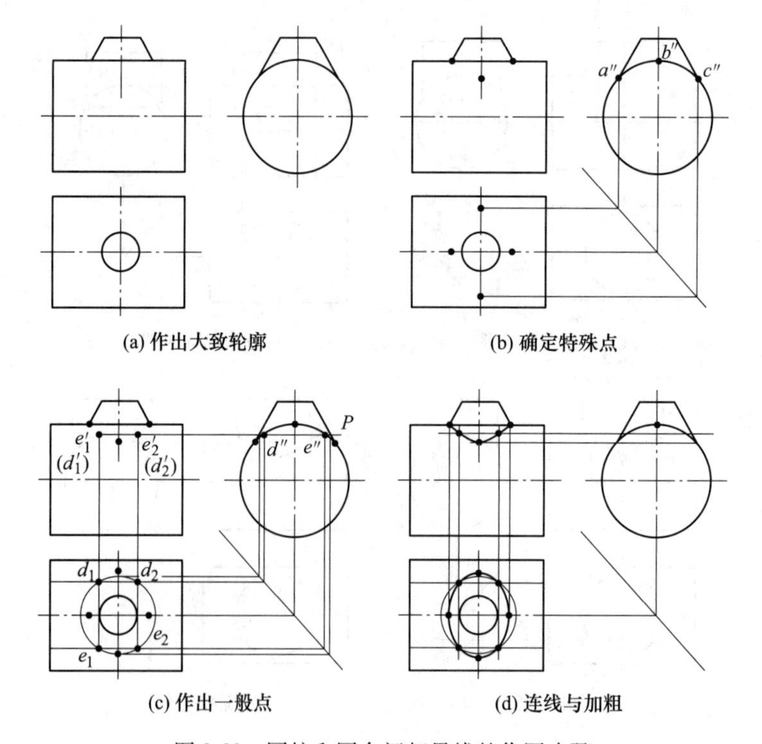

图 2-23　圆柱和圆台间相贯线的作图步骤

（3）作出一般点。如图 2-23（c）所示，在侧面投影面上作一直线，该直线可以理解为水平面 P 的积聚性投影。此时水平面 P 可理解为一个截平面，它与圆台的截交线应该是一个圆，在水平投影上应该如图 2-23（c）中过 d_1 点、d_2 点、e_1 点、e_2 点的圆所示；截平面 P 与圆柱体的截交线应该是两条平行直线，在水平投影上应该如 d_1d_2、e_1e_2 所示。很显然，这种情况与图 2-22 相似，d_1 点、d_2 点、e_1 点、e_2 点是截平面 P 与圆台的截交线、截平面 P 与圆柱的截交线的共有点，即两组截交线的交点，也就是在相贯线上的点。反复使用这种方法，就可以找到相贯线上更多的一般点。

（4）用光滑曲线连接各点，得到相贯线的正投影和水平投影，如图 2-23（d）所示，并对轮廓线进行加粗，并判断其可见性。图 2-23（d）保留了若干辅助线，仅为能清晰地表达作图过程，在实际作图结束时应予以擦除。

2.1.3 表达方法

2.1.3.1 基本视图

在制图工作中，普遍将正面投影、水平投影和侧面投影分别称为主视图、俯视图和左视图，意思是从正面主视方向、俯视方向和左视方向投影而得到的视图。按这个概念进行拓展，实际上图 2-24（a）中的一个物体可以作出六个视图，如图 2-24（b）（d）所示，分别称为主视图、俯视图、左视图、右视图、仰视图、后视图，这六个视图也称为基本视

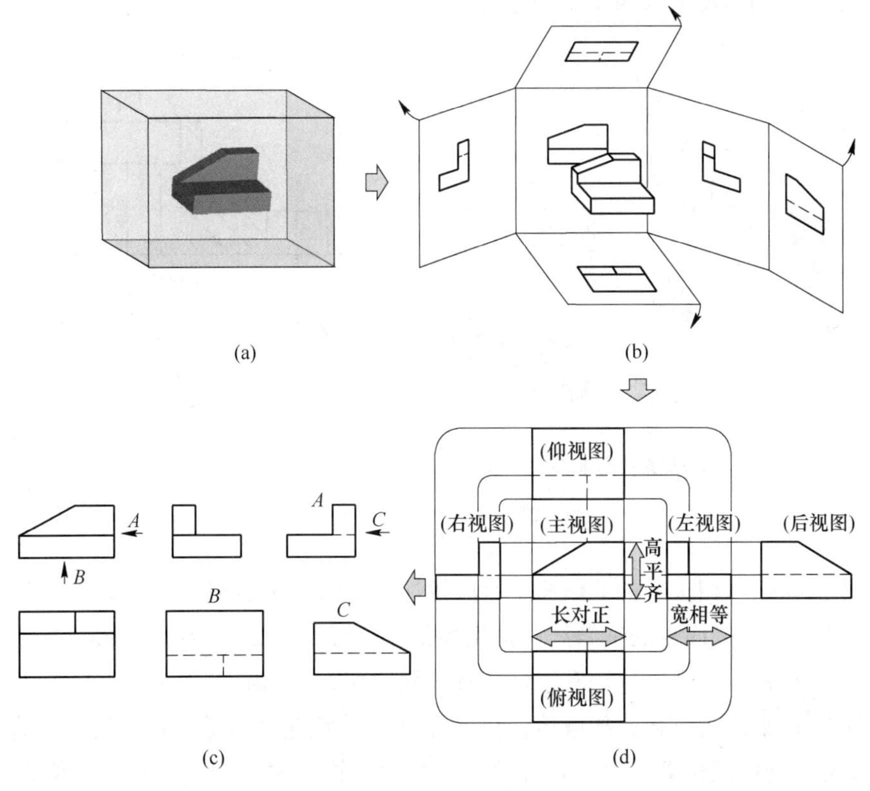

图 2-24　一个空间物体的六个视图

图。当这六个视图不按照图 2-24（d）所示的位置布置时，改变了位置的视图又可称为向视图，在向视图的上方标注字母，并在另一相关视图附近用箭头指明投射方向、标注相同字母，具体如图 2-24（c）所示。

多数情况下，制图时应用较多的是主视图、俯视图、左视图，称为三视图，分别对应于正面投影、水平投影、侧面投影。由于采用了正投影的制图方法，因此三视图有一些特定的投影规律。首先，三个投影图之间的相对位置是固定的，俯视图在主视图的正下方，左视图在主视图的正右方；其次，三个视图之间总有“长对正、高平齐、宽相等”的尺寸对应关系，如图 2-24（d）所示。“长对正、高平齐、宽相等”的尺寸对应关系是画法几何和机械制图学习过程中最重要的法则，不仅在三个视图之间遵循这样的法则，物体上所有的点、线、面之间也都符合这样的投影规律。

为了清楚地表达零件的结构或形状，除基本视图外，还会用到剖视图、局部视图和旋转视图等。

2.1.3.2 剖视图

在基本视图中，实线表示物体可见的外表面轮廓线，虚线表示物体内部的不可见轮廓线。如物体内部形状较复杂，为了避免不可见轮廓的虚线过多，可以使用剖视图的作图方法。

剖视图是指假想用一剖切平面沿一定方向将物体剖开，移去剖切平面之前的部分，将剩余部分投影得到的视图，如图 2-25 所示。

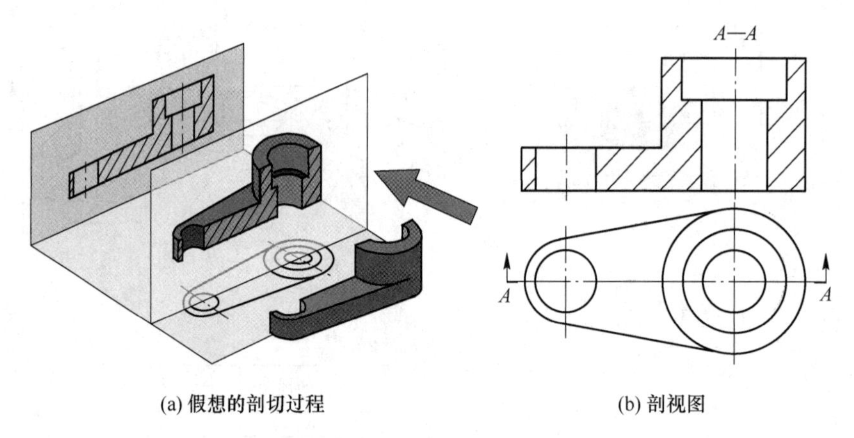

(a) 假想的剖切过程　　(b) 剖视图

图 2-25 剖视图的产生和样式

剖切平面与物体相接触的截断面上，应按规定画出相应的剖面符号，即剖面线，在图 2-25（b）中表现为剖面上的细斜线。常用的剖面符号见表 2-1。在图 2-25（b）中，俯视图上画了两条粗短线，旁边标记有字母 *A* 和表示剖切方向的箭头，这两条粗短线称为剖切符号，表示剖切平面的位置；相应地，在主视图（剖视图）上还有表示剖视图的标记 *A*—*A*。当视图和剖视图的位置符合投影关系、不致引起误解时，剖视图标记、位置标记、箭头、剖切符号等均可酌情省略。

表 2-1 常用剖面符号

金属材料（已有规定剖面符号者除外）	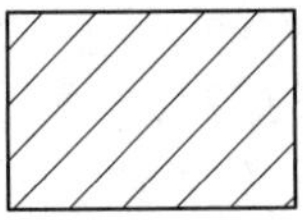	线圈绕组元件	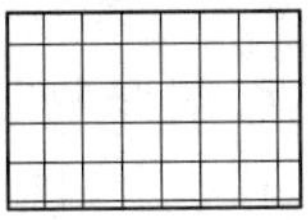	砖	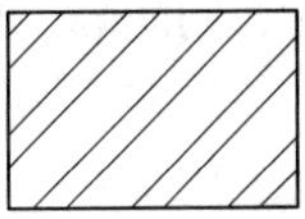
非金属材料（已有规定剖面符号者除外）	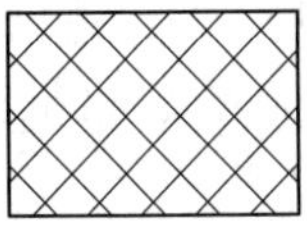	转子、电枢、变压器及电抗器等的叠钢片	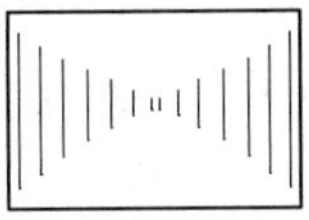	混凝土	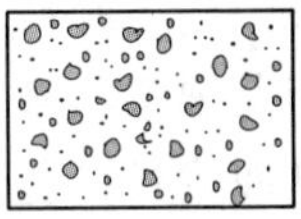
木材 纵剖面	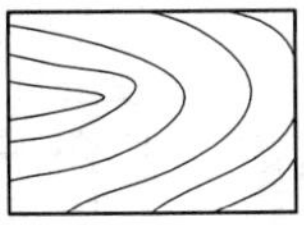	型砂、填沙、砂轮、陶瓷及硬质合金刀片、粉末冶金等	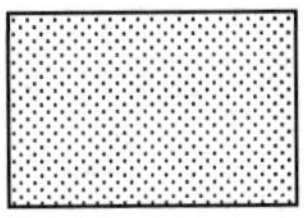	钢筋混凝土	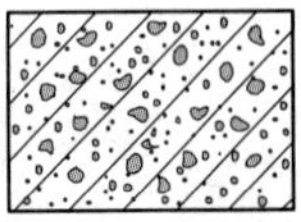
木材 横剖面		液体	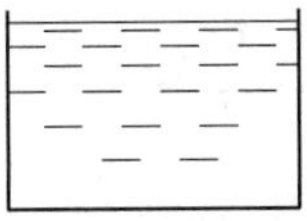	基础周围的泥土	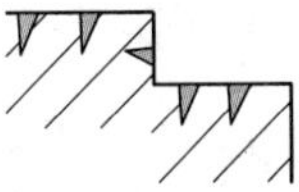
玻璃、透明材料	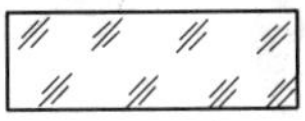	木质胶合板（不分层数）	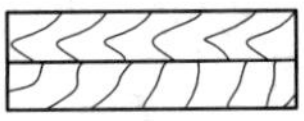	格网（筛网、过滤网等）	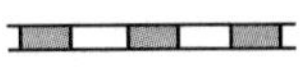

剖视图只是假想地将物体剖开，因此除剖视的视图之外，其他视图仍需按原物体形状而画出。剖视图分为全剖视图、半剖视图、局部剖视图、旋转剖视图、阶梯剖视图等类型，其中全剖视图如图 2-25（b）所示，即用一个剖切平面将物体全部剖开后所得的视图，图 2-26 则示出了其余类型的剖视图。

以对称轴线为界，将对称视图的一半画成剖视，另一半画成视图，这种组合视图称为半剖视图（图 2-26（a））。需要注意的是，一般将物件的对称中心线作为剖切与否的分界线，未剖部分不再画出表示内部不可见轮廓的虚线。

用剖切平面仅将物件的局部区域剖开，投影后作出的视图称为局部剖视图（图 2-26（b））。在局部剖视图中，被剖切部分和未被剖切部分采用细波浪线为分界线。波浪线应采用细实线绘制，不应和视图中的其他图线重合，也不应超出视图范围外。尤其需要注意的是，当波浪线穿过孔、洞等结构时，应在孔、洞处断开，不允许穿越无实体的孔、洞。

有时会出现几个剖视图重叠的情况，例如在剖视图中有时会再作一次局部的剖视图，此时的局部剖视区域仍然按照局部剖视图的画法，即用细波浪线作为分界线，与原来的剖视图相互分开。需要注意的是，两个剖面区域的剖面线应同方向、同间隔，以表示两个区域是在同一个物体上，但是剖面线要相互错开，以表示分属于不同的剖面区域；应该用指引线标注出不同剖面区域的名称，当剖切位置明显时，也可省略标注。在图 2-26（a）中，主视图为半剖视图，在其右下角处还有一个局部剖视图，两个剖面区域的剖面符号同方向、同间隔，但是相互错开了。

用多个互相平行的剖切平面剖开物体后投影所得到的视图，称为阶梯剖视图（图 2-26（c））。需要注意的是，在每个剖切平面的转折处不画分界线，而是在非剖切的视图中标注剖切平面的名称、起止和转折位置、投影方向等。

用两个相交的剖切平面剖开物件，并将倾斜部分旋转至与选定的投影面平行，得到的视图称为旋转剖视图（图 2-26（d））。在绘制旋转剖视图时，应标注剖切平面的剖切位置与剖视图名称。在图 2-26（d）中，当剖切平面纵向穿过薄层状的肋板结构时，允许省略剖面符号。

如物件的形状较复杂，采用以上各剖切方法都不能准确表达物件内部形状时，可以将不同剖切方法组合使用，称为组合剖视图。

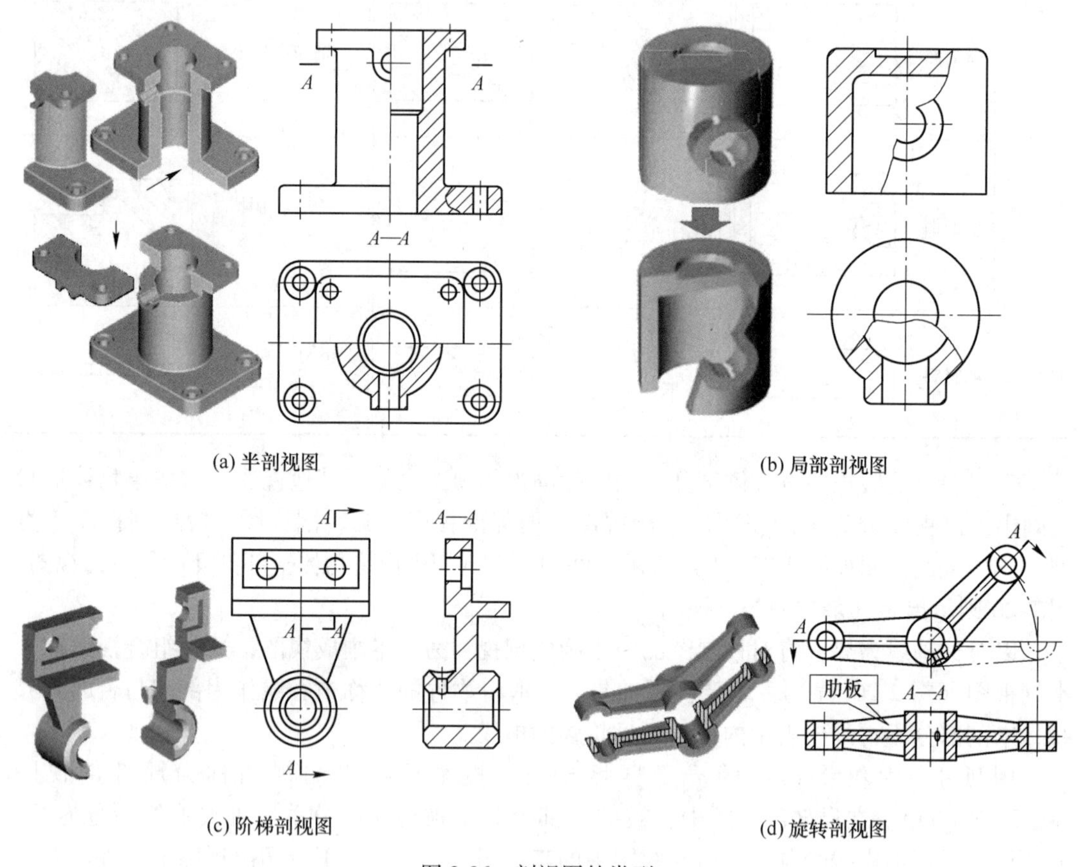

(a) 半剖视图　(b) 局部剖视图

(c) 阶梯剖视图　(d) 旋转剖视图

图 2-26　剖视图的类型

2.1.3.3　断面图

绘制剖视图时，符合投影关系的所有轮廓线应全部都画出，但是这会让图线显得比较杂乱。因此在必要情况下，也可以只画出剖切平面所切开部分的图形，即断面图。剖视图和断面图的异同如图 2-27 所示。

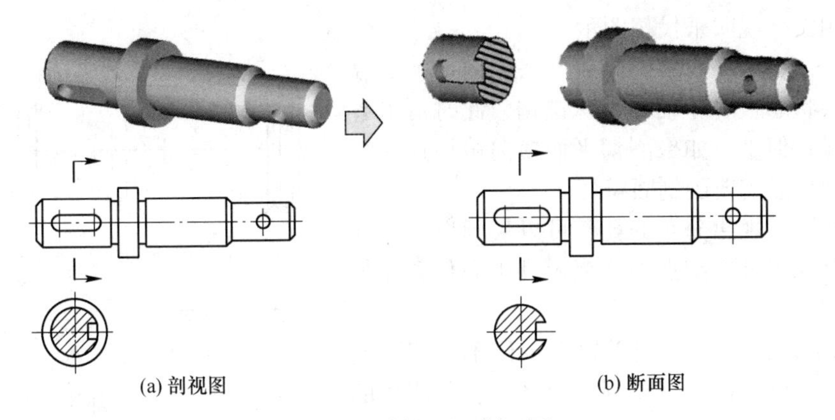

(a) 剖视图　　(b) 断面图

图 2-27　剖视图和断面图

图 2-27（b）又称为移出断面。如果将断面图画在物体轮廓之中，就称为重合断面，此时断面图的外轮廓应该改用细实线画出，如图 2-28 所示。

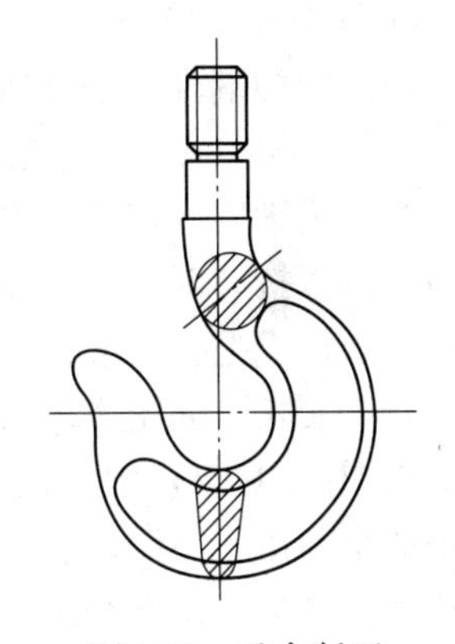

图 2-28　重合断面

需要注意的是，当剖切平面通过由回转面形成的孔或凹坑的轴线时，或者当剖切平面通过非圆孔而出现完全分离的多个断面时，应按照剖视图画法作图，即不再省略由粗实线表示的轮廓线，如图 2-29 所示。另外，注意在图 2-29（b）中，断面 *A—A* 经过了一定角度的旋转，此时在 *A—A* 标记旁绘出了一个表示旋转的弯曲箭头，这是视图和剖视图发生旋转时的标记方式。

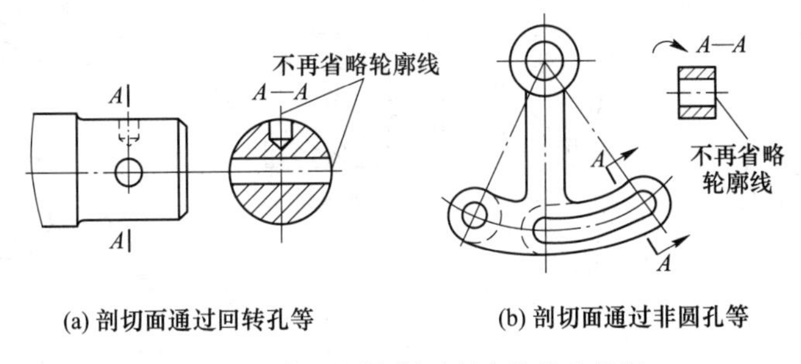

(a) 剖切面通过回转孔等　　(b) 剖切面通过非圆孔等

图 2-29　断面图绘制过程中的特殊情况

2.1.3.4　局部放大图

将机件的局部结构以大于原图比例画出的局部视图，称为局部放大图。绘制时，在原图中应该用细实线的小圆圈标示出放大部分的位置，并用罗马数字按顺序标明名称，同时可以添加指引线；在对应的局部视图上，标注相同的罗马数字和放大比例，并且二者以细实线分隔，如图 2-30 所示。如果仅有一个局部放大图时，也可以不做编号。

2.1.3.5　简化画法

为了使图样表达得更清楚，允许对机件上的特殊构件、重复相同结构等采用简化画法，或采用文字说明来代替图示。

图 2-26（d）即采用了简化画法，剖切平面纵向穿过薄层状肋板、轮辐等特殊结构，此时可以省略剖面符号；但是，如果剖切平面横向截切这些特殊结构，则仍然需要画剖面符号。

形状相同且规律分布的孔，可以仅画出一个或几个，其余孔则可用细点画线表示其中心位置，如图 2-31（a）所示。

在图 2-31（b）中，当需要表示位于剖切平面前的结构时，可以按照双点划线绘制，表示假想的轮廓线。

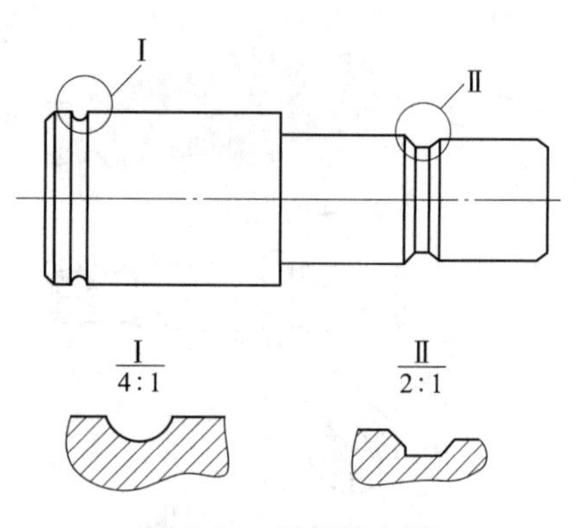

图 2-30　局部放大图

在图 2-31（c）中，不会引起误解时，可以只画对称图形的一半或四分之一，并在对称中心线的两端画两条细实线。

在图 2-31（d）中，当机件含有若干按规律分布的相同结构时，只需画出几个完整结构，其余用细实线连接，并注明结构的总数即可。当这些按规律分布的相同结构是等直径孔时，可以按“30×ϕ6”等形式进行标注，意为 30 个直径为 6 mm 的孔。

轴、杆、型材、连杆等较长的杆件可以断开后缩短绘制，断裂处以波浪线画出，但是需要标注实长，如图 2-31（e）所示。

在图 2-31（f）中，在不致引起误解时，截交线、相贯线、剖面符号等可以省略，零件中的小圆角、小倒角、小倒圆等也可省略、不予画出，但应注明尺寸或加以说明；回转体机件上如果有平面结构，并且在图形中不能充分表达时，则可用两条相交细实线表示。

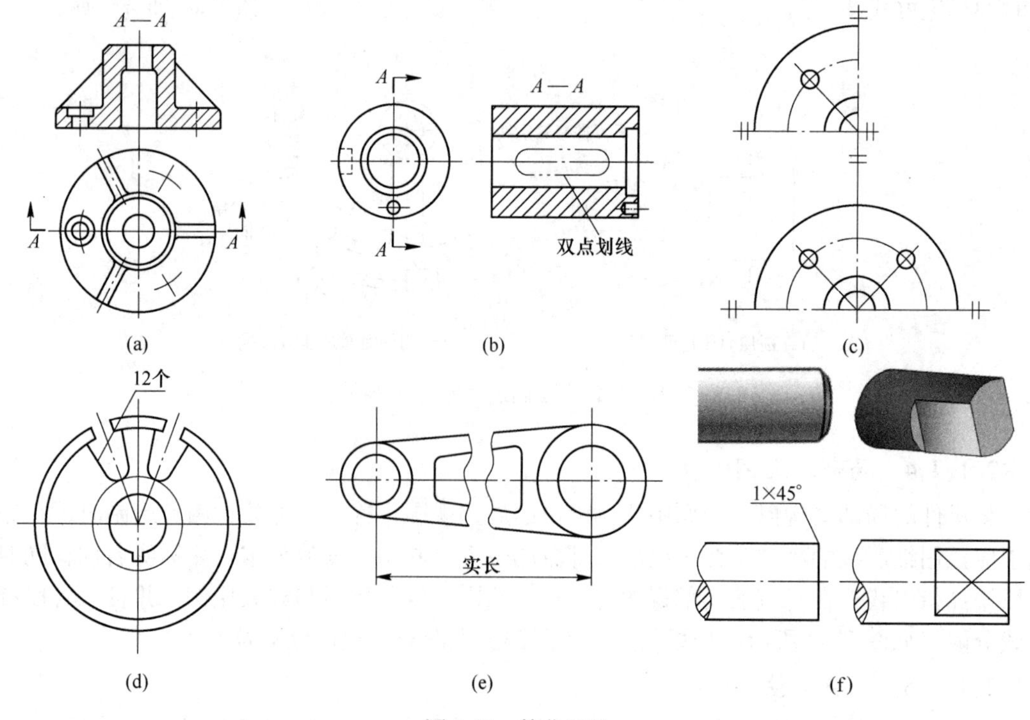

图 2-31　简化画法

2.2 机械制图基础

机械制图是以画法几何为基础，对符合国家标准的零件图、装配图等图样进行绘制和读图。本节将对机械制图的相关内容进行介绍。

2.2.1 制图国家标准

针对工程图样的绘制，现已制定并颁布了一系列的国家标准，包括代号为 GB 的强制性国家标准、代号为 GB/T 的推荐性国家标准、代号为 GB/Z 的指导性国家标准。以下为国家标准中的一些基本规定。

2.2.1.1 图纸幅面与格式

图纸幅面是指绘制图样的图纸宽度与长度的图面规格。绘制应优先采用表 2-2 规定的基本幅面尺寸，其中，A0 幅面的图纸也称为 0 号图纸，对折后为 1 号（A1 幅面）图纸，再对折为 2 号（A2 幅面）图纸，以此类推（图 2-32）。图纸上限定绘图区域的线框称为图框，在图纸上用粗实线绘制。图框格式分为留装订边和不留装订边两种，如图 2-33 所示。

表 2-2 图纸幅面及图框格式尺寸 （mm）

图幅代号	A0	A1	A2	A3	A4
$B \times L$	841×1189	594×841	420×594	297×420	210×297
a	25				
c	10			5	
e	20		10		

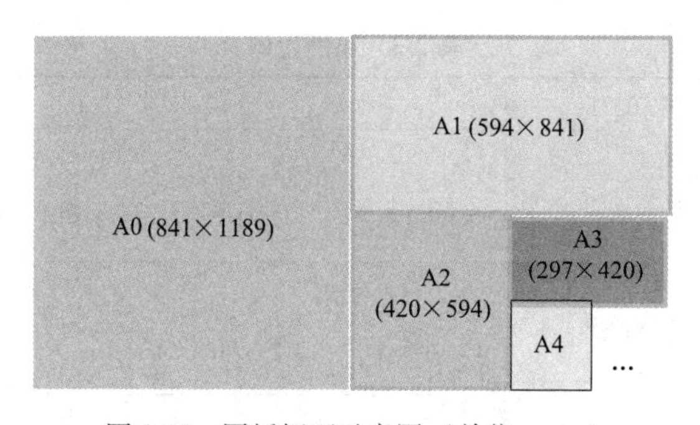

图 2-32 图纸幅面示意图（单位：mm）

2.2.1.2 标题栏

标题栏由名称及代号区、签字区、更改区和其他区组成，位于图纸右下角，有多个类型的格式。国家标准对标题栏做出了详细的规定，图 2-34 为本章使用的一种标题栏格式。

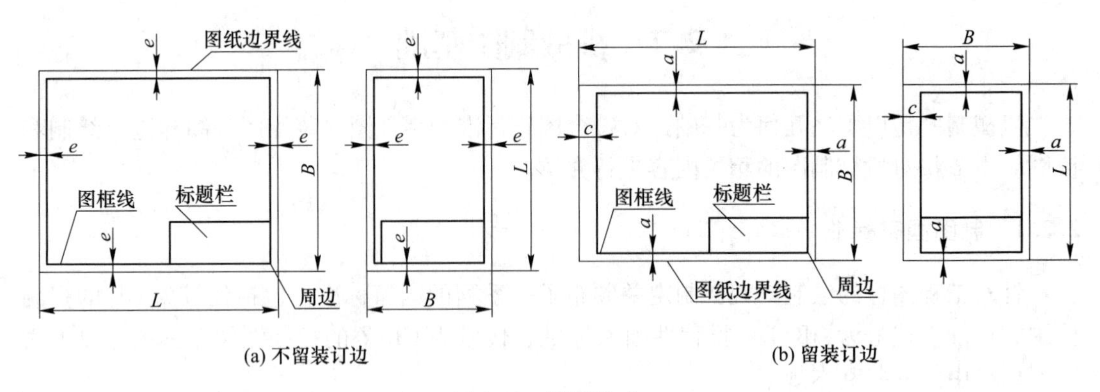

图 2-33 图框格式

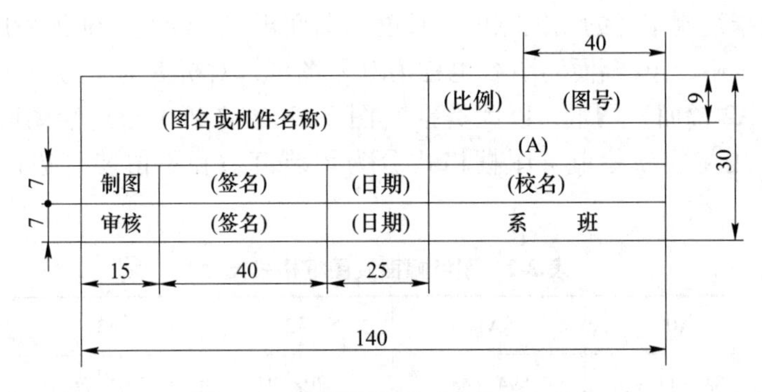

图 2-34 标题栏格式（单位：mm）

2.2.1.3 比例

图中图形与实物相应要素的线性尺寸之比称为比例。绘图时应该按照规定的比例进行绘制，表 2-3 为国家标准中规定的系列比例。需要注意的是，图中标注的尺寸应是物件的实际尺寸，与图纸比例无关。

表 2-3 绘图比例

原值比例	优先选用	1 : 1			
放大比例	优先选用	5 : 1 5×10^n : 1	2 : 1 2×10^n : 1	 1×10^n : 1	
	允许选用	4 : 1 4×10^n : 1	2.5 : 1 2.5×10^n : 1		
缩小比例	优先选用	1 : 2 1 : 2×10^n	1 : 5 1 : 5×10^n	1 : 10 1 : 1×10^n	
	允许选用	1 : 1.5 1 : 1.5×10^n	1 : 2.5 1 : 2.5×10^n	1 : 3 1 : 3×10^n	1 : 4 1 : 4×10^n

2.2.1.4 字体

字体是指图中汉字、字母和数字的书写形式，书写要求是字体工整、笔画清楚、间隔均匀、排列整齐。字体的号数用字体的高度（h）表示，字体高度的公称尺寸系列为 1.8 mm、2.5 mm、3.5 mm、5 mm、7 mm、10 mm、14 mm、20 mm。汉字应选用长仿宋体字，如图 2-35 所示。字母和数字分为 A 型和 B 型，可写成斜体和直体，其中 A 型斜体字如图 2-36 所示。

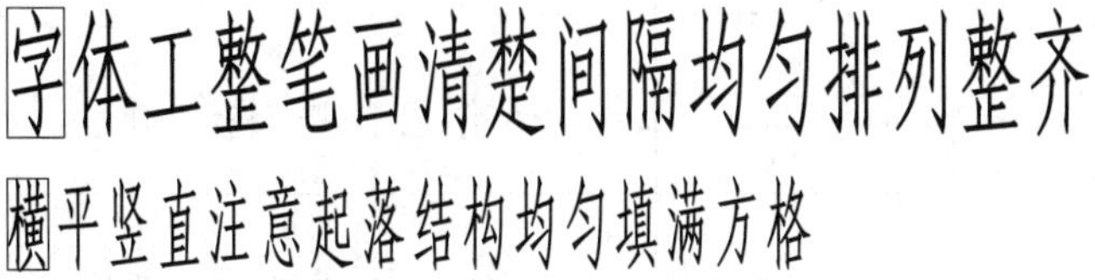

字体工整笔画清楚间隔均匀排列整齐

横平竖直注意起落结构均匀填满方格

图 2-35 长仿宋体示例

图 2-36 数字及字母的 A 型斜体字

2.2.1.5 图线

机械图样按规定需要使用的基本图线包括粗实线、细实线、双折线、虚线、细点划线、波浪线、粗点划线、双点划线，见表 2-4。

表 2-4 机械图样中的图线型式

名称代号	型式	宽度	主要用途
粗实线		d(0.5~2 mm)	可见轮廓线
细实线		约 $d/2$	尺寸线、尺寸界限、剖面引出线等
虚线		约 $d/2$	不可见轮廓线

续表 2-4

名称代号	型式	宽度	主要用途
细点划线		约 *d*/2	轴线、对称中心线
粗点划线		*d*	有特殊要求的表面的表示线
双点划线		约 *d*/2	假想投影轮廓线、中断线
双折线		约 *d*/2	断裂处的边界线
波浪线		约 *d*/2	断裂处的边界线、视图和剖视的分界线

2.2.1.6 尺寸标注

机件结构形状的大小和相互位置需用尺寸表示，如图 2-37（a）所示，尺寸标注应包括尺寸界线、尺寸线、尺寸数字等要素。其中，尺寸线的末端可以使用箭头、圆点、斜短线等样式，而箭头则是通用的末端样式，其画法如图 2-37（b）所示。

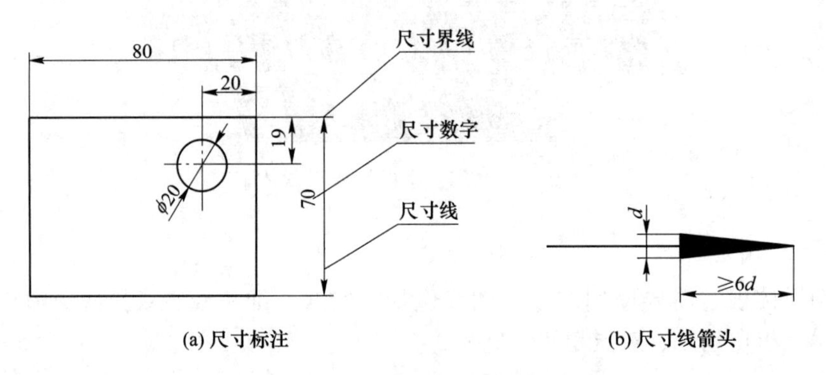

(a) 尺寸标注 (b) 尺寸线箭头

图 2-37 尺寸标注示例（单位：mm）

进行尺寸标注时，所标注的尺寸应为机件的真实大小，以 mm 为单位。需要注意的是，每个尺寸只标注一次。

2.2.2 零件图

2.2.2.1 零件图的要素

表达某一零件的图样被称为零件图，一般包括一组视图、尺寸标注、标题栏、表面粗糙度、技术要求等要素，如图 2-38 所示。

绘制零件图时需要注意主视图的选择，要求能够反映图示零件的主要形状特征。主视图投影方向选择的基本原则主要有两点，首先要能清楚地表达该零件的结构特征与形状，

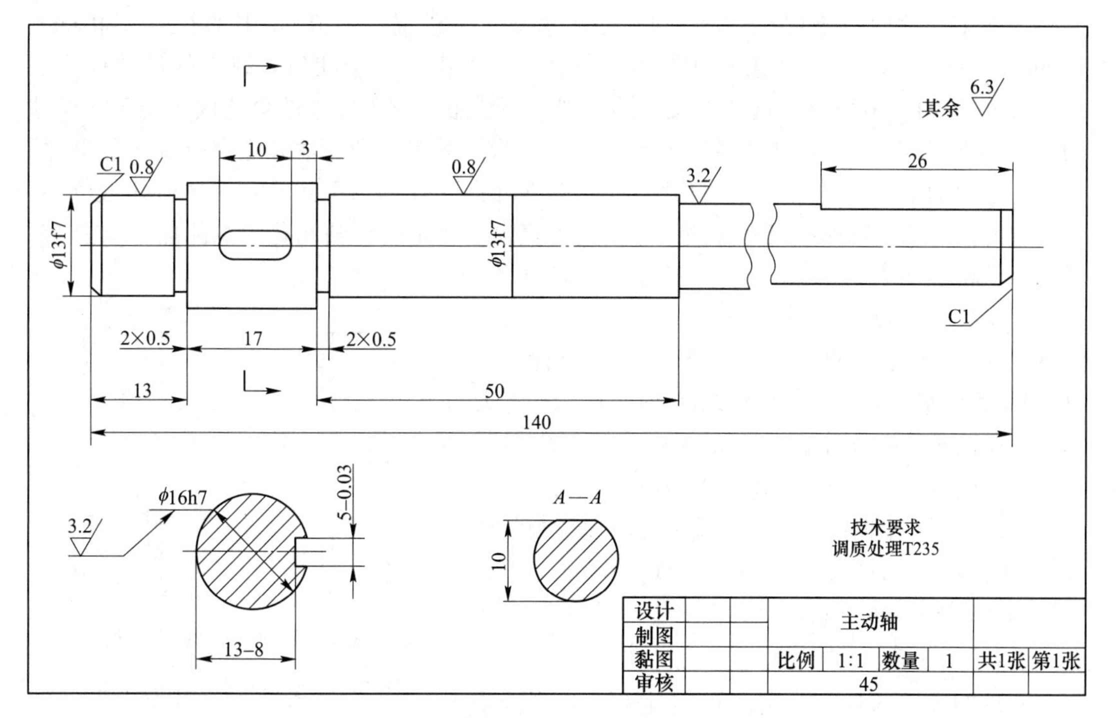

图 2-38　零件图示例

其次应能使图纸上必须绘制的视图数量最少。主视图的位置应尽可能符合该零件的加工、使用和安装习惯，以便零件的加工与识图。主视图位置选择的基本原则是尽量与零件加工、工作安装或者日常观察时的摆放位置保持一致。例如，对于图 2-38 所示的轴类零件，主视图常为水平放置，这与其加工时的摆放方式一致；支座、箱体类零件的主视图常为竖直放置，这符合其使用时的摆放位置。

绘制零件图的重要内容是标注尺寸，在标注时要求首先确定尺寸标注的基准，即零件在设计、加工、测量和装配时用来确定尺寸起止位置的一些点、线、面。对于零件图的尺寸基准，从设计与加工角度可以分为设计基准和工艺基准，从尺寸标注角度可以分为主要基准与辅助基准。其中，设计基准是指根据零件的结构特征与设计要求，确定零件在装置（或机器）中位置的点、线、面的标注基准；工艺基准是指零件在加工、测量和安装时，用以确定其各部分点、线、面位置的标注基准。一般而言，零件在长、宽、高三个方向上，或者轴向与径向两个方向上，每个方向上至少应该有一个尺寸标注的基准，这个确定零件结构主要尺寸的基准称为主要基准。当同一方向上尺寸数据较多时，也可以增加一些基准，称为辅助基准。

对于主要基准而言，可以是设计基准，也可以是工艺基准，或者同时是设计基准和工艺基准。对于辅助基准，需要与相应主要基准有一定的尺寸联系。

零件图中所标注的尺寸，从形状与位置等关系上可分为定形尺寸与定位尺寸。表述形状和大小的尺寸称为定形尺寸，以图 2-37（a）的尺寸标注示意图为例，ϕ20 mm、70 mm、80 mm 等均为定形尺寸；表征相对位置的尺寸称为定位尺寸，如图 2-37（a）中的尺寸 19 mm、20 mm。

在标注尺寸时，不应标注成封闭的尺寸链。注意观察图 2-38 中的尺寸 140 mm、13 mm、17 mm、50 mm，几个尺寸在进行标注时，留出了一个缺口，缺少的尺寸标注是 140−13−17−50 = 60 mm，这使得尺寸链呈现开环状态。封闭尺寸链会造成各个单元尺寸的误差的累积，另外也会使得链中所有尺寸失去尺寸基准，即无法确定零件加工的顺序。有时为方便加工，也可将开环尺寸用圆括号标记出来，作为参考尺寸。对于倒角或圆角，以及退刀槽，应单独作出尺寸标注。以倒角为例，主要是指在轴和孔的端部加工出的 45°或 30°、60°锥面，其作用是消除零件表面的边缘、保证加工安全、便于装配等。倒角的标注形式是倒角宽度 b×角度 α，当角度 α 为 45°时也可以标注为“C 倒角宽度 b”的形式，如图 2-39（a）所示。退刀槽是指在轴或者螺纹等结构的根部做出的一圈凹槽，其作用是在零件加工时能使车床的刀具或砂轮伸到加工终点，以便安全退出刀具，以及装配时保证与相邻零件靠紧等。退刀槽的标注采用“槽宽 b×直径 ϕ”或“槽宽 b×槽深 c”的形式，如图 2-39（b）所示。

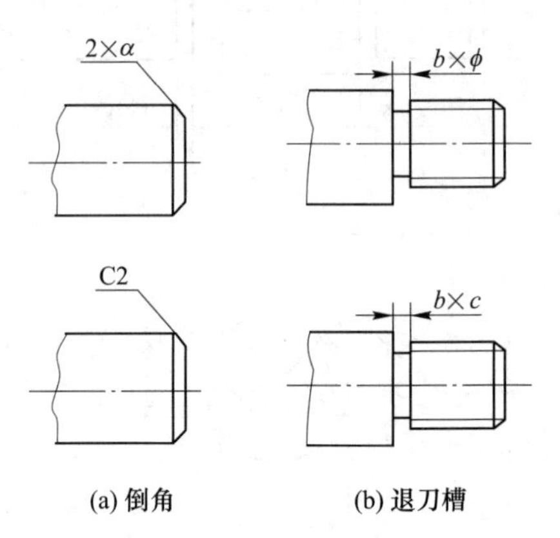

(a) 倒角　　(b) 退刀槽

图 2-39　倒角和退刀槽的标注

2.2.2.2　表面粗糙度

零件的表面均具有一定的粗糙程度，其评价指标称为表面粗糙度。在本章中仅简要介绍表面粗糙度的标注方法。表面粗糙度用轮廓算术平均偏差 R_a 表示，单位是 μm，通常采用基本符号、代号加必要的文字说明进行标注。

图 2-40 所示为表面粗糙度的符号，其中，图 2-40（a）指用任何方法获得的表面，该符号不能单独使用，除非仅用于简化代号标注；图 2-40（b）为用去除材料的方法获得的表面，例如金属加工、抛光、腐蚀等方法；图 2-40（c）为用不去除材料的方法获得的表面，如铸造、锻造、冲压、轧等；在图 2-40（d）中，横线上方用于标注有关参数和说明；图 2-40（e）的符号则表示所有表面均具有相同的表面粗糙度要求。

表 2-5 所示为不同表面粗糙度符号的含义。

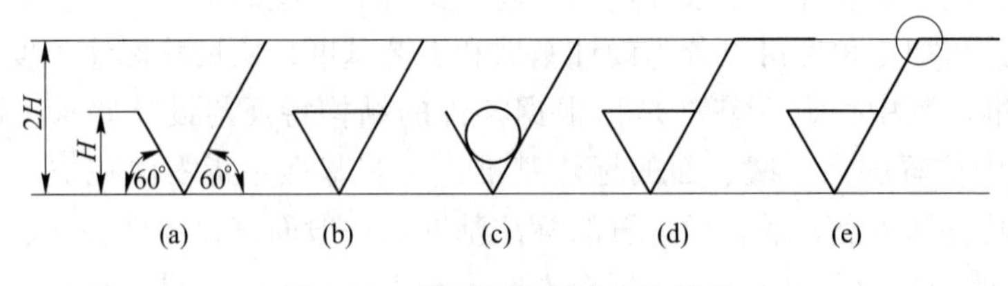

图 2-40　表面粗糙度的标注符号

表 2-5　表面粗糙度的标注示例

3.2	3.2max 1.6min	3.2	铣 6.3
用任何方法获得的表面粗糙度，R_a 的上限值为 3. 2 μm	用去除材料的方法获得的表面粗糙度，R_a 的上限值为 3. 2 μm、下限值为 1. 6 μm	用不去除材料的方法获得的表面粗糙度，R_a 的上限值为 3. 2 μm	用铣削方法获得的表面粗糙度，R_a 的上限值为 6. 3 μm

在标注表面粗糙度时，符号应标注在零件图的可见轮廓线、尺寸线、尺寸界线或引出线上，并且表面粗糙度符号尖端须由外指向材料表面。当大部分零件表面粗糙度的要求相同时，可在图纸空白处作统一标注，并在符号前写明“其余”字样，如图 2-38 所示；或者，可在图纸的“技术要求”中作统一的说明。

2.2.2.3　公差与配合

在设计零件时，一般要根据零件的使用要求来确定加工时尺寸的变动范围。在零件加工过程中，尺寸的允许变动量称为尺寸公差，简称公差。

在理解尺寸公差的概念时，需要掌握如下定义：首先是基本尺寸，即根据零件的使用与工艺要求，从而设计和确定的尺寸；实际尺寸则是指通过实际测量而得到的尺寸；对于零件的加工制造而言，其尺寸存在一个合理的浮动范围，因而尺寸允许变动的两个界限值被称为极限尺寸，其中的较大值为最大极限尺寸，而较小值则为最小极限尺寸。

综上所述，不难理解在加工零件过程中，需要对其真实的尺寸浮动情况规定一个范围，用以说明允许实际尺寸发生偏离的程度。这种偏离程度用偏差来表示，并定义最大极限尺寸、最小极限尺寸与基本尺寸的代数差分别为上偏差、下偏差。孔的上偏差、下偏差可用 ES、SI 表示，轴的上偏差、下偏差可用 es、ei 表示。在此基础上，允许尺寸的变动量等于最大极限尺寸与最小极限尺寸之差，或上偏差与下偏差之和，这就是尺寸公差。如果将尺寸公差用图来表示，即由代表上偏差和下偏差的两条直线限定的区域来代表公差，这种公差图示就称为尺寸公差带，如图 2-41 所示。在这种公差图中，表示基本尺寸或零偏差的一条直线称为零线。

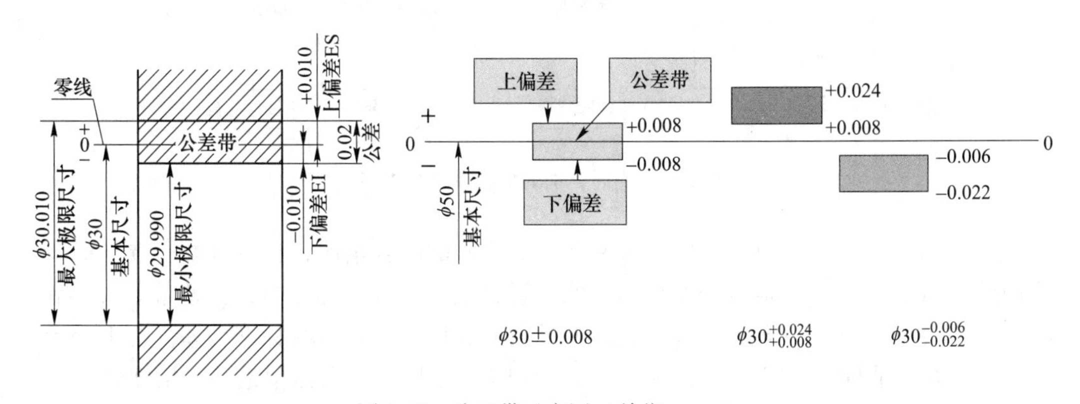

图 2-41　公差带示意图（单位：μm）

值得注意的是，图 2-41 中揭示出的公差带大小和公差带位置的概念与实际应用还是有差别的。例如，图中表示出了三个公差带，每个公差带中的上下偏差之和都是 0.016 μm，但是很显然它们的实际位置并不一样。通俗来讲，这意味着尽管零件加工时的“误差大小”均可以是 0.016 μm，但是有的孔需要被加工得与基本尺寸恰好相等，有的孔需要略大于基本尺寸，而有的孔则需要略小于基本尺寸才能够在使用过程中正常运转。

为了理解上述含义，可以将孔和轴的公差带放在一起进行对比，如图 2-42 所示。在实际的零件组装过程中，孔和轴需要搭配在一起使用，如果孔的公差带在轴的公差带之上，则不论孔和轴的个体加工误差多大，二者都可以较为容易地套在一起。这就意味着尽管孔和轴可能被不同的车间所加工，但只要各自符合公差的限定要求，那么当二者进行组装时，都能够确保形成一种间隙配合。间隙配合主要用于孔和活动轴之间的连接，如滑动轴承与轴的连接，间隙具有贮藏润滑油、补偿加工误差等作用，间隙的大小影响着孔和轴的相对运动程度。

反之，如果孔的公差带在轴的公差带之下，那么孔和轴不论是从何处加工而来，配对的轴径都必然会略大于孔径。此时需要采用特殊工具进行挤压、利用热胀冷缩进行扩孔等方式，才能够将孔和轴套在一起。孔会对轴产生箍紧力，两个零件由此会紧紧配合成一体，轴在孔内不会转动，这就形成了一种过盈配合。过盈配合的情况可以用在孔轴间不允许有相对运动的紧固连接中，例如齿轮的齿圈与轮毂之间的连接等。

如果孔和轴的公差带有一定的重叠，就会形成一种过渡配合。过渡配合主要用于孔和轴之间既需要定位、连接，又应该易于拆卸和装配的情况，如滚动轴承内径与轴之间的连接。

因此，配合尺寸标注的作用在于提出不同零件之间的配合要求，只要零件加工者按照要求进行制作，就可以保证组装的部件能满足预期的使用要求，例如是否允许轴在孔内转动等。

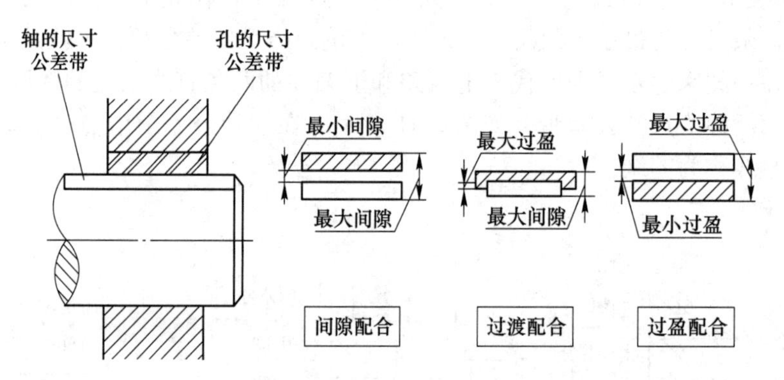

图 2-42 不同类别的配合及其公差带

综上所述，考虑到孔轴之间结合紧密状态等不同的配合情况，在设计配合要求时既需要明确公差带的大小，也需要说明公差带的位置关系。在国家标准中，公差带的大小和位置已经得到了标准化的处理，用以确定公差带大小的任一公差称为标准公差。标准公差分为 20 个等级，即 IT01、IT0、IT1、IT2、…、IT18，其中 IT01 公差值最小，精度最高。

用以确定公差带相对于零线位置的上偏差或下偏差也已做了标准化处理，即基本偏差系列，如图 2-43 所示。基本偏差的代号用字母表示，大写表示孔的偏差，小写表示轴的偏差。常用的标准公差值和基本偏差值都已经被统计为表格，但在本节中予以省略，有需求的读者可以查阅相关的工程制图资料。

可以设想的是，如果确定了标准公差和基本偏差，那么事实上就可以推定孔和轴的配合状态，即推定二者属于间隙配合、过渡配合、过盈配合之中的哪一种。因此，只要标注出配合的代号，实际就已经指明了配合的类型。配合代号的标注举例如式（2-1）所示，在形式上相当于是两个公差带代号的组合。例如，对于与之相对应的孔、轴公差带而言，其代号分别如式（2-2）、式（2-3）所示。

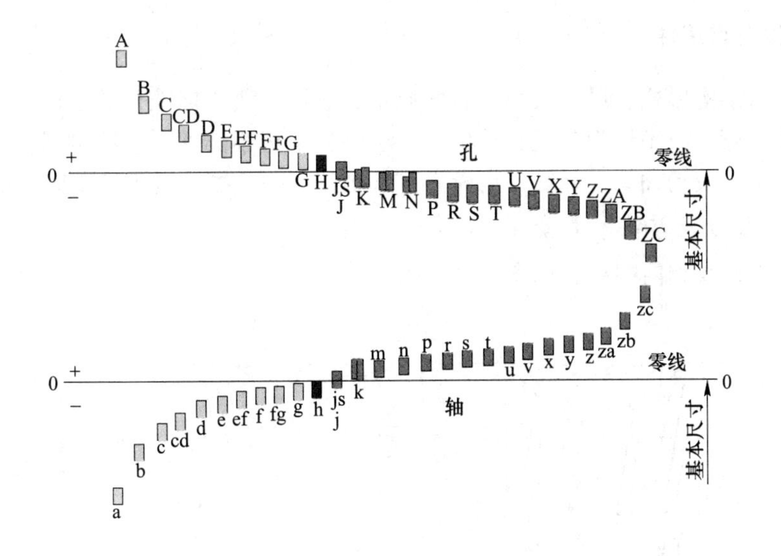

图 2-43　基本偏差系列

$$基本尺寸 \times \frac{孔公差带}{轴公差带} = 基本尺寸 \times \frac{孔的基本偏差 + 公差等级}{轴的基本偏差 + 公差等级} = \phi 50\frac{H8}{f7} \quad (2\text{-}1)$$

$$孔的公差带 = 基本尺寸 \times 基本偏差 + 公差等级 = \phi 50H8 \quad (2\text{-}2)$$

$$轴的公差带 = 基本尺寸 \times 基本偏差 + 公差等级 = \phi 50f7 \quad (2\text{-}3)$$

公差带代号和配合代号应标注在图样中，其标注方法与其他尺寸相同，符合尺寸标注的基本规则。例如，图 2-38 中的 ϕ16h7 就是公差带的代号。

2.2.2.4　零件材料标注

制造零件需要用到很多类型的材料，例如钢铁、铝材及合金材料。对于钢铁及合金而言，采用其牌号的统一数字代号表示，由固定的六位符号组成，其构成如图 2-44 所示。

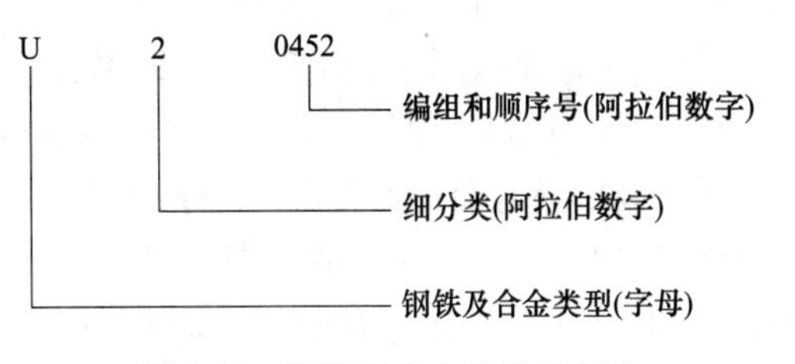

图 2-44　钢铁及合金的表示方法

例如，U20452 表示 45 钢，U21652 表示 65Mn 钢等。钢铁及合金牌号的表示法可以查阅相应的资料，或者依据相应的国家标准。

铝合金的命名遵循四位字符体系牌号命名方法，例如，纯铝 L2 表示为 1060，铝合金 LY12 表示为 ZA12。

2.2.2.5　零件图的阅读与绘制

阅读零件图时，首先应从标题栏中获取基本信息，然后分析表达方案。例如通过主视图来了解零件的大体结构，分析剖视图、断面图、向视图、局部视图、局部放大图等。按照先主后辅、先外后内的原则，进行形体分析、线面分析和结构分析。进一步地，做出尺寸分析，包括确定零件图的定形尺寸和定位尺寸，了解零件的尺寸基准和尺寸的标注形式，以及技术要求等。同时，进行结构、工艺和技术要求的分析，包括了解零件结构特点、分析零件制作方法、了解技术要求等。

2.2.3　标准件与常用件

标准件是指结构形式、尺寸大小、表面质量、表示方法均标准化的零部件。常用件是指除了标准件以外，应用较为广泛、结构基本定型的常用零部件。这些零部件包括螺纹与紧固件、键和销、滚动轴承、弹簧、齿轮等。本节简要介绍螺纹及螺纹紧固件的画法。

2.2.3.1　螺纹及其基本要素

螺纹分为外螺纹和内螺纹，如图 2-45 所示。

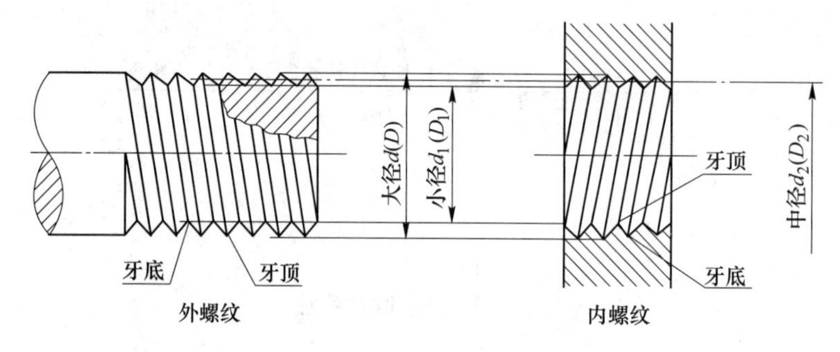

图 2-45　螺纹的表示方法

螺纹的结构要素包括牙型、公称直径（大径）、螺距、线数和旋向，只有这五个要素都相同的外螺纹和内螺纹才能旋合。螺纹轴向剖面的形状称为螺纹的牙型，常见有三角形、梯形和矩形。与外螺纹牙顶或内螺纹牙底相重合的假想圆柱面直径称为螺纹大径；与外螺纹牙底或内螺纹牙顶相重合的假想圆柱面直径称为螺纹小径。大径与小径之间有一假想圆柱面，在其母线上牙型的沟槽和凸起宽度恰好相等，这一假想圆柱面直径称为中径。

沿一条螺旋线所形成的螺纹称为单线（头）螺纹，沿两条以上轴向等距分布的螺旋线形成的螺纹则称为多线（头）螺纹，线数（头数）用 n 表示。相邻两牙在中径线上对应两点间的轴向距离称为螺距 P；同一螺旋线上的相邻两牙在中径线上对应两点间的轴向距离称为导程 S。很显然，单线螺纹的导程等于螺距，多线螺纹的导程等于线数乘以螺距。螺纹的旋向分为左旋与右旋，顺时针方向旋转、沿轴向推进的为右旋螺纹，反之为左旋螺纹。

2.2.3.2　螺纹的画法与标注

螺纹的画法需要遵循如下规定：牙顶画粗实线，牙底画细实线；终止线画粗实线；不可见螺纹画虚线；剖面线应画到粗实线；牙型可用剖视或局部放大图；内外螺纹连接时，旋合部分按外螺纹的画法而作图。图 2-46 以双头螺柱连接（螺纹紧固件）为例，示出了螺纹的画法。

螺纹终止线是指螺纹根部的截止界线，在图 2-46 中示例出了一条螺纹终止线。在螺纹投影为圆形的视图中，牙顶的大径圆需画成粗实线圆，牙底的小径圆只需画出 3/4 圆，表示倒角的圆可以省略。另外，仔细观察图 2-46，在绘制不穿孔的内螺纹孔时，一般应将钻孔深度与螺纹深度分别画出。当螺纹为不可见时，其相应图线均按虚线绘制。标准普通螺纹一般不需画出牙型。其他螺纹若需表示牙型，可在零件图上直接采用局部剖视或局部放大图加以表示。

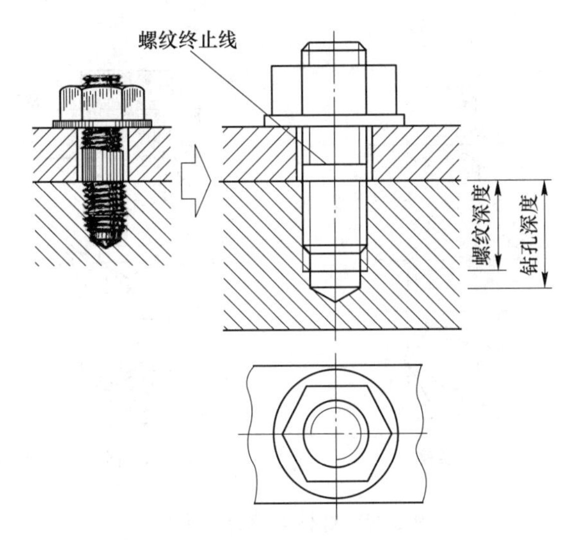

图 2-46 双头螺柱（螺纹）的画法

标准螺纹应采用统一规定的方法进行标记，并注写在零件图中螺纹的公称直径上。普通螺纹的标注由螺纹代号、螺纹公差带代号和螺纹旋合长度三部分组成，标准格式如下：

牙型符号 公称直径 × 螺距 旋向 - 中径公差带 顶径公差带 - 旋合长度

以 M10×1LH-5g6g-S 为例，M 表示普通粗牙螺纹，公称直径为 10 mm，螺距为 1 mm，左旋，中径公差等级为 5 级，基本偏差为 g，顶径公差等级为 6 级，基本偏差为 g，短旋合长度。

国家标准规定，普通粗牙螺纹可以只标注牙型代号 M 和公称直径（大径），如 M16；普通细牙螺纹需要在公称直径后再加注螺距，如 M16×1.5；左旋螺纹需标注左旋代号 LH，如 M16×1 LH，而右旋螺纹则可以省略标注旋向。

对于中径公差带和顶径公差带的代号标注，如两者相同，则只需标出一个代号，如 M10×1-6H。当内、外螺纹旋合时，如需标注，则可将配合公差带代号用斜线分开，分子表示内螺纹公差带代号，分母表示外螺纹公差带代号，如 M16-6H/6g。

普通螺纹的旋合长度，国标规定分为短、中、长三组，分别用字母 S（短）、N（中）、L（长）表示。

除了普通螺纹之外，还有梯形螺纹和管螺纹。梯形螺纹的牙型符号是 Tr，管螺纹分为密封管螺纹和非密封管螺纹，其中，密封管螺纹的代号为 R（圆锥外螺纹）、R_c（圆锥内螺纹）、NPT 60°（圆锥管螺纹）、R_p（内、外圆柱管螺纹），非密封管螺纹的特征代号为 G。

2.2.3.3 螺纹紧固件

用螺纹起连接和紧固作用的零件称为螺纹紧固件。对于普通螺纹而言，其紧固件包括螺栓、双头螺柱、螺钉等，相应的一些配件还包括螺母和垫圈等。双头螺柱的画法如图 2-46 所示，螺栓和螺钉的画法如图 2-47 所示。这里需注意，其中螺母、螺栓头的画法是经过简化的。

绘制螺纹紧固件的连接图时，应注意一些容易错误之处，例如钻孔锥角应为 120°；被

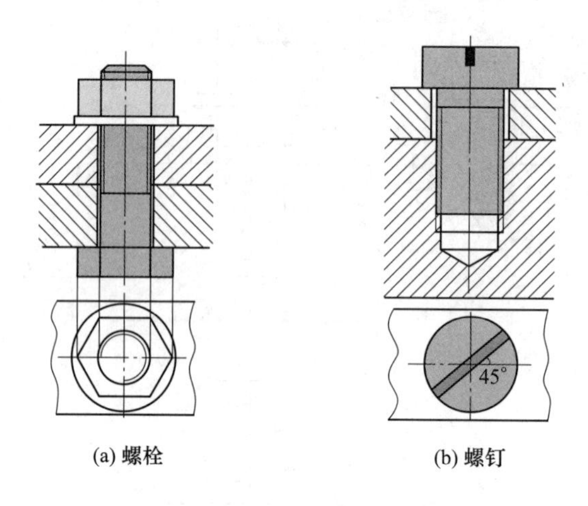

(a) 螺栓　　(b) 螺钉

图 2-47　螺栓和螺钉的画法

连接件的孔径画为 1.1d，此处一般应画两条粗实线；内螺纹和外螺纹的大径和小径应分别对齐，小径与倒角无关；应有螺纹小径（细实线）；两个被连接件之间应有交线（粗实线）；同一零件在不同图上的剖面线方向、间隔都应相同。

螺柱旋入端螺纹要全部旋入螺孔内，因此要将旋入端螺纹终止线画成与被连接的两零件的接合面平齐，如图 2-46 所示的双头螺柱连接情况。在图 2-47 中，采用螺栓连接时，螺纹的终止线要高于被连接的两零件的接合面，以符合实际情况。

2.2.3.4　其他标准件与常用件

其他标准件与常用件，例如键和销、滚动轴承、弹簧、齿轮等，部分类型零部件的画法如图 2-48 所示。

2.2.4　装配图与装配结构

表达机器或部件的图样称为装配图。由于机器或部件一般是多个零件的组合，所以装配图往往也可以拆分为若干个零件图。

2.2.4.1　装配图的画法

装配图包括一组图形、尺寸、技术要求，以及标题栏、零件序号和明细栏等，如图 2-49 所示。

在绘制装配图时，其基本步骤和零件图相近，但二者表达的侧重点有所不同。装配图以表达机器或部件的工作原理和装配关系为主，因此在绘制时需要注意零件之间相互配合的表达方式。例如，当两个零件之间产生了接触或配合时，零件间只画一条轮廓线；需要注意的是，如果画两条轮廓线，其意义代表的是两个非接触面。在剖视图中，相接触的两零件的剖面线方向应相反或间隔不等，以表示这两部分分属于两个不同的零件；如果两部分的剖面线属于同一零件，则其剖面线的倾斜角度与间隔应保持一致。为简化作图，剖视图中对于一些实心杆件和标准件，如果剖切平面通过其轴线或对称面，则只画零件外形，不需要画剖面线；当剖切平面垂直其轴线时，需要画出其剖面线，例如图 2-49 中的螺栓。

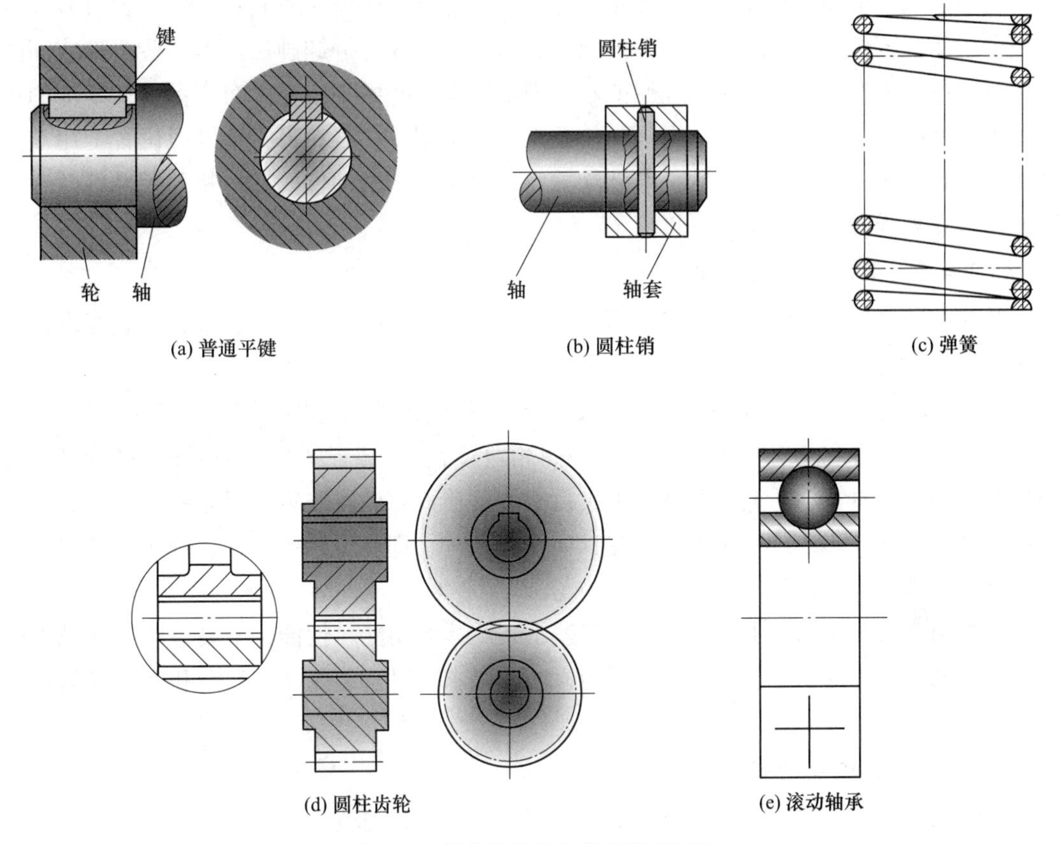

图 2-48　部分标准件与常用件的画法

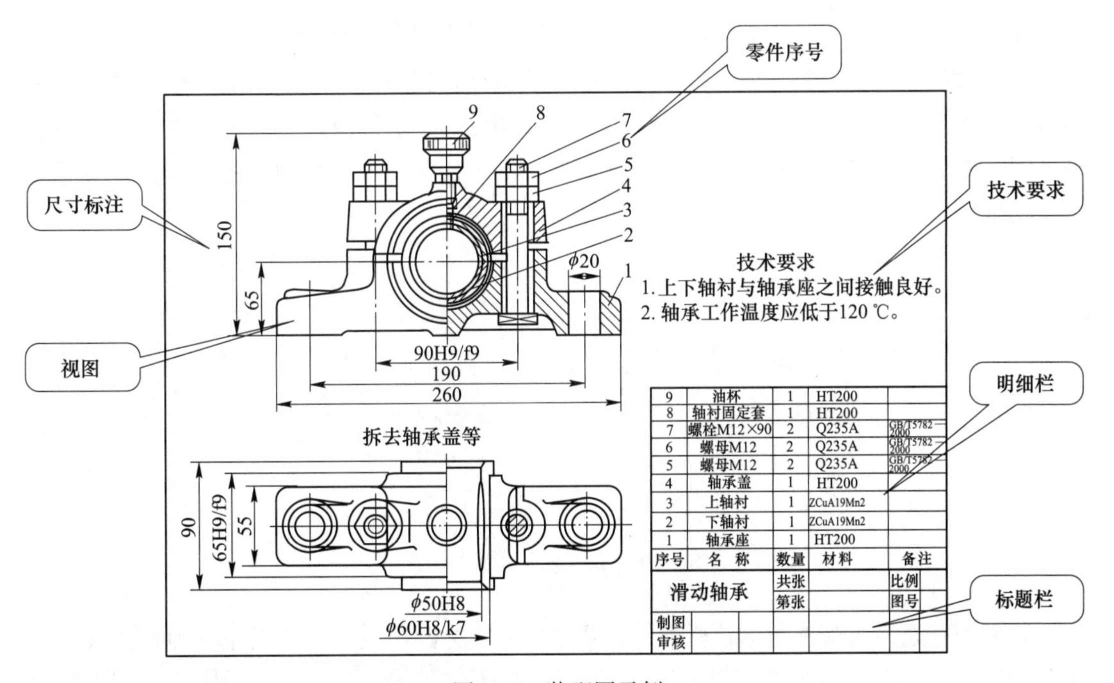

图 2-49　装配图示例

当某个或几个零件在装配图某视图中遮住了大部分装配关系或其他零件时，可假想拆去一个或几个零件，只画出表达部分的视图，这一方法称为拆卸画法。当某些零件或间隙过小时，可以采用夸大的画法，以便能够清晰地表达一些微小结构。当表示运动零件的运动范围或极限位置时，可先在一个极限位置上画出该零件，再在另一个极限位置上用双点划线画出其轮廓。当表示与本部件有装配关系，但不属于本部件的其他相邻零部件时，也应使用双点划线的假想画法。

2.2.4.2 装配图的尺寸标注

装配图的尺寸标注需要服务于说明机器的性能、工作原理、装配关系和安装要求，一般来说需要标注五种尺寸。

首先是性能尺寸，即规格尺寸，主要表示机器或部件的性能与规格；其次是装配尺寸，包括配合尺寸和相对位置尺寸（零件间相对位置）；装配图中还需要标注外形尺寸，即机器或部件的总长、总宽、总高；再次是安装尺寸，即机器安装时所需的尺寸，例如图2-49中的ϕ20和190；最后还需要标注其他重要尺寸，即在设计中经计算确定或选定的尺寸，但未包括在上述四种尺寸中。

装配图中需要注明技术要求，主要是表示装配体的功能、性能、安装、使用和维护的要求，或者装配体的制造、检验和使用的方法及要求，以及装配体对润滑和密封等的特殊要求。

2.2.4.3 装配图的零件序号及明细栏

装配图上的每个零件或部件都需要编注序号或代号，并填写明细栏。

装配图中的零件序号由点、指引线、横线（或圆圈）和序号数字组成，其中指引线、横线用细实线画出，如图2-50所示。指引线相互不交错，如果指引线通过剖面线区域，则应与剖面线斜交，避免与剖面线平行。序号数字比装配图的尺寸数字大一号或两号。序号应注在图形轮廓线外，并写在指引线横线上或圆内。指引线应在末端画一小点，序号字体比尺寸数字大一号至两号。指引线允许弯折一次，装配关系清楚的零件组，允许使用公共指引线。

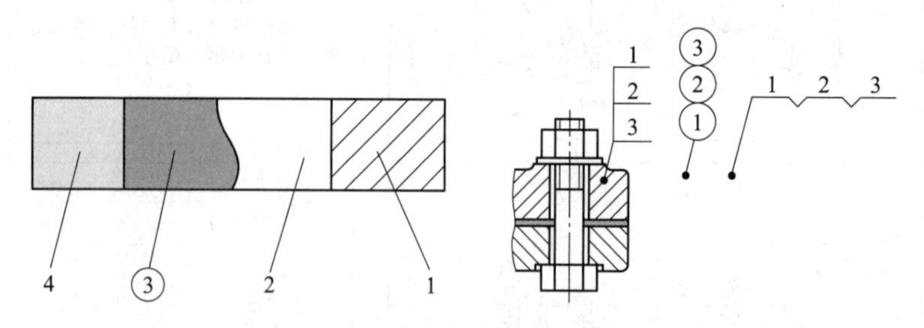

图2-50 零件序号的标注方法

装配图标题栏与零件图标题栏类似。明细栏画在标题栏上方，外框左右为粗实线，内框为细实线，如图2-49中序号1~9的表格。如果零件过多，则允许在标题栏左侧续画明细栏。

2.2.4.4　装配结构

在绘制装配图时，应注意装配结构的准确性，保证零件装配后能达到性能要求、便于拆装。

如2.2.4.1节所述，当两个零件之间符合接触或配合关系时，接触轮廓只画一条线，否则画两条轮廓线，如图2-51（a）（b）所示。

为保证孔和轴在连接时能够良好地接触，应该设置轴的退刀槽、孔的倒角等结构，如图2-51（c）所示。

对于接触面与配合面的结构，例如两零件的接触面，在同一方向上只能有一对接触面，如图2-51（d）所示。

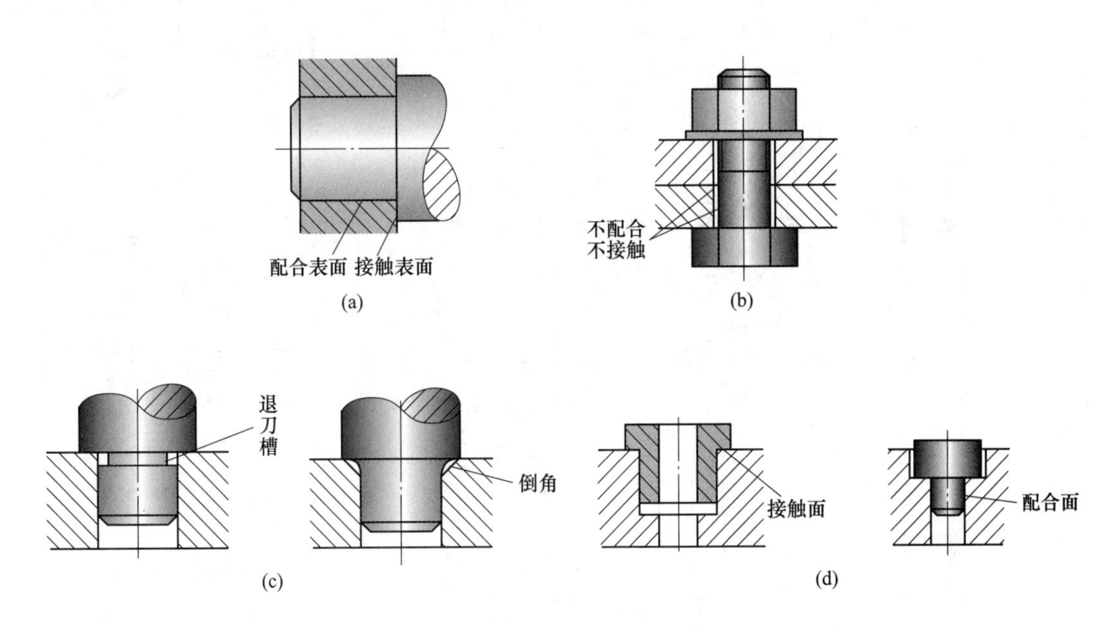

图2-51　配合结构的表达

必须考虑装拆的方便和可能，例如在使用销时，应尽量将销置于通孔之中；在设计螺栓等螺纹紧固件的安装时，应注意留出装拆螺栓和使用扳手的空间。

2.2.4.5　装配图的绘制

绘制装配图时，首先要了解装配图的使用目的、产品功用、工作原理、技术特性、工作环境与要求、产品检测相关技术性能指标和一些重要装配尺寸等，需要熟悉机械加工的工作程序和设备加工性能。在收集基本资料、确定视图等表达方案之后，可以开始绘制装配图。绘图时，应合理制订方案、比例、图幅，合理布图、确定绘图基准，注意各视图间要符合投影关系，各零件、结构要素也要符合投影关系。另外，还需要随时检查零件间的装配关系，以保证装配结构的准确性。

利用装配图的制图方法，可以绘制设备图，这是工程设计中的重要图样之一。图2-52为某设备的设计图示例。

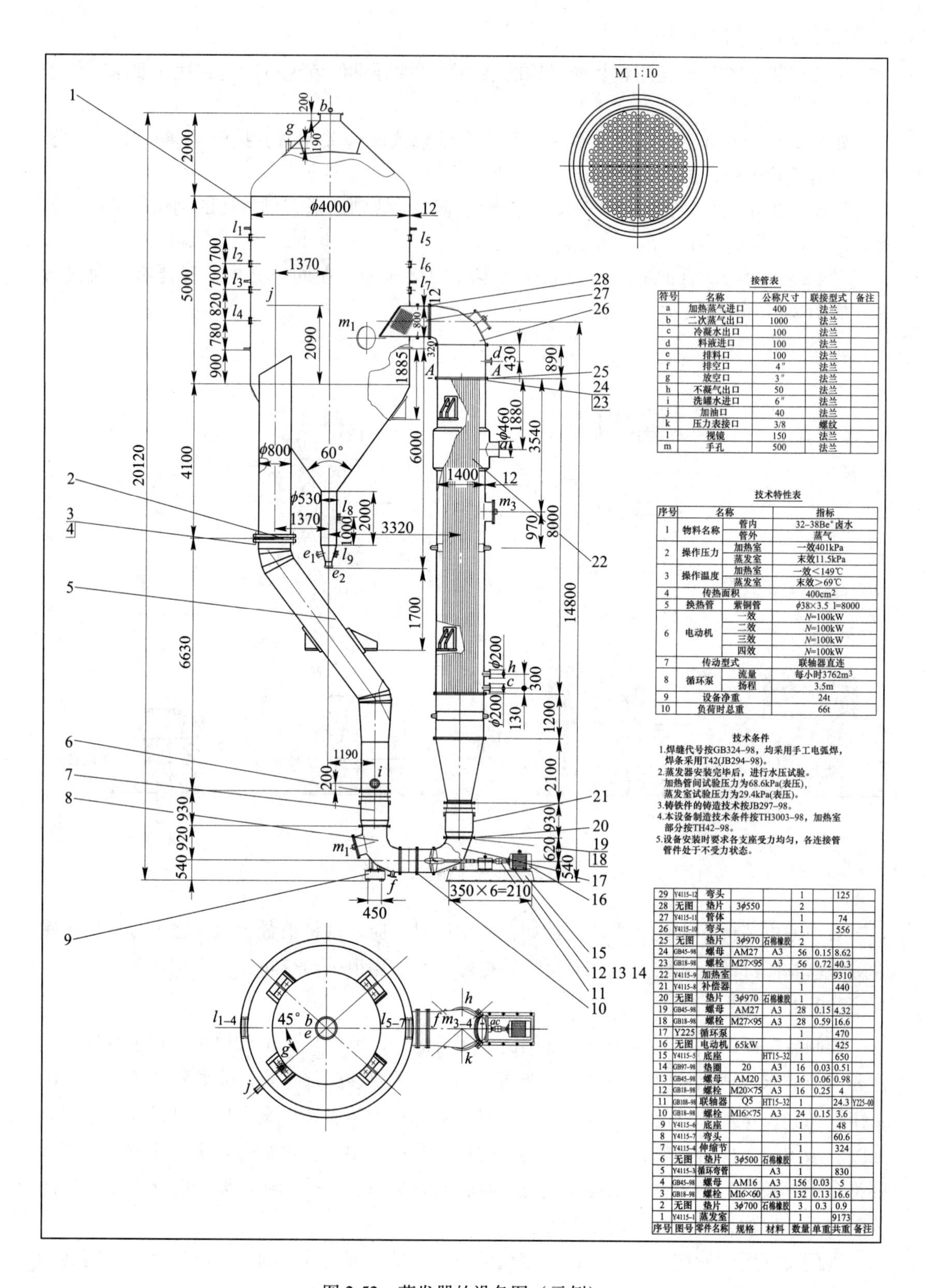

接管表

符号	名称	公称尺寸	联接型式	备注
a	加热蒸气进口	400	法兰	
b	二次蒸气出口	1000	法兰	
c	冷凝水出口	100	法兰	
d	料液进口	100	法兰	
e	排料口	100	法兰	
f	排空口	4″	法兰	
g	放空口	3″	法兰	
h	不凝气出口	50	法兰	
i	洗罐水进口	6″	法兰	
j	加油口	40	法兰	
k	压力表接口	3/8	螺纹	
l	视镜	150	法兰	
m	手孔	500	法兰	

技术特性表

序号	名称		指标
1	物料名称	管内	32–38Be°卤水
		管外	蒸气
2	操作压力	加热室	一效401kPa
		蒸发室	末效11.5kPa
3	操作温度	加热室	一效<149℃
		蒸发室	末效>69℃
4	传热面积		$400cm^2$
5	换热管	紫铜管	φ38×3.5 l=8000
6	电动机	一效	N=100kW
		二效	N=100kW
		三效	N=100kW
		四效	N=100kW
7	传动型式		联轴器直连
8	循环泵	流量	每小时$3762m^3$
		扬程	3.5m
9	设备净重		24t
10	负荷时总重		66t

技术条件

1.焊缝代号按GB324–98，均采用手工电弧焊，焊条采用T42(JB294–98)。

2.蒸发器安装完毕后，进行水压试验。加热管间试验压力为68.6kPa(表压)，蒸发室试验压力为29.4kPa(表压)。

3.铸铁件的铸造技术按JB297–98。

4.本设备制造技术条件按TH3003–98，加热室部分按TH42–98。

5.设备安装时要求各支座受力均匀，各连接管管件处于不受力状态。

序号	图号	零件名称	规格	材料	数量	单重	共重	备注
29	Y4115-12	弯头			1		125	
28	无图	垫片	3φ550		2			
27	Y4115-11	管体			1		74	
26	Y4115-10	弯头			1		556	
25	无图	垫片	3φ970	石棉橡胶	2			
24	GB45-98	螺母	AM27	A3	56	0.15	8.62	
23	GB18-98	螺栓	M27×95	A3	56	0.72	40.3	
22	Y4115-9	加热室			1		9310	
21	Y4115-8	补偿器			1		440	
20	无图	垫片	3φ970	石棉橡胶	1			
19	GB45-98	螺母	AM27	A3	28	0.15	4.32	
18	GB18-98	螺栓	M27×95	A3	28	0.59	16.6	
17	Y225	循环泵			1		470	
16	无图	电动机	65kW		1		425	
15	Y4115-5	底座		HT15–32	1		650	
14	GB97–98	垫圈	20	A3	16	0.03	0.51	
13	GB45–98	螺母	AM20	A3	16	0.06	0.98	
12	GB18–98	螺栓	M20×75	A3	16	0.25	4	
11	GB108–98	联轴器	Q5	HT15–32	1		24.3	Y225-00
10	GB18–98	螺栓	M16×75	A3	24	0.15	3.6	
9	Y4115-6	底座			1		48	
8	Y4115-7	弯头			1		60.6	
7	Y4115-4	伸缩节			1		324	
6	无图	垫片	3φ500	石棉橡胶	1			
5	Y4115-3	循环弯管		A3	1		830	
4	GB45–98	螺母	AM16	A3	156	0.03	5	
3	GB18–98	螺栓	M16×60	A3	132	0.13	16.6	
2	无图	垫片	3φ700	石棉橡胶	3	0.3	0.9	
1	Y4115-1	蒸发室			1		9173	

图 2-52　蒸发器的设备图（示例）

2.3　工艺制图基础

在设备的设计、制造、安装、施工过程中，除了设备图之外，还需要工艺流程图、设备布置图、管道布置图等图样。这些图样属于工艺制图的范畴，是实验室研究到工业化生产的必备图纸，也是小试到中试、中试到工业化生产的技术资料保障。

2.3.1　工艺流程图

工艺流程图是示意生产过程的图样，其重点是表达物料和能量的流向，如图 2-53 所示。

根据工程设计的不同阶段，工艺流程图可以分为方案流程图、物料流程图、带控制点的工艺流程图（施工图）三类。三者所表达的工艺流程情况类似，但是复杂程度和侧重点不同，其中的图形案例如图 2-54 所示。需要指出的是，本节的图 2-54 仅为工艺流程图中某个局部图形的象征性示例，用作绘图要点的讲解，其中的各项标注并不代表实际的工艺情况。

2.3.1.1　方案流程图

方案流程图是在工艺路线选定后，在设计开始时服务于工艺方案的讨论，进行概念性设计的制图，其作用是表达物料从原料到成品或半成品的工艺过程，同时需要表达所使用到的设备。如图 2-54（a）所示，方案流程图包括如下两部分内容：

（1）设备：用示意图表示生产过程中所使用到的设备，同时需要用文字、字母、数字写出设备位号；需要注意的是，设备轮廓使用细实线，这和机械制图部分是不同的。在绘制设备轮廓时，一般不需要按比例画出，而是保持它们的相对大小即可。

（2）工艺流程：用工艺流程线及文字表达物料的流向，即由原料到成品或半成品的工艺流程情况。其中，工艺流程线使用粗实线，用箭头标明物料的流向，并在流程线的起始和终止位置注明物料的名称、来源或去向。

需要注意的是，设备的表示有一些通用性的图例，在绘制时可以直接选用这些图例，见表 2-6。

另外，在流程图中，需要标注设备位号及名称。在图 2-54 中，蒸馏釜设备轮廓的正下方就标注了设备位号“R0201”及其名称“蒸馏釜”，其含义如图 2-55 所示。设备位号及名称也可以标注在设备轮廓的正上方。其中，设备代号见表 2-7，位号“R0201”还可以同时标注在设备轮廓之内。

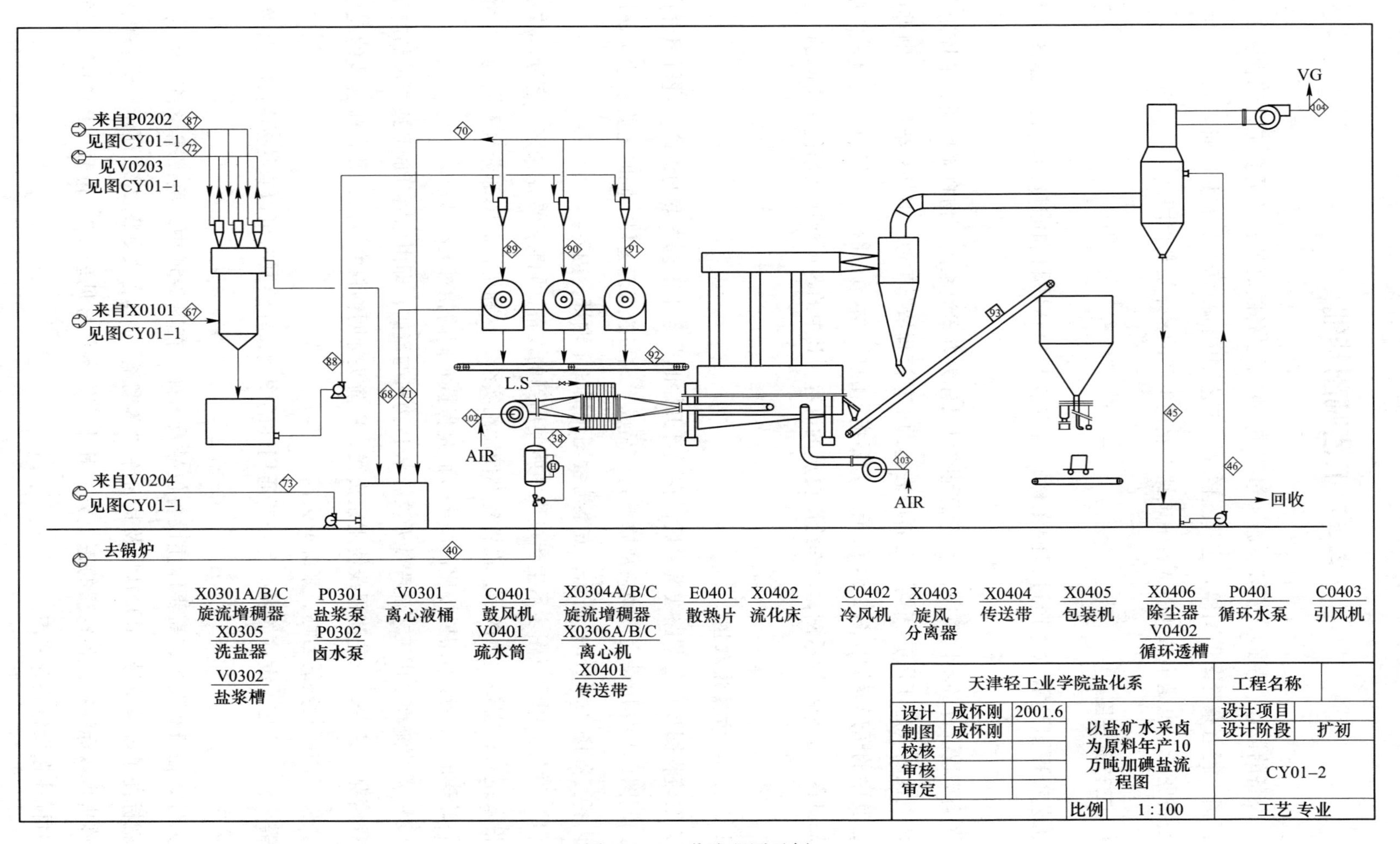

图 2-53 工艺流程图示例

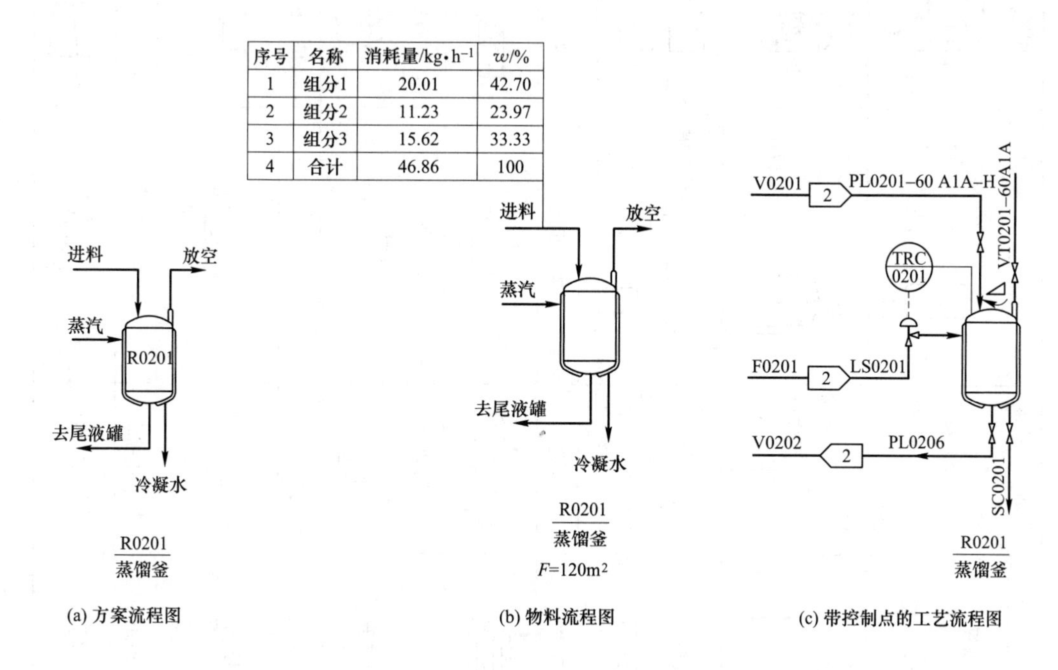

序号	名称	消耗量/kg·h^{-1}	w/%
1	组分1	20.01	42.70
2	组分2	11.23	23.97
3	组分3	15.62	33.33
4	合计	46.86	100

图 2-54 工艺流程图的类型及其示意图

在绘制工艺流程线时，有可能会遇到两条或多条管道的流程线相连或交叉的情况，此时的画法如图 2-56 所示。

2.3.1.2 物料流程图

物料流程图是在方案流程图的基础上，用图形与表格相结合的形式，反映物料衡算和热量衡算结果的图样。如图 2-54（b）所示，物料流程图的明显特征是增加了物料量与组成的表格，需要注意的是，表格和指引线应用细实线绘制。在设备位号及名称的下方，还标注了设备特性数据，例如设备的换热面积、直径、高度、容积、机器型号等。

如果在方案流程图的基础上，在图中每股物料名称的旁边标注其焓值或热量值，那么就称为能量流程图。

2.3.1.3 带控制点的工艺流程图

带控制点的工艺流程图也称施工流程图，是指在方案流程图的基础上绘制的较为详尽内容的工艺流程图，需要画出生产中涉及的所有设备、管道、阀门和仪表控制点等，如图 2-54（c）所示。在表示管道的流程线上，除了需要画出阀门等管件之外，测量温度、压力、流量、分析点的仪表控制点也是重要的标注内容，此外还需要标注管道代号，必要时还需要对阀门等管件和仪表控制点的图例符号进行说明。管道流程线的画法及标注见表 2-8，常用的物料代号见表 2-9。

表 2-6 常用标准设备的图例

类别	名称	图例	内件			类别	名称	图例	名称	图例
塔（T）	填料塔		喷淋器分配器	升气管	格栅板	反应器（R）	固定床反应器		列管式反应器	
	板式塔		浮筏板	泡罩板	筛板		反应釜		流化床反应器	
	喷淋塔		湍球	丝网除沫器	填料除沫器	容器（V）	锥顶罐		平顶罐	
							立式		卧式	
换热器（E）	名称	副定管板	浮头式	U 形管式	套管式	釜式		螺旋板式		蛇管式
	图例									
泵（P）	名称	离心泵	往复泵	齿轮泵	喷射泵	水环真空泵		液下泵		旋涡泵
	图例									
常用机械（M）	名称	压滤机	转鼓过滤机	壳体离心机	带运输机	透平机		混合机		挤压机
	图例				代号:(L)					
压缩机（C）	名称	电动机	内燃机	汽轮机	旋转压缩机	往复压缩机		鼓风机		离心压缩机
	图例									

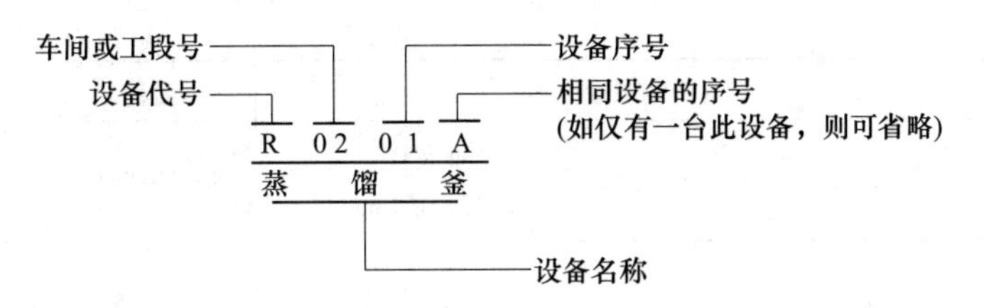

图 2-55 设备位号示意图

表 2-7 设备分类的代号

序号	分类	范围	代号
1	泵	各种类型泵	P
2	反应器和转化器	固定床、流化床、反应釜、反应罐（塔）、转化器、氧化炉等	R
3	换热器	列管、套管、螺旋板、蛇管、蒸发器等各种换热设备	E
4	压缩机、放风机	各类压缩机、鼓风机	C
5	工业炉	裂解炉、加热炉、锅炉、转化炉、电石炉	F
6	火炬与烟囱	各种工业火炬与烟囱	S
7	容器	各种类型的储槽、储罐、气柜、气液分离器、旋风除尘器、床层过滤器等	V
8	起重运输机械	各种起重机械、葫芦、提升机、输送机和运输车	L
9	塔设备	各种填料塔、板式塔、喷淋塔、萃取塔等	T
10	称量机械	各种定量给料秤、地磅、电子秤等	W
11	动力机械	电动机（S）、内燃机（E）、汽轮机、离心透平机（S）、活塞式膨胀机等其他动力机（D）	M，E，S，D
12	其他机械	各种压滤机、过滤机、离心机、挤压机、柔和机、混合机	M

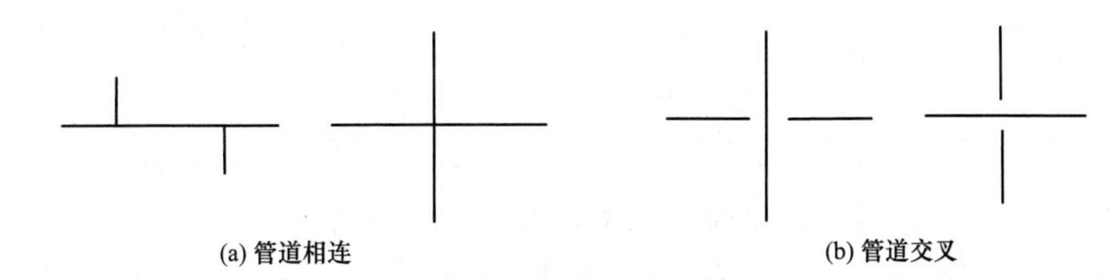
(a) 管道相连　　(b) 管道交叉

图 2-56 管道连接与交叉画法示意图

表 2-8 管道流程线的画法及标注

名称	图例		名称	图例
主要物料管道		粗实线 0.9～1.2 mm	电伴热管道	
其他物料管道		中粗线 0.5～0.7 mm	夹套管	

续表 2-8

名称	图例		名称	图例
引线、设备、管件、阀门、仪表等图例		细实线 0.15～0.3 mm	管道隔热层	
仪表管道		电动信号线	翅片管	
		气动信号线	柔性管	
原有管线		管线宽度与其相接的新管线宽度相同	同心异径管	
伴热（冷）管道			喷淋管	

表 2-9　常用的物料代号

代号	物料名称	代号	物料名称	代号	物料名称	代号	物料名称
PA	工艺空气	HUS	高压过热蒸汽	HWR	热水回水	H	氢
PG	工艺气体	LS	低压蒸汽	HWS	热水上水	IG	惰性气体
PGL	气液两相流工艺物料	LUS	低压过热蒸汽	RW	原水、新鲜水	N	氮
PGS	气固两相流工艺物料	MUS	中压过热蒸汽	SW	软水	SL	泥浆
PL	工业液体	SC	蒸汽冷凝水	WW	生产废水	VE	真空排放气
PLS	液固两相流工艺物料	TS	伴热蒸汽	ERG	气体乙烯或乙烷	FSL	熔盐
PS	工艺固体	BW	锅炉给水	FS	固体燃料	DR	排液、导淋
PW	工艺水	CSW	化学污水	NG	天然气	VT	防空
AR	空气	CWR	循环冷却水回水	AG	气氨	AW	氨水
CA	压缩空气	CWS	循环冷却水上水	AL	液氨	CG	转化气
IA	仪表空气	DNW	脱盐水	FL	液体燃料	SG	合成气
HS	高压蒸汽	DW	饮用水、生活用水	ERL	液体乙烯或乙烷	FW	消防水

当图中的管道与其他图纸有关时，应将其端点绘制在图的左方或右方，并用空心箭头标出物料的进出流向，在空心箭头内注明与其相关的图纸的图号或序号，在其上方注明来或去的设备位号、管道号或仪表位号。空心箭头的样式如图 2-54（c）所示，其具体样式如图 2-57 所示。

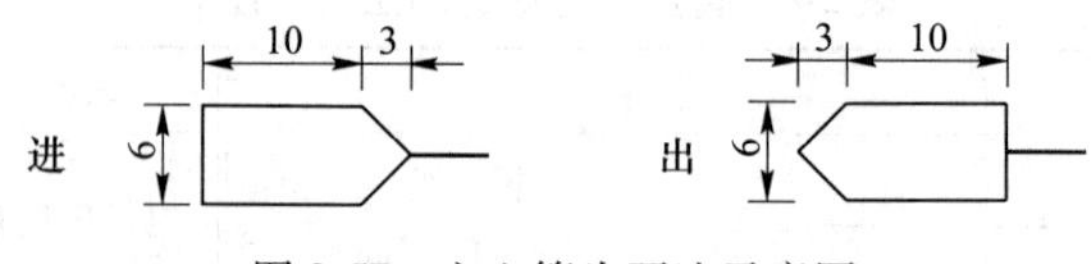

图 2-57　空心箭头画法示意图

施工流程图中的管道需要标注其管道代号，横向管道的管道代号注写在管道线的上方，竖向管道则标注在管道线左侧、字头向左。根据化工行业标准《化工工艺设计施工图内容和深度统一规定 第2部分：工艺系统》（HG/T 20519.2—2009），管道代号的含义如图2-58所示，其中直径或公称通径的单位为mm。

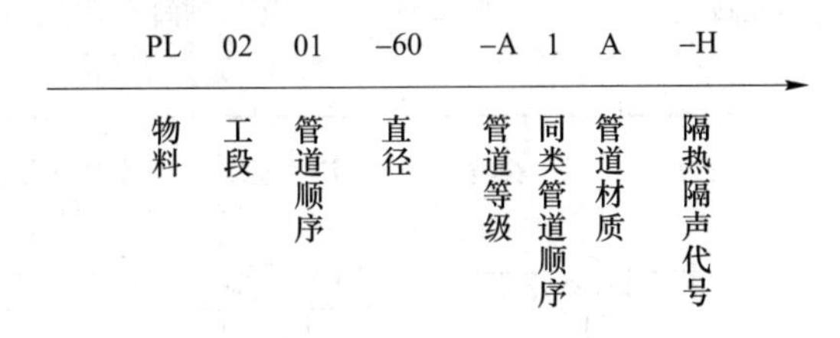

图2-58 管道代号的含义

当工艺流程简单、管道品种规格不多时，管道组合代号中的“-A1A-H”项是可以省略的，即可以省略管道等级、同类管道顺序、管道材质、隔热隔声代号等。此时，管道直径项可以写为“管道外径×壁厚”的形式，并标注工程规定的管道材料代号。例如，图2-54（c）还可以参考图2-59所示的样式进行标注。

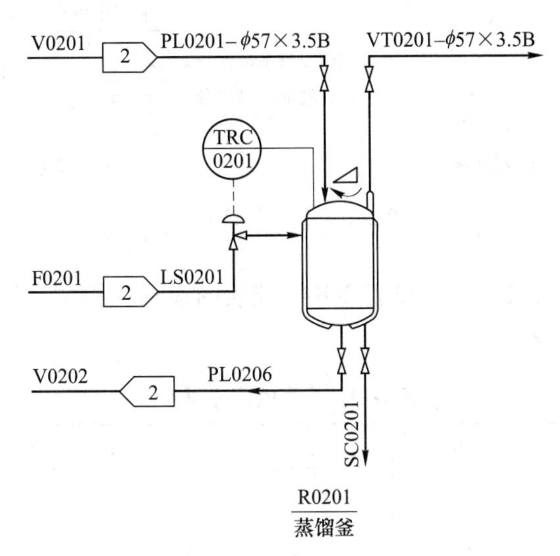

图2-59 带控制点的工艺流程图（简化管道标注）

管道上还可以有阀门、管接头、异径管接头、弯头、三通、四通、法兰等管件。在施工图中，管道附件用细实线绘制，按规定的符号在相应处画出。阀门图形符号尺寸一般为长6 mm、宽3 mm或长8 mm、宽4 mm。为了安装和检修等目的所加的法兰、螺纹连接件等也应在施工流程图中画出。管道上的阀门、管件要按需要进行标注，如其公称直径与其所在管道的通径不同时，要注出其尺寸。当阀门两端的管道等级不同时，应标出管道等级的分界线，阀门的等级应满足高等级管的要求。对于异径管，应标注为大端公称通径乘以小端公称通径。一些管件的符号如图2-60所示。

带控制点的流程图上要画出相关的检测仪表、调节控制系统、分析取样点和取样阀（组）等，其中仪表控制点用符号表示，应从其安装位置引出。仪表的符号包括图形符号和字母代号，其画法如图2-61所示，在工艺流程图上的标注方式如图2-54（c）所示。

检测、显示、控制等仪表的图形符号是一个细实线圆圈，其直径约为10 mm。圆圈的

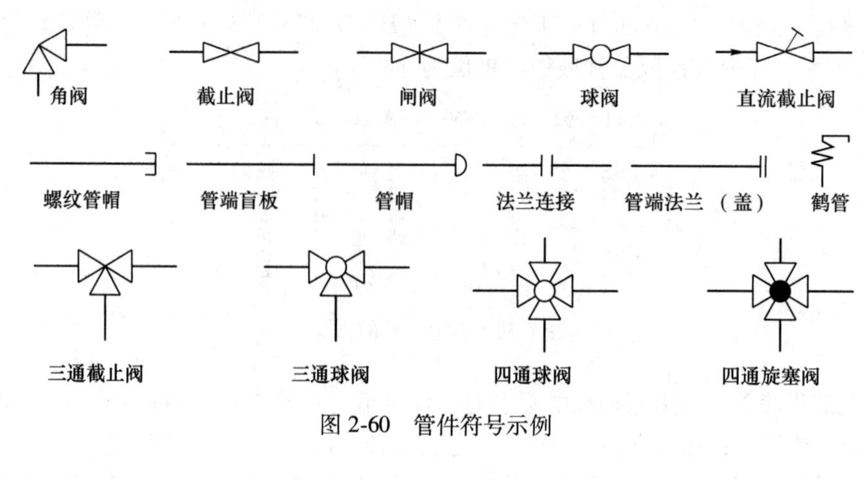

图 2-60　管件符号示例

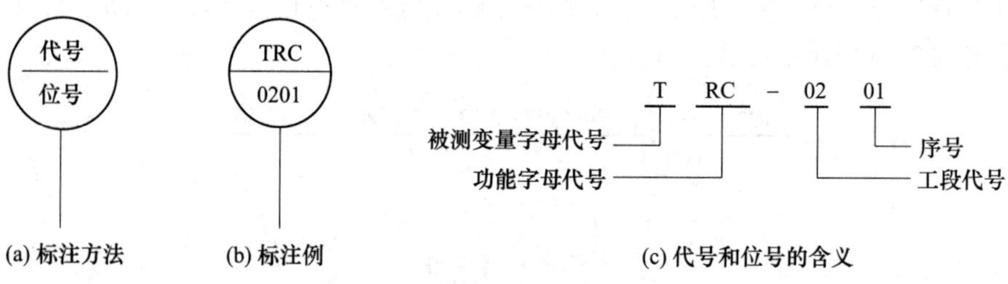

图 2-61　仪表标注示例

不同形状代表着不同的含义，具体见表 2-10。仪表的检测（被测）变量字母代号和功能字母代号分别见表 2-11 和表 2-12。

表 2-10　仪表的图形符号

安装要求	就地盘面安装	就地盘后安装	就地安装	就地嵌装	集中盘面安装	集中盘后安装
图例						

表 2-11　仪表常用检测变量代号

测量参数	代号	测量参数	代号	测量参数	代号	测量参数	代号
物料组成	A	压力或真空	P	长度	G	放射性	R
流量	F	温度	T	电导率	C	转速	N
物位	L	数量或件数	Q	电流	I	重力或力	W
水分或湿度	M	密度	D	速度或频率	S	未分类参数	X

表 2-12　仪表的功能代号

功能	代号	功能	代号	功能	代号	功能	代号	功能	代号	功能	代号	功能	代号
指示	I	扫描	J	控制	C	连锁	S	检出	E	指示灯	L	多功能	U
记录	R	开关	S	报警	A	积算	Q	变送	T	手动	K	未分类	X

工艺流程图上的调节与控制系统，一般由检测仪表、调节阀、执行机构和信号线构成。例如，在图 2-54（c）中，仪表 TRC-0201 监测的是蒸馏釜 R0201 的温度，该仪表具有记录和控制功能，并且控制的是其虚线连接的角阀，其执行机构采用气动执行的方式，信号线采用电动信号连接。对于执行机构而言，常见方式有气动执行、电动执行、活塞执行和电磁执行等，具体如图 2-62 所示。控制系统常见的连接信号线有三类，具体如图 2-63 所示。

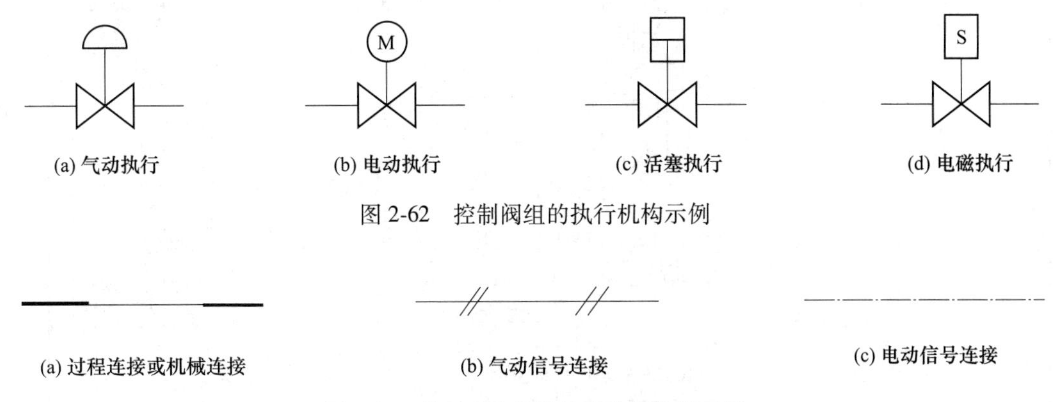

图 2-62　控制阀组的执行机构示例

图 2-63　控制系统常见的连接信号线示例

带控制点的工艺流程图一般采用 A1 图幅、横幅绘制，简单的工艺流程图也可以采用 A2 图幅。在阅读工艺流程图时，首先要读懂标题栏和图例中的说明，其次要了解设备的数量、名称及位号，了解主要物料的工艺流程线，同时也要了解其他物料的工艺流程线。

2.3.2　设备布置图和管道布置图

2.3.2.1　设备布置图

设备布置图的作用是确定各设备在车间平面与立面上的位置，或者确定室外场地与建筑物、构筑物的尺寸与位置，确定工艺管道、电气仪表、管线及采暖通风管道的走向等，从而使得设备位置紧凑，设备安装与运行经济合理、操作维修方便安全。

设备布置图可以分为平面布置图和立面（高程）布置图，图 2-64 为某车间的设备平面布置图示例。

设备布置图一般仅表达一个生产车间或一个工段的生产设备与辅助生产装置的位置关系，主要包括以下内容：

（1）厂房建筑物的基本结构，这是设备的定位依据；

（2）设备的位置情况，作为设备的安装依据；

（3）方向标，作为设备的安装定位基准；

（4）设备一览表；

（5）标题栏。

除了设备布置图之外，在安装设备时还可能用到设备安装详图、管口方位图等图样。设备安装详图是详细表达在现场安装、固定设备时需要用到的各种附属装置结构图样，其主要内容包括安装、固定、操作设备所需的支架、吊架、挂架与平台等。管口方位图是用

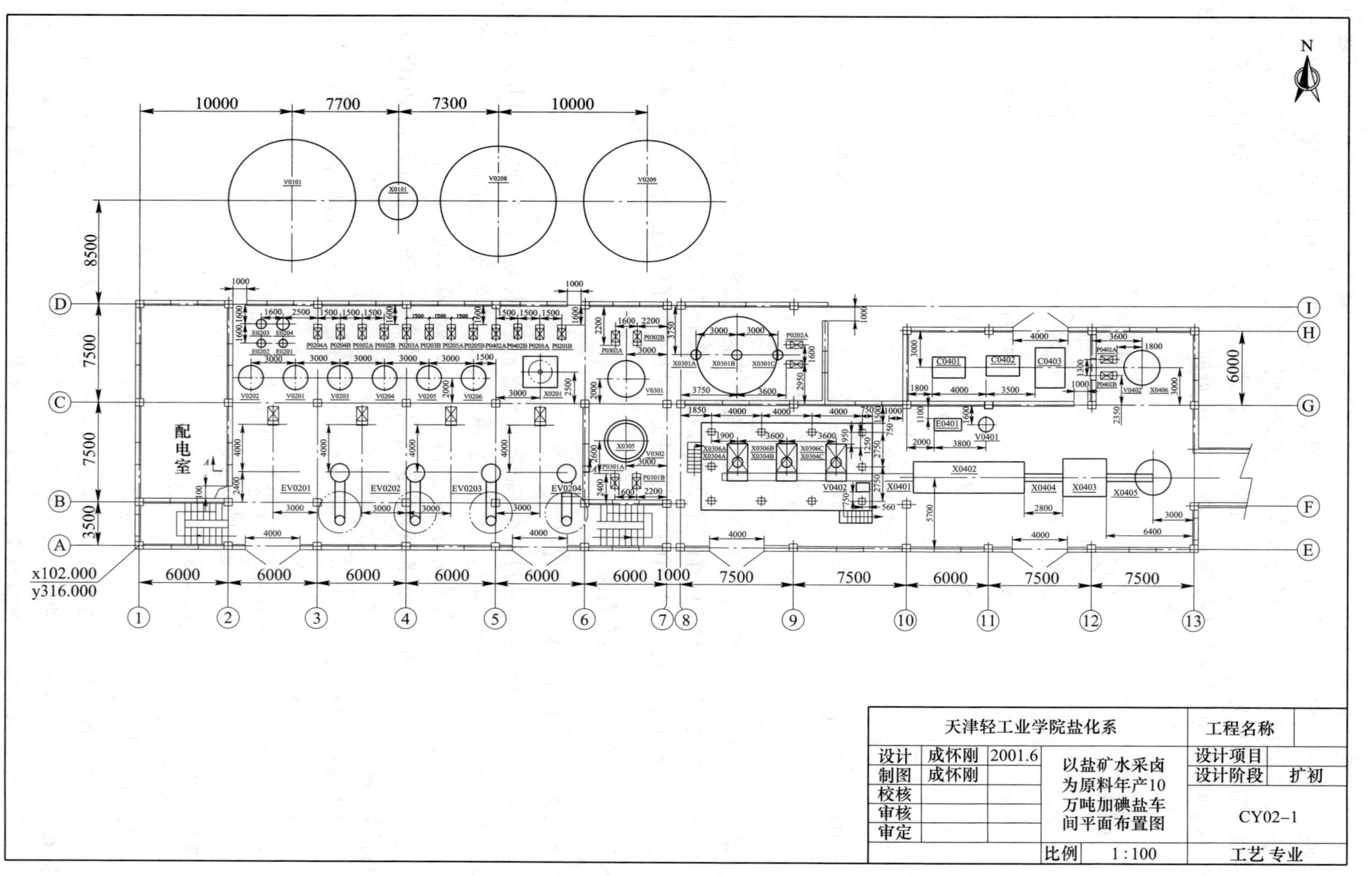

图 2-64 某车间的设备布置图示例

于详细表达设备上各管口及支座、地脚螺栓周向安装方位的图样，包括设备管口方位简图、设备安装的方向标，以及用于表达连接管道的代号、管径、材质、用途等情况的接管表。

在实际布置设备时，还可能用到首页图，即提供设备布置图所在界区位置，以及与其他相关生产车间、装置间相对位置的图样，包括生产装置所在厂房内外的大致情况与分区范围、图面分区方式与界区范围、各分区的名称与代号、各公用工程的接管位置、生产装置及各分区外接管道位置、生产装置外接管道一览表等。

综上所述，要想准确理解和绘制设备布置图，首先需要确定车间建筑的平面和立面表达方法，即应该了解建筑图是如何绘制的。因此，本节将有针对性地讲述建筑图的基本特征。

建筑图需要表达出该建筑的桁架结构，而对于建筑中的门窗等配件结构及建筑材料，一般采用特定的图例进行绘制。常用建筑配件与材料图例见表2-13和表2-14。

表2-13　常用的建筑配件图例

名称	图例	名称	图例	名称	图例	名称	图例
单扇门		推拉门		固定窗		推拉窗	
通风道		烟道		坑槽		孔洞	
楼梯平面图	下 上 底层　下 上 中间层　下 顶层			坐便器		水池	
				墙预留洞	宽×高或ϕ 底(顶或中心)标高××.×××		

表2-14　常用的建筑材料图例

名　称	图　例	名　称	图　例
自然土壤		砂、灰土	

续表 2-14

名　称	图　例	名　称	图　例
夯实土壤		毛石	
普通砖		金属	
混凝土		木材	
钢筋混凝土		玻璃	
饰面砖		粉刷	

在绘制房屋建筑图时，柱网或定位轴线是很重要的概念。把房屋的柱或承重墙的中心线用细点划线引出，在端点画一小圆圈，并按序编号，称为定位轴线。定位轴线可帮助确定房屋主要承重构件的位置、房屋的柱距与跨度，在设备或管道布置图中可据此确定设备与管道的位置。定位轴线分纵横两个方向，纵向定位轴线应从水平方向、自左至右采用阿拉伯数字进行编号；横向定位轴线应从垂直方向、自下而上采用大写字母进行编号。定位轴线编号中采用的小圆直径为 8 mm，用细实线画出，如图 2-65（a）所示。高度采用标高的形式进行标注，标高以 m 为单位，如图 2-65（b）所示，这与普通尺寸以 mm 为默认单位有所不同。

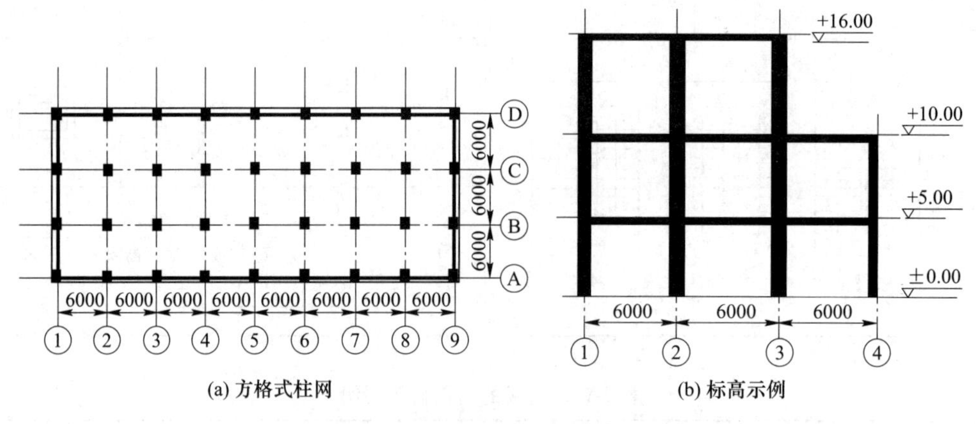

图 2-65　柱网与标高

所谓标高，主要是在立面图中的标注需求。当标注立面图中的楼板、门窗等配件的自身高度时，以 mm 为单位就可以准确表示该配件的大小；当标注楼板、门窗等配件相对于水平基准的相对高度时，此时的尺寸即为标高，由于这个高度一般都在 m 的数量级上，因此以 m 为单位就可以方便地表示该配件的空间位置。通常以底层室内地坪为零点标高，零点以上为正值，零点以下为负值。标高符号为倒三角样式，采用细实线绘制。在标记泵、风机、压缩机等动设备的标高时，可以不使用倒三角的标高符号，而是直接写上“POSELXXXX”来标注支撑点的标高，或者写上“ELXXXX”来标注主轴中心线的标高。

在建筑图中，尺寸线上的起止点不画箭头，应画与尺寸线成 45° 夹角的短线，如图 2-66 所示。另外，建筑图的平面图上，一般采用三层标注的形式进行尺寸标注，如图 2-67 所示。

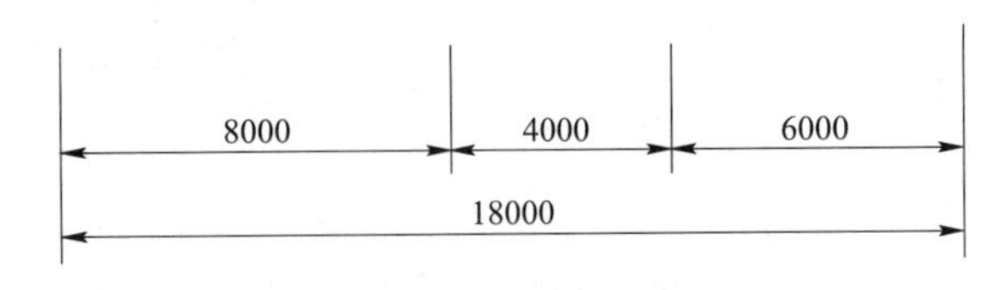

图 2-66 建筑图的尺寸标注形式

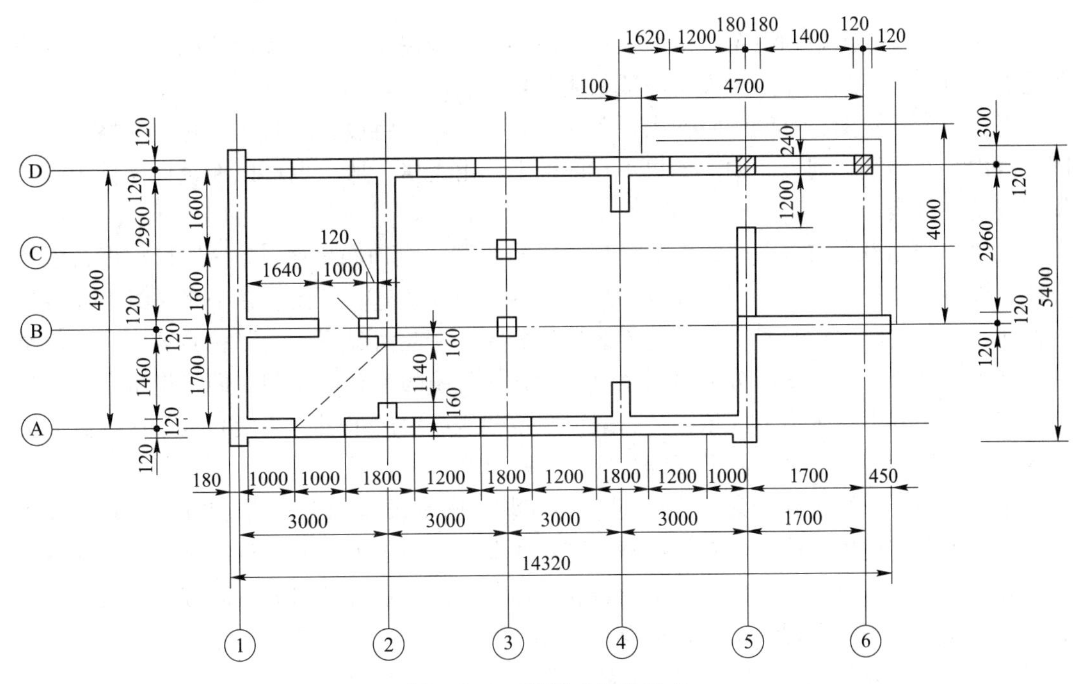

图 2-67 三层尺寸标注形式

其中，所述的外层是指房屋的总长与总宽，如图 2-67 中的总长 14320；所标注的中层是指开间（房间宽）或进深（房间长）的尺寸，如图 2-67 中的 3000 和 2960；里层是指外墙上门、窗宽度及其定位尺寸，如图 2-67 中的窗宽 1200 等。除了标高之外，建筑平面图中其余的尺寸单位均采用 mm。建筑图中由于总体尺寸数值较大、精度要求不高，所以为了方便施工，尺寸允许画成封闭尺寸链，这与机械制图的要求有所不同。

在建筑图中，一般在图面右上方绘制一个表示建筑物方向的方向标，图 2-68 所示为三种常用的方向标，即指北针、方位标、玫瑰方向标。图 2-68（a）所示为指北针的画法，利用细实线作出约 ϕ25 mm 的圆圈，在圈内作出箭头，且箭头下端宽度为直径的 1/8 左右。

图 2-68（b）所示为方位标，用粗实线作出 ϕ14 mm 的圆圈，再作出互相垂直的两条 20 mm 线段，用“北”字或字母“N”标出地理北向，同时可另用一条带箭头的直线来指明建筑物朝向。如图 2-68（c）所示，可以采用玫瑰方向标来标明当地每年各个风向所出现的频率。

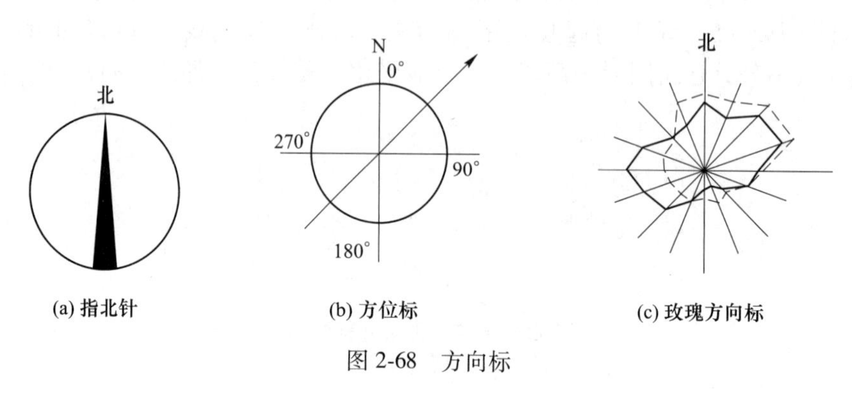

图 2-68 方向标

对于设备布置图中的设备，定型设备一般用粗实线按比例画其外形轮廓，被遮盖的设备轮廓可以省略不画；非定型设备一般采用简化画法画其外形。

对于设备布置图，可以同时作出设备一览表，也就是将设备位号、名称、规格及设备图号等内容在图纸上列表注明。如果不在图样上作出表格，那么也可以在设计文件中分类编制设备一览表。

总之，绘制设备布置图时，一般包括平面布置图、立面布置图（剖视图）、设备安装详图、设备一览表等内容。当主项设计界区范围大、设备过多，无法在一张图纸上完成界区内所有装置的图面绘制时，需要将界区进行分区。在此情况下，为了解界区内的分区情况，还需绘制分区索引图。分区索引图可在设备布置图的基础上绘制，即将设备布置图复制两张，利用其中一张为分区依据，一般以定位轴线或生产车间（工段）为分区，画出分区界线，然后标注界线坐标和分区编号。

最后，简要介绍设备安装详图，对于为安装、固定设备而专门设计的专用非定型支架、操作平台、栈桥、扶梯、专用机座、防腐底盘、防护罩等，需单独绘制图样作为设备安装和加工制作的依据，此类图样即设备安装详图。设备安装详图的绘制方法与机械制图相近，但图上需用双点划线画出相关设备部分外形轮廓，并标注位号与主要规格尺寸，还可以标记出制造设备支架所需的材料和零配件明细表。

2.3.2.2 管道布置图

管道布置图又称配管图，一般在项目施工图设计阶段进行，通常以带控制点的工艺流程图、设备布置图、设备图，以及土建、自动控制、电气仪表等相关专业图样和技术资料为依据，对所需管道进行合理布置，因此管道布置图需要表达工艺系统管道及其附件（如阀门、管件、仪表等）的配置情况与要求，及其在界区内相应空间的安装位置。管道布置设计一般需绘制出管道布置图、管段图、蒸汽伴管布置图、管架图、管件图等图样。

管道布置图包括一组视图、尺寸标注、方位标和标题栏等，如图 2-69 所示，必要时还需要绘制分区索引图。

在管道布置图中，公称直径（DN）小于 200 mm 的管道采用单线表示，公称直径不小

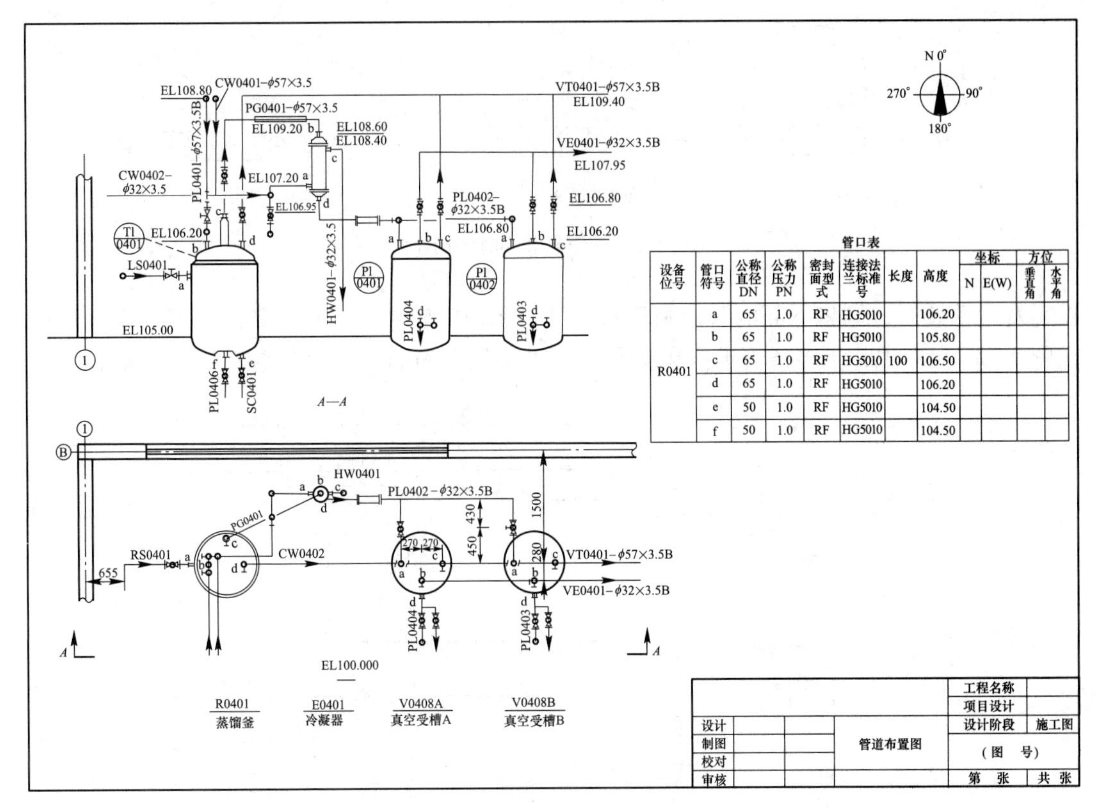

管口表

设备位号	管口符号	公称直径DN	公称压力PN	密封面型式	连接法兰标准号	长度	高度	坐标 N	坐标 E(W)	方位 垂直角	方位 水平角
R0401	a	65	1.0	RF	HG5010		106.20				
	b	65	1.0	RF	HG5010		105.80				
	c	65	1.0	RF	HG5010	100	106.50				
	d	65	1.0	RF	HG5010		106.20				
	e	50	1.0	RF	HG5010		104.50				
	f	50	1.0	RF	HG5010		104.50				

图 2-69　管道布置图示例

于 250 mm 的管道采用双线表示。但是，在很多情况下公称直径大于 350 mm 的管道有很多，此时可以将公称直径小于 350 mm 的管道采用单线表示，而将公称直径不小于 400 mm 的管道采用双线表示。一些基本类型管道的画法如图 2-70 所示。

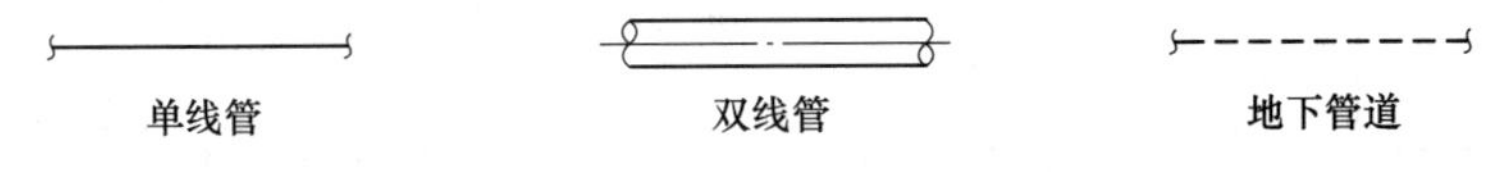

图 2-70　部分管道表示方法的示例

一般地，管道公称直径大于 50 mm 的弯头应画成圆角，而小于 50 mm 的弯头则画成直角。

管道连接方式如图 2-71 所示，另外，图 2-72 所示为管道转折的画法。

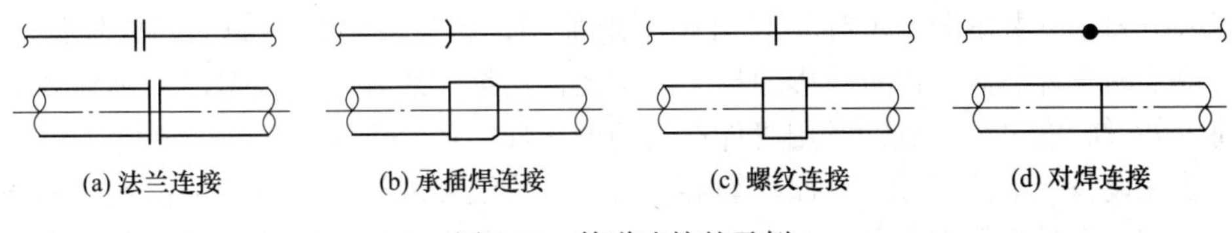

图 2-71　管道连接的示例

当管道投影重叠时，应将上面或前面管道的投影进行断开表示，如图 2-73（a）所示；也可以如图 2-73（b）所示，在管道投影断开处标注小写字母或管道代号。当管道转折后

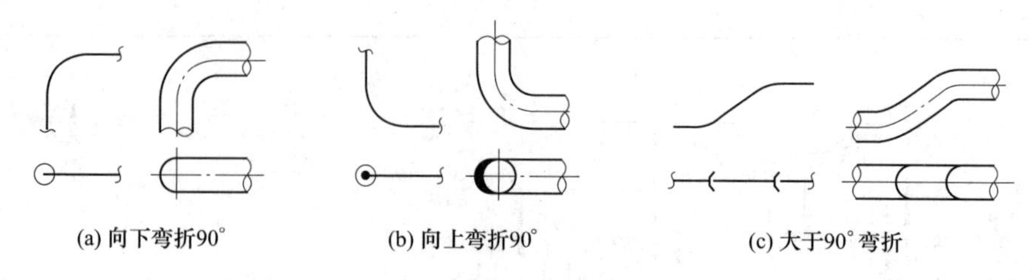

图 2-72 管道转折的画法示例

投影发生重叠时，则将下面的管道画至重影处，稍留间隙断开，示例如图 2-73（c）所示。在图 2-73（d）中，当多条管道投影重叠时，可将最上面的一条用双重断开符号表示。

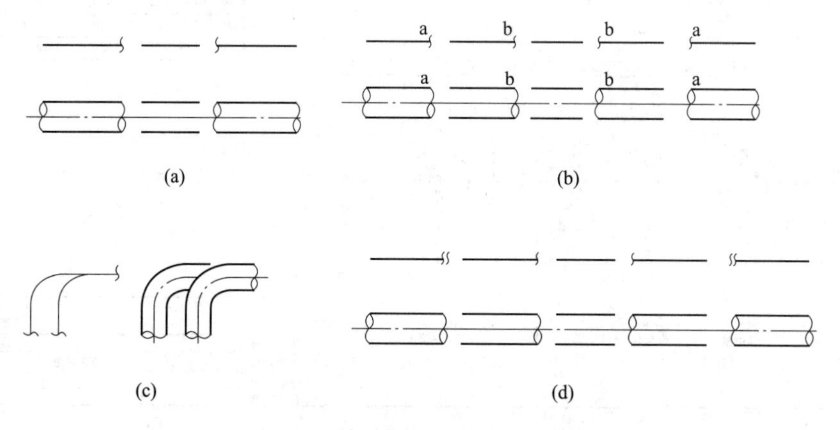

图 2-73 管道投影重叠的画法示例

当管道交叉且投影重合时，可以采用两类画法，其一是直接把被遮住的管道的投影断开，如图 2-74（a）所示；其二是对上面的管道采用断开画法，如图 2-74（b）所示。注意观察图 2-74，两类画法的区别之一在于断开处是否有相应的波浪线。

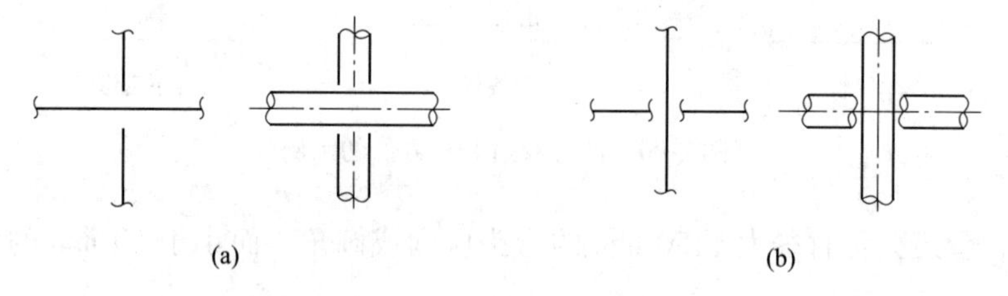

图 2-74 交叉管道的投影重叠画法

工艺上要求安装的分析取样接口需画至根部阀，即位置最低的阀门，并标注相应符号。管道上的管件、阀门以正投影原理大致按比例用细实线画出，根据国家标准规定的图例或简单外形轮廓进行绘制。常用管件连接的画法如图 2-75 所示。

安装在设备上的液面计、液面报警器、放空、排液和取样点，以及测温点、测压点和其他附属装置上带有管道与阀门的，应该在管道布置图中画出，尺寸则可以不标注。

管道一般使用各种形式的标准管架进行安装和固定，这些管架一般用符号表示，如图 2-76 所示。对于非标准特殊管架而言，需要另行提供管架图。管道布置图中，在管架附近还应标注管架编号，如图 2-77 所示。

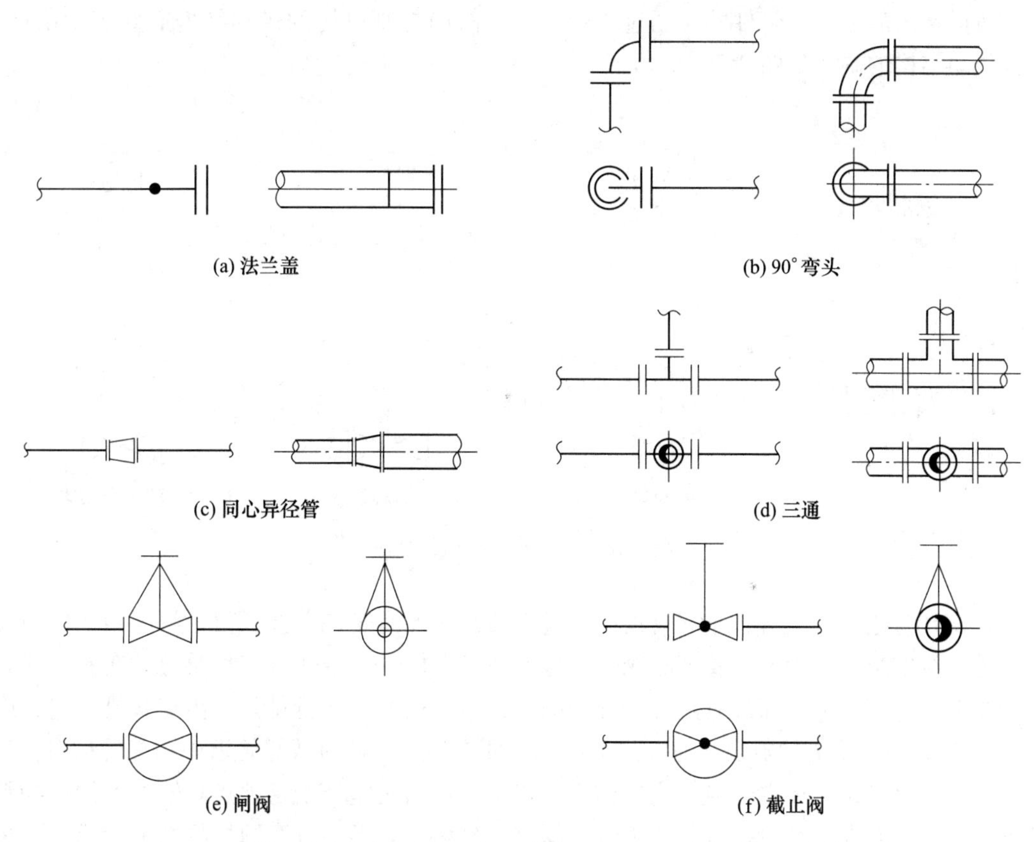

图 2-75　管件连接的画法（法兰盖以对焊连接为例，其余以法兰连接为例）

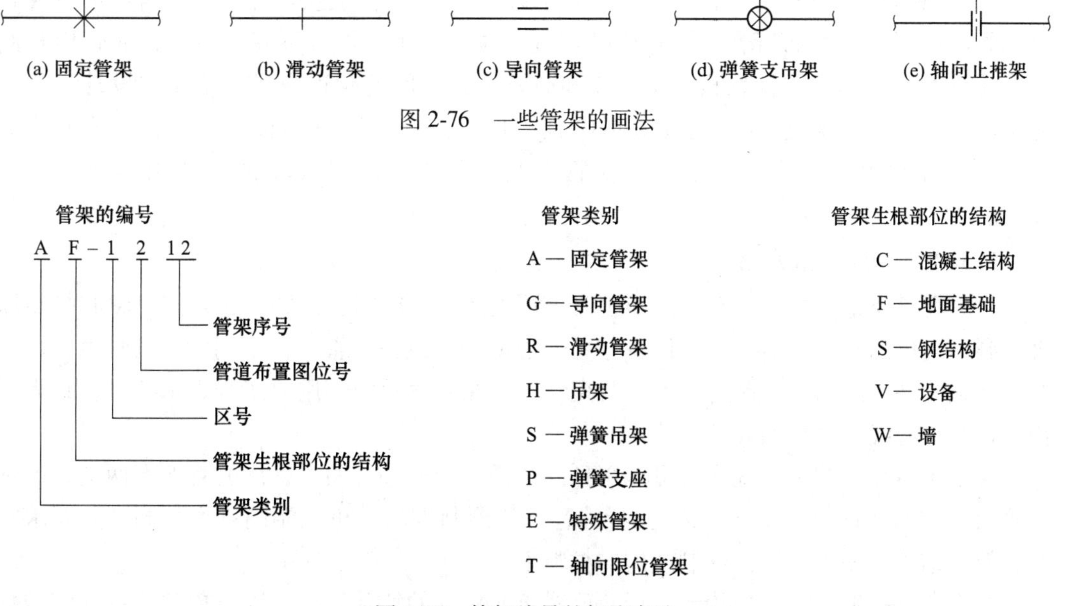

图 2-77　管架编号的标注方法

值得指出的是，在管件的绘图过程中，一些阀门控制机构的传动结构需要表示出来。部分传动结构的画法如图 2-78 所示。

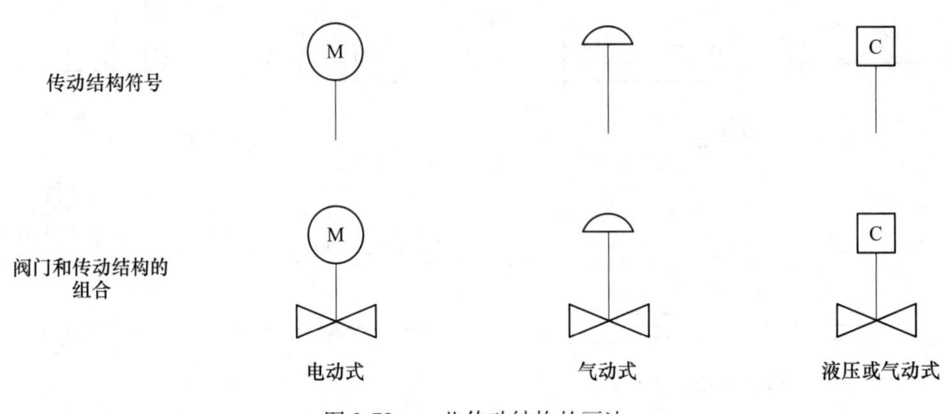

图 2-78 一些传动结构的画法

在设计管道布置图时，车间管道应尽量沿墙面、地面安装，并保留足够间距，以便容纳管道沿线安装相关管件、管架和阀门，也方便日常检修。冷热管应尽量分开布置，或者热管在上、冷管在下。保温管道外表面的间距，当管道上下并行排列或需交叉排列时，应不小于 0. 25 m。管道的敷设应有一定坡度，以便在停止生产时放尽管道中积存的物料，坡度为 1/100~5/100。放空管应高出屋面 2 m 以上，或引至室外指定地点。输送腐蚀性物料的管道，应布置在平列管道外侧或下方。易燃、易爆、有毒、有腐蚀性物料的管道则应尽量避开生活区与人行通道，尽量走地下，并配置必需的安全阀防爆膜、阻火器、水封和其他安全装置。

管道应尽量集中架空布置，并且布置为直线。至行走过道地面 2. 2 m 内不可设置管道。阀门应尽量集中布置在便于操作的位置，拉开间距并设置不同醒目颜色。管道与阀门、管件的重力不应支撑在设备上。距离较近的设备间的管道应尽量不直连设计。为了避免电蚀，不锈钢管道与碳钢管道不应直接接触。管道通过楼板、平台、屋顶或墙面时，应在管道外面安装外管套，并使管套高出楼板、平台、屋顶或伸出墙面 50 mm 以上。

2. 3. 2. 3 其他相关图样

除了管道布置图之外，在实际施工时，还可能需要绘制管段图，这是按照轴测投影原理绘制的立体图样，表达自一台设备至另一台设备（或另一管道）之间的一段管道，以及管道所附管件、阀门、控制点等具体装配情况。在管段图中，用粗实线表示管段，只需画出管口与中心线，并指明连接方式。

管架图与管件图也是施工时可能用到的图样。管道布置图中采用的管架有两类，即标准管架和非标准管架（特殊管架）。特殊管架的绘制方法与机械制图基本相同，除要求绘制管架的结构总图外，还需编制相应的材料表。

标准管件一般不需单独绘制图纸，而对于非标准的特殊管件，则应单独绘制详细结构的管件图。一般情况下，一种管件应绘制一张图纸，以供制造和安装使用。

管口方位图是制造设备时用于确定各管口方位、支座及地脚螺栓等相对位置的图样，也是安装设备时用于确定安装方位的依据。非定型设备应绘制管口方位图，并指明管口符号及管口表、必要的说明等。

本书没有详细阐述管段图、管件图、管口方位图的具体画法，有需要的读者可以参阅相关资料。

本章小结

本章可作为学习工程设计的前期基础，主要介绍了工程制图的基本原理和作图方法，并分为画法几何、机械制图和工艺制图三个部分。

对于环境与资源类工程设计，应采用正投影法进行制图。在正投影法中，几何元素在不同投影面上的投影符合“长对正、高平齐、宽相等”的尺寸对应关系，这也是绘制基本体、组合体以及截交线、相贯线的基本准则。在此基础上，绘制图样时可以使用视图、剖视图、断面图、局部放大图等不同的表达方法。

进行机械制图时，重要的原则是应符合制图的国家标准，在图纸幅面与格式、标题栏、比例、字体、图线、尺寸标注等方面遵循相应的规定。在零件图中应标注表面粗糙度、公差代号，采用国家规定的标注方法表示螺纹等标准件或常用件，在装配图中应注意标注配合代号、零件序号、标题栏等。

工艺制图包括工艺流程图、设备布置图和管道布置图等若干类型的图样。其中，按照设计阶段的不同，工艺流程图包括方案流程图、物料流程图、带控制点的工艺流程图三种形式，其复杂程度依次加大。设备布置图和管道布置图可用于确定设备和管道在车间平面与立面上的位置，为施工、安装和维修提供基本依据。

习　题

2-1 试补全下列图形。

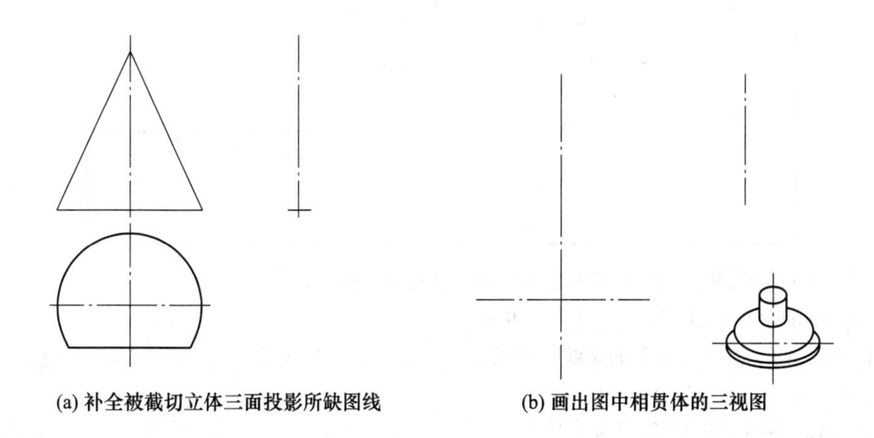

(a) 补全被截切立体三面投影所缺图线　　(b) 画出图中相贯体的三视图

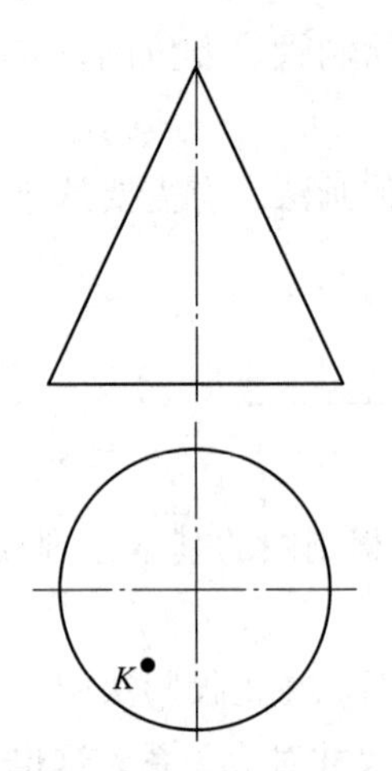

(c) 画出左视图，补全圆锥表面K点的三面投影

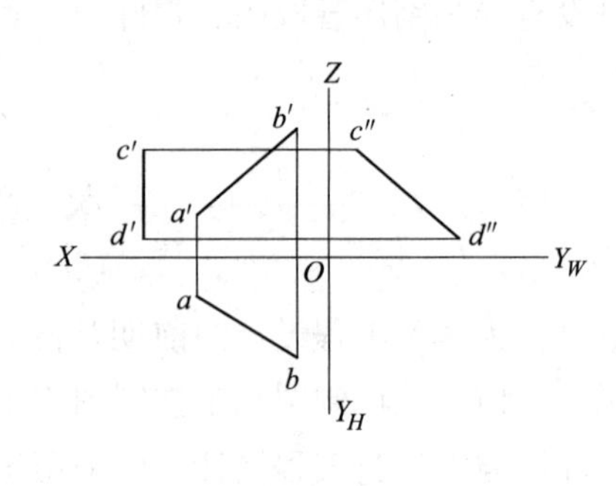

(d) 已知线段AB和CD的两投影，补全其三面投影

2-2 补全零件图。

（1）画出 A—A 断面图（键槽深尺寸自定）；

（2）在零件图上标注出下列内容：假设零件左端面的表面粗糙度 $R_a=12.5\ \mu m$，右端面的表面粗糙度 $R_a=1.6\ \mu m$，两端面均使用去除材料的方法予以处理；其余表面粗糙度为 $R_a=6.3\ \mu m$，使用不去除材料的方法予以处理。最右端的退刀槽，槽宽 2 mm，槽深 2 mm（或者槽直径 8 mm）。零件最左端部分的直径为 20 mm，基本偏差为 f，公差等级为 7 级（IT7 级）。该零件应达到“调质处理 200~250HBS”的技术要求。

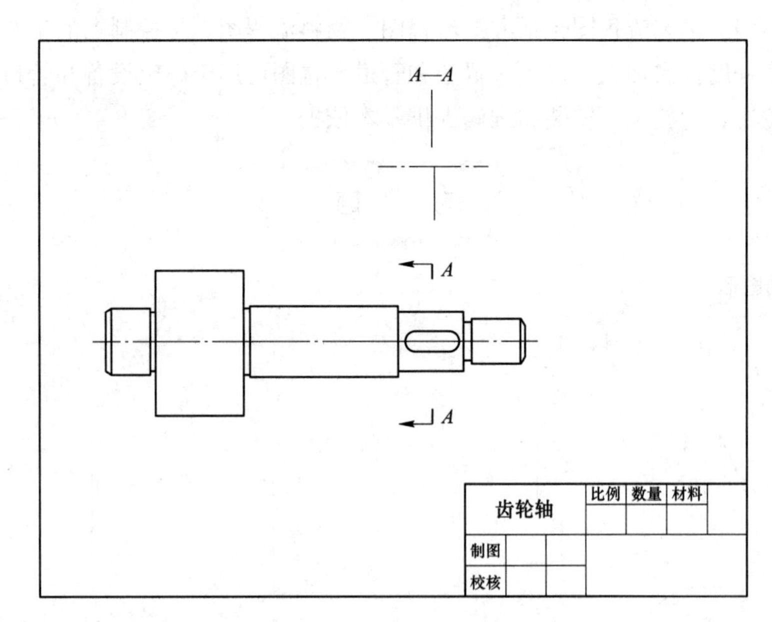

2-3 如果零件图和装配图上出现了下述的各标记，试对其进行分析。

（1）说明 ϕ14d9 的含义：ϕ14 为________，d9 是________。

（2）零件图中出现 C1.5 时，表示的螺纹结构是________，其中 C 表示________，1.5 表示________。5×ϕ15 表示的是________尺寸。

（3）零件图中螺纹标记 M8-7H 的含义：M 表示________，8 表示________；7H 为________，大写字母 H

表示该螺纹是________，如果是小写字母 h 则表示________。

（4）符号$\overset{1.6}{\bigtriangledown}$代表什么含义？如果将符号$\overset{1.6}{\bigtriangledown}$改为$\overset{3.2}{\bigtriangledown\!\!\!\!\circ}$，其含义会发生什么变化？

（5）指出下述装配结构是否合理。如果不合理，作出合理的画法（示意图）。

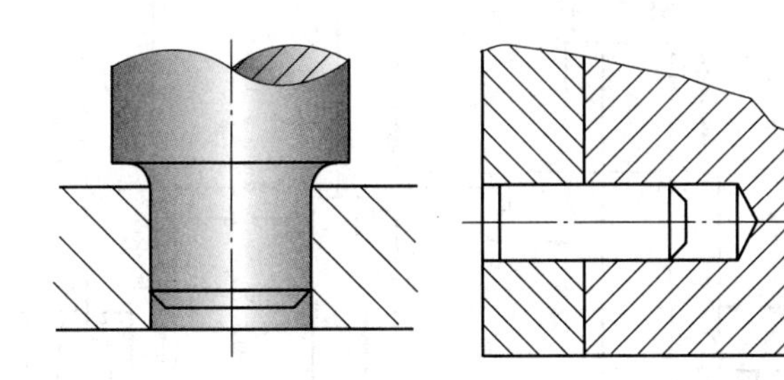

2-4　读流程图，并回答问题。

（1）下表为设备的位号与名称，在流程图中作出这些设备的标注。

分类代号	工段	分类设备序号	名称
T	5	11	提纯塔
P	5	13a	回流泵
		13b	回流泵
E	5	14	精酯冷凝器
		18	精酯冷却器
V	5	12	精酯回流罐
		15a	精酯中间槽
		15b	精酯中间槽
		15c	精酯中间槽

（2）由提纯塔顶端排出的第 5 工段工艺液体，管道序号标记为 035，通过管道进入精酯冷凝器；管道直径为 0. 273 m。请在图中作出该管道标注。此管道上需要测量的参数为温度，请在图中标注出相应的仪表。要求仪表具有指示和记录功能，集中盘面安装，仪表分类序号可以省略。

（3）提纯塔在操作过程中需要准确地控制反应程度，控制方法：通过仪表来监测塔内的温度；提纯过程为放热反应，当塔内温度出现异常时，通过调节管道上的阀门，及时调整从塔身下半部分进入塔内的物料流体的流量，以增加或减少塔内反应物的数量，采用这种办法来控制塔内反应的程度，并维持塔内反应温度的稳定。整个过程要求使用仪表，实现自动控制。试设计一个仪表控制方案，并在流程图中表示出来，也就是标注出该仪表；要求仪表兼具控制和记录功能，集中盘面安装，仪表分类序号等都可以省略。

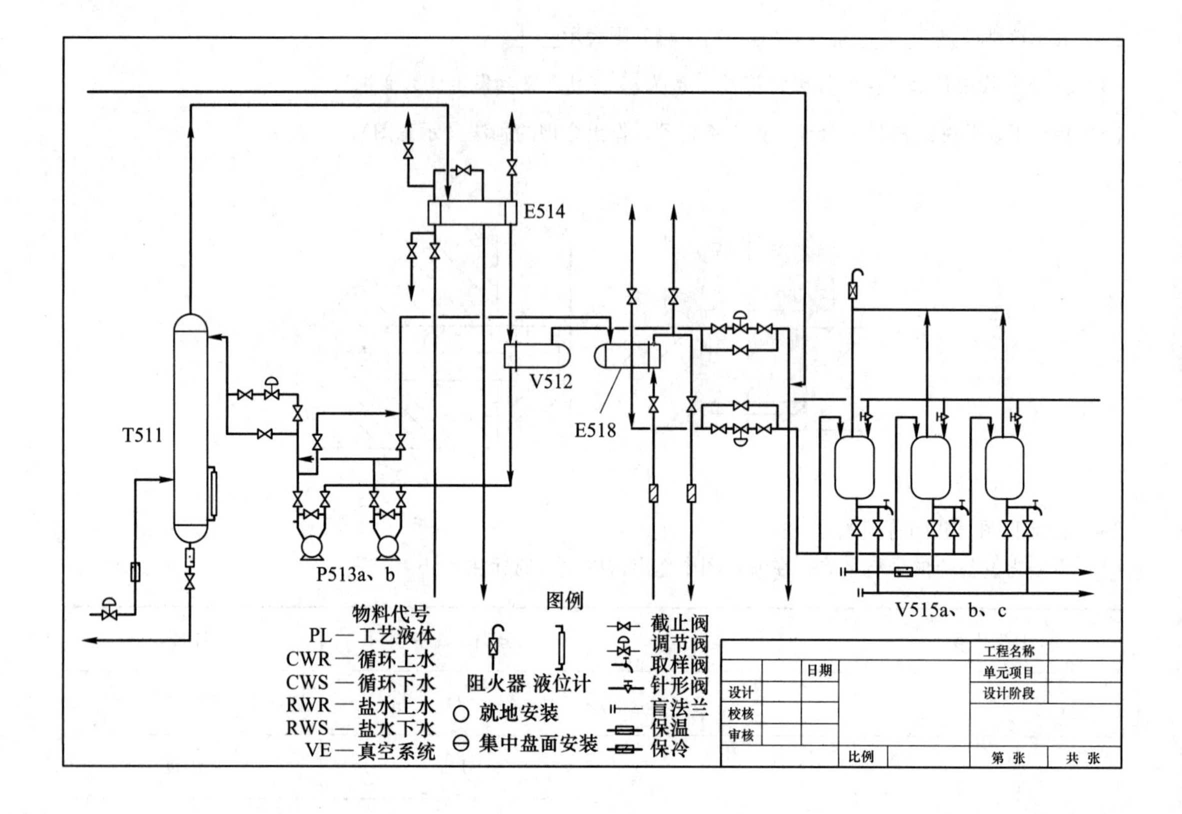
E514
T511
V512
E518
P513a、b
V515a、b、c
物料代号
PL—工艺液体
CWR—循环上水
CWS—循环下水
RWR—盐水上水
RWS—盐水下水
VE—真空系统
图例
阻火器 液位计
就地安装
集中盘面安装
截止阀
调节阀
取样阀
针形阀
盲法兰
保温
保冷
日期
设计
校核
审核
比例
工程名称
单元项目
设计阶段
第 张
共 张

3 工艺流程设计

本章提要：

(1) 掌握工艺路线选择与流程设计的原则和步骤，理解不同阶段工艺流程设计的步骤及设计方法。

(2) 了解工艺流程设计的各类辅助方法。

选择合适的工艺路线、设计合理的流程，这些工作是开展工程设计的基础。例如，青海省柴达木盆地是我国钾肥的主要产区，在生产钾肥时既可以选用结晶工艺，也可以选用浮选工艺，这些都需要根据矿质、气候、水文等情况做出相应的选择。进一步地，当采用浮选法生产钾肥时，需要把氯化钾和氯化钠进行浮选分离。如果浮选进料是氯化钠含量相对较低的高品位原矿，就可以使用浮出氯化钠的工艺，留下未浮出的尾矿作为氯化钾产品，称为反浮选。通过浮出少量杂质盐而留下主要的目标盐组分，有利于生产过程的降耗增效。与此相反，如果原料中含有很多的氯化钠，此时进料属于低品位钾矿或非高品位钾矿，那么就适合采用浮出氯化钾的生产工艺，直接收集浮出的氯化钾精矿作为产品，称为正浮选。因此，采用哪一类的工艺，需要根据实际情况而做出判断。

在实际工程设计过程中，工艺比选和流程设计是全部设计工作的前提，往往需要经多方讨论以后才可以确定，并且一经确定就意味着进入了执行阶段。在这种情况下，工艺路程有必要经过充分而详细的论证，甚至需要做一些预备性的试验。以内蒙古吉兰泰盐湖的生产工艺为例，1966 年 5 月，为了综合利用内蒙古地区的盐业资源，吉兰泰盐湖的开发被提上日程，轻工业部组织了吉兰泰盐场生产的研讨会。由于盐湖提取的石盐含有大量结晶硫酸钙，且呈机翼形片状，因此当时称之为“飞机石”。针对硫酸钙的去除问题，在研讨会上，全国各地赶来的专家提出了两套方案，一是焙烧法，即焙烧后硫酸钙变为粉末，从而便于与大颗粒的食用盐分开；二是重介质分选法，并配合旋流器，利用主盐和杂盐的密度差异实现分选。经过现场试验和论证，最后确定采用焙烧工艺路线。

工艺路线的选择与时代特点有很大的关系，而且与世界经济形势也有关联。以海水淡化为例，自 20 世纪 60 年代起，世界范围内的海水淡化逐渐开始规模化运营。作为主流的海水淡化技术，热法（多级闪蒸、多效蒸馏）和膜法（反渗透等）的技术发展和推广应用各有优势。热法海水淡化技术首先发展起来，在中东地区较受欢迎，而膜法海水淡化技术则后来居上，在欧美地区发展较快。但是有一段时期，热法技术的推广有突然提速的趋势，其原因之一在于铜材等金属材料的价格出现了下降的势头。由于热法淡化技术需要使用金属材料作为换热壁面，因此金属材料价格的下降促使当时的热法技术更易于被市场所接受。由此可见，市场的波动也是工艺路线的选择需要关注的要素之一。

总之，工艺比选和流程设计是全部设计工作的导向，因此需要做好充分的调研和准备。本章将着重介绍工艺流程设计的基本内容和步骤。

3.1 工艺路线选择与流程设计

3.1.1 工艺路线选择与设计的原则

从工程运行经验上看，在选择工艺路线时需要重点注意技术可行性、工艺可靠性、经济合理性。需要指出的是，确定工艺路线时，新技术的选择是很重要的，而技术的成本、效益和产出情况也很重要，因此往往需要在其技术先进性和经济合理性之间寻找到一个合适的结合点。

总体来看，选择工艺流程的一般原则包括以下几点：首先，要考虑工艺路线选择的合法性，对于涉及环境保护的工程项目而言，设计工作必须遵循国家有关环境保护法律、法规，合理开发和利用各种自然资源，严格控制环境污染，保护和改善生态环境。其次，还需要考虑工艺路线的先进性，这主要是指技术上的先进性和经济上的合理性，相对而言应该选择能耗小、效率高、易管理、资源化利用程度高的工艺路线。再次，工艺路线的可靠性也是工艺比选的重要因素，在实际中需要慎重考虑工艺路线，除了进行类比选择之外，还可通过科学试验进行验证。环保和安全性也是需要全面权衡的，不能形成对土壤、水体和大气的二次污染，应充分考虑物料的毒性、可燃性，并采取相应安全保障措施。另外，工艺路线的选择应结合国情和行业实际，需要考虑企业的承受能力、管理水平和操作水平，以及当地的环境资源、物质资源等情况。工艺路线应尽量以短流程为主，力求设备简单、操作条件温和，这是降低设备造价、减少能量消耗的重要因素。

工艺流程设计是生产过程高效、经济、稳定的基础，需要从技术、经济、社会、安全和环保等多方面进行综合考虑，因此在初步选定工艺之后，在设计工艺流程时还需要考虑如下的原则：

（1）技术先进。尽可能采用先进设备、先进生产方法及成熟的科技研发成果，以保证稳定生产及产品质量。开发新产品时，应设法采用先进技术来提高产品的附加值，从而提高全过程的经济效益。

（2）节能降耗。尽可能地提高原料利用率，采用高效率的设备，降低投资、操作费用和生产成本，以便获得最佳的经济效益。总体来看，降低消耗、实现集约化生产是企业良性发展的保障，在这一方面可以多采用已定型生产的标准型设备，以及结构简单和造价低廉的设备；尽可能选用操作条件温和、低能耗、原料价廉的工艺技术路线；在设计、选择设备及建筑方面，设法降低投资费用，充分考虑管理和运输的便捷性，并为后续的安全工程和扩建工程预留一定的余地；工厂应接近原料基地和销售地域，或有便利的交通运输系统；在选取工艺方案时要掌握市场信息；减少不必要的辅助设备或辅助操作，例如利用地形或重力进料以减少输送机械；注意选择耐久性和抗腐蚀性能较好的材料；厂房的衔接应合理有序。

（3）生产安全。充分考虑人身和设备的安全情况，对于生产故障的应对措施应做出合理的预判。

（4）清洁生产。尽量减少废弃物的排放量，厂区应配有完善的废弃物治理、回收、循环利用等措施，以消除对环境的污染、提高资源的利用率。

（5）自动化和信息化。生产过程尽量采用机械化和自动化，实现稳产和高产；充分利用大数据等信息化手段，在有条件的情况下可以尽量设计智慧型工厂。

工艺流程设计主要有两个方面的设计任务，分别是确定工艺内容、绘制工艺流程图。在确定工艺内容时，需要明确处理过程中各单元操作的内容、规模、衔接情况，掌握各股物料和能量的变化情况，制订各个单元操作的工艺条件和控制方案，以及设计可靠的安全保障措施等。

3.1.2 工艺比选的步骤

在工程设计过程中，进行工艺比选时首先应重视资料调研工作。需要收集的资料主要包括六个方面，对于所需要的原料或所治理的污染物而言，需要明确工艺进料的种类、数量、规模、物理化学性质及其他特性资料；不同技术路线也需要进行比较，评价其是否适合待建的工程项目；另外，需要比较各条工艺路线的技术经济性；需要收集厂址、水文、地质、气象等资料，作为工艺比选及厂址选择的依据；要收集和比较车间的位置、环境和周围情况；收集各项试验研究报告，尤其是相应的中试报告数据等。

其次，进行工艺比选时应在资料调研的基础上，进行全面的比较和流程的确定。应仔细分析设计任务书的各项要求，在权衡和讨论各个主观条件和客观条件的基础上，对收集的资料进行加工整理；尤其要重视能体现各种优点和缺点的基础数据，以此作为定量比较的依据，并比较国内外主要应用范例，最终选出最佳治理方法及工艺路线。

在技术经济性比较方面，需要考虑的因素包括物料消耗、水电汽消耗、工资运输成本、副产物成本等生产或处理成本，以及物料和水电汽的供应渠道及其稳定性，产品和副产品的销售情况及三废处理情况等；生产或治理技术的先进性、流程的简易性对工艺技术经济性的影响也需要予以评价，并且考虑过程的自动化、机械化程度；还需要比较基本建设的投资，如建筑占地的投资、主要基建材料用量及费用等；另外，应该将主要设备、设施及自动化仪表的投资考虑在内，包括购置或定制的复杂程度、供应渠道及价格情况等。

3.2 工艺流程设计的步骤

在工艺流程设计中，已经形成了可以借鉴的工作步骤。新技术或新工艺大多来自实验室，但是实验室中的实验流程和实验装置与实际工业生产间存在着很大的差距。实验室的操作往往是相对简单的，而在实际生产中，因为还需要考虑动量、热量与质量的传递，以及兼顾反应工程等方面的因素，所以工艺流程会变得很复杂。从实验操作变为工业技术，需要突破单体设备放大、设备间转移、全部流程优化等诸多限制，因此实验步骤的流程化就显得尤为重要。

生产工艺流程设计首先要查阅有关资料、调研生产厂家，然后试采用以下几种方法进行设计：首先，如果已经有比较成熟的工艺技术资料，就可以直接使用这些资料，或者进行相应的改进和完善；其次，如果有正在运行的生产装置，也可以根据装置运行情况，进行现场测绘设计；再次，如果有实验室的数据资料和流程路线，可以据此进行生产流程设计；最后，还可以由基础的概念设计开始，进行全面的设计，也就是由一个反应式或一个过程开始，在逐步完善过程中得到工艺流程图等资料。需要注意的是，对于由基础概念设计开始的设计工作，往往是风险较大的，如果出现失误就会引起很大的经济损失，因此一般只适合于实验室装置的设计，而不适合进行大工业化生产设计。

从概念设计开始的工艺流程设计是比较全面的，因此本节着重讲解此类设计的步骤。

3.2.1 概念设计阶段工艺流程设计

工艺流程设计的初始阶段是概念设计，一般是根据反应式或过程情况设计出方框流程图，进一步设计出设备形式和物料流向，由此逐步修改并作出方案流程图。随后，经过物料和能量衡算，可以做出初步设计阶段的工艺流程图，其中包括物料流程图，由此确定工艺流程的物料状态。设备计算和选型结束以后，可以绘制初步设计阶段的管道及仪表流程图。车间设计结束以后，可以作出带控制点的工艺流程图，从而基本确定全部的工艺流程。

对于由概念设计开始的工艺流程设计，要求事先将工艺路线流程化，然后进行多方案比较，以便从中选定最佳的方案。

参考化工类的生产过程，一个典型的工艺流程一般可以包括六个单元[2]，如图 3-1 所示。

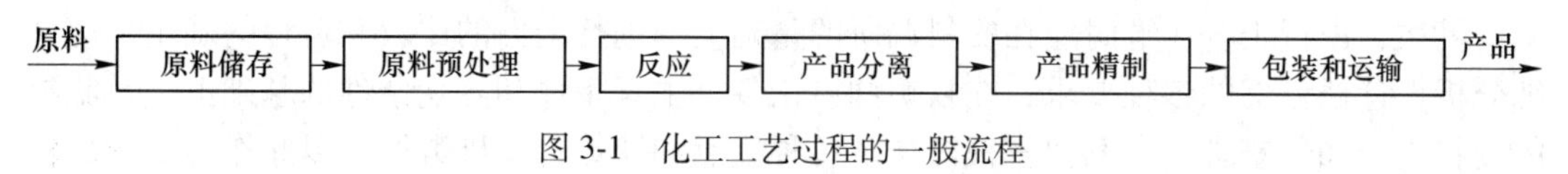

图 3-1 化工工艺过程的一般流程

对于资源循环类的工程设计而言，反应及产品分离环节的设计是核心任务，但是原料储存、原料预处理、产品精制、包装与运输等单元也不能轻视。在设计过程中，需要逐步明确上述单元的具体细节，例如每项工艺需要哪些单元操作，以及每个单元操作需要哪些设备、操作参数、物料在各个单元之间的流向及顺序，这些信息是获得预期质量和数量产品的保证。通过上述工作，将工艺过程具体化的设计过程，就称为工艺路线的流程化。

工艺路线流程化的一般性工作方法如下所述：

（1）确定主反应或主工艺的操作方式。根据物料特性、工艺特点、产品要求、生产规模等条件，选择连续操作或间歇操作的模式；在此基础上，确定相应单元操作和反应设备。这一设计步骤对应图 3-1 中反应和产品分离的单元。

（2）确定原料预处理和投料的流程。根据反应要求，需要确定预热或预冷、粉碎、筛分、混合、复配等预处理方式及设备。预处理与反应过程之间存在被称为投料的衔接环节，可以分为自动化、手动、机械、电子、间歇、连续等流程，有互不相同的计量和输送方式。

（3）确定产物净化、分离、精制的方式。一般地，需要根据主反应过程和生产连续化的要求，选择合适的化工单元操作进行组合，并布置相应的设备。需要注意的是，净化步骤、设备连通方式等因素对于生产过程都存在影响，因此需要综合性地比较不同的工艺路线。

（4）产品的计量、包装或后处理。在资源加工并形成最终产品之前，可能还会需要设置计量、储存、运输、包装等若干必要的过程，或者需要淋洗、干燥、（晶体）陈化、静置等后处理。作为工艺流程化的终点，需要选定合理的单元操作及其设备。

（5）副产物的处理工艺。在资源化利用过程中，当涉及化学反应方法的处理手段时，很容易产出副产物。有机化学反应和无机反应过程都会产生多类型的副产物，部分副产物可以作为额外的产品，也会有一些副产物是更难处理的二次废弃物。因此，需要设计副产物的处理工艺，并且该工艺同样包括净化、包装或后处理等环节。

(6) 工艺排出物的治理。从环境保护的角度而言，需要对工艺流程末端的废气、废水、废渣等排出物进行必要的治理，在符合无害化的要求之后才可以排放。另外，一部分废弃物仍然具有资源回收的价值，可以继续进行工艺处理。需要考虑的因素包括废弃物的收集、储运或输送装置及方法，例如可以采用絮凝、沉降、中和、稀释或化学、生物等方法来处理废水，处理方式既可以是分散式的，也可以是集中式的。废渣一般采用焚烧或回收利用的方式进行处理，根据其成分和性质的不同，可以转化为建材、肥料、化工原材料等。废气处理通常采用吸收、吸附、燃烧等方法，选择分散或集中的处理方式均可。

(7) 动力使用和公用工程。流程设计中需要设置动力电、水、蒸汽、压缩空气、冷冻、电热、氮气等公用设施，这些动力来源和公用工程是主工艺的重要支撑。

根据以上设计方法，在上述每一步都产生了具体的单元操作流程方案和装置后，即实现工艺路线的流程化[2]，将其进一步完善可以得到相应的工艺流程图，工艺路线流程化的简要步骤如图 3-2 所示。

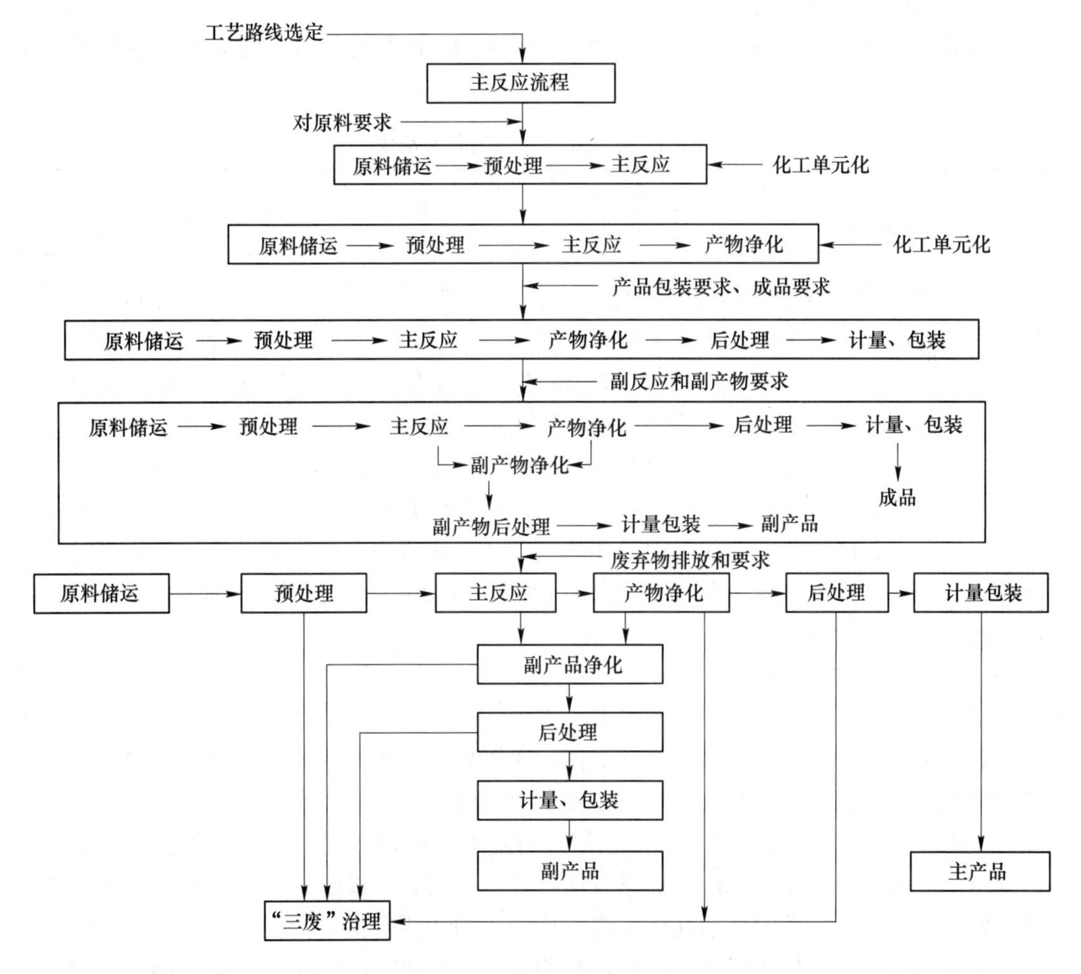

图 3-2 工艺路线流程化步骤

由于工艺路线在初步实现流程化以后，可能还比较粗糙，因此应继续予以完善和充实。例如，完善充实物料的输送装置，涉及起重、运输装置和中转储存装置等。注意提高原材料的转化率和利用率，包括反应工艺条件、原料预处理方案等方面的优化，以提高反应转化率。设计物料的循环回用流程，减少废弃物的排放，以及设计节能流程等，例如利用位差进料和出料、通过冷热物料的换热来实现各股物料的预热和预冷等。如果存在必须排放的废弃物，则应设计安全可靠的处理流程。在设计时，还应当考虑开车、停车、维修、分析测试、安装、事故等方面的预案。另外，尤其要注重短流程和新工艺，这有助于提高全工艺的稳定性和技术经济性。

例 3-1 使用水溶开采技术开采低品位盐矿，可以得到溶采卤水（水采卤）。假设以溶采卤水为原料，进行年产十万吨加碘盐车间的工艺设计，试对该工艺路线进行流程化。

分析：

（1）设计依据。本例工艺设计需要依据工作制度、原料组成和产品质量要求三方面的要素。

工作制度方面，设定年工作日为 300 d，日工作 24 h。

原料为盐矿水采卤，其化学组成见表 3-1。

产品质量要求满足《食用盐》（GB 5461—2016）中优级食用盐的标准，氯化钠含量大于 99.1%。

表 3-1 水采卤的比重与化学组成 (g/L)

比重	NaCl	$MgCl_2$	$MgSO_4$	$CaSO_4$	KCl	Br^-	不溶物
1.19	287.80	1.67	0.81	4.75	—	—	—

（2）工艺路线的选定。制盐生产的关键步骤是蒸发。为减少蒸发过程中加热蒸汽的消耗量，国内外制盐工业采用的蒸发工艺有三种。

1）闪急蒸发工艺。闪急蒸发是指当料液的温度高于蒸发室内部压力所对应的料液沸点时，溶剂急速自蒸发的现象。使高温料液依次进入操作压力从高到低的各级蒸发室，进行自蒸发，同时料液温度降低，这个过程称为多级闪急蒸发。闪急蒸发是溶液的自蒸发，蒸发器中不存在传热面，理论上没有结垢问题，可以提高有效生产时间，并且可以增加产量、降低能耗。我国的营口盐化厂曾于 20 世纪 80 年代从瑞士引进该工艺，运行良好。与此同时，该工艺的蒸发强度相对较低，并且卤水循环量较高，老卤和盐泥的排放量较大，因此需要重视环境污染防护的问题。

2）热泵蒸发工艺。热泵蒸发工艺又称加压蒸发工艺，是将蒸发器产生的二次蒸汽用外界能量进行压缩，提高压力、升高温度，并重新作为热源的一种蒸发工艺。四川张家坝盐化厂曾从瑞士引进该工艺。该流程需要使用压缩机，由于真空状态蒸汽的比容很大，因此二次蒸汽管道的直径也就很大，导致压缩机也需要相对大的体积，制造难度较大。

3）多效蒸发工艺。多效蒸发工艺在制盐行业属于应用较为广泛的一种蒸发工艺。该工艺要求后一效的操作压强和溶液沸点较前一效低，因此可以引入前一效的二次蒸汽作为加热介质，从而仅第一效需要消耗生蒸汽，后一效的加热室其实就是前一效二次蒸汽的冷凝器。多效蒸发的工艺比较成熟，生产比较稳定，而且比前两种流程节省电能。从技术性和经济性上考虑，多效蒸发流程较为适合精制盐的生产。

多效蒸发的进料和排料有顺流、逆流、平流（错流）等形式。在顺流蒸发进料的流程中，溶液和加热蒸汽的流向相同，都是从第一效开始进料，按照顺序流到最后一效结束；但是，对于排料而言，顺流排料容易使传热系数降低，并且产生闪急蒸发，降低热效率。在逆流进料的流程中，溶液与二次蒸汽流动方向相反，即料液从末效进入蒸发浓缩系统，用泵将浓缩液送入前一效，直至到达第一效，而生蒸汽则是从第一效加入，并逐级进入下一效；逆流排料的温度较高，因此热损失相对较大，对设备的腐蚀也较为严重，同时效间物料需用泵转移，需要消耗一定的能量。在平流进料的流程中，原料液分别加入各效蒸发器，浓缩液从各效引出，而蒸汽流向则是从第一效流入，并逐级进入下一效。该工艺只有在具有良好的自控仪表时才能实现，对多效蒸发器的控制系统要求较高。多效蒸发法真空制盐往往采用平流进料、平流排料的流程。

综上考虑，本例设计采用多效蒸发制盐。

（3）工艺路线的流程化。参照图 3-1，可设计出水采卤生产精制盐的工艺流程，如图 3-3 所示。

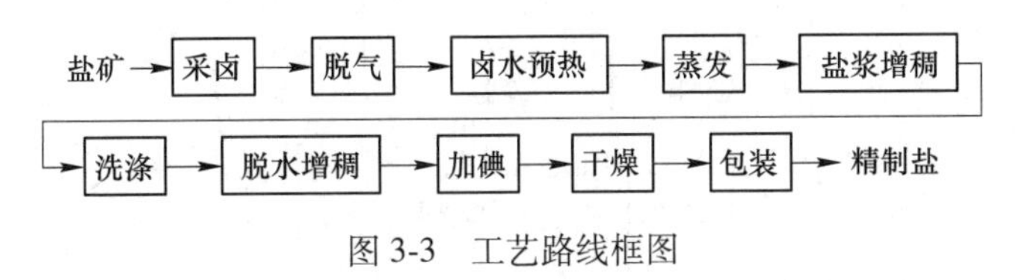

图 3-3　工艺路线框图

1）确定主反应或主工艺的操作方式。采用多效蒸发的主要目的是节能，提高热效率，减少生蒸汽的消耗量。在蒸发操作中常采用新鲜的饱和水蒸气作为热源，称为生蒸汽，而将溶液中蒸出的蒸汽称为二次蒸汽。多次利用二次蒸汽，并使用闪发器来回收各效冷凝水的热量，是多效蒸发工艺常用的手段。

效数的确定主要取决于有效温差、热经济性与设备投资。在一些制盐生产过程中，首效蒸汽压力一般为 0.4 MPa 左右，温度约为 142.9 ℃；末效蒸汽压力为 0.01 MPa，温度约为 45.3 ℃。经验地，每效蒸发器的温度损失约为 12 ℃，并且每效蒸发器的最小有效温差为 6 ℃，故蒸发效数 $n=(142.9-45.3)/18 \approx 5$ 效。根据经验数据，每蒸发 1 t 水所耗的蒸汽量随蒸发器效数的增加而减少，单效蒸发器的生蒸汽消耗量为 1.1 t，双效为 0.57 t，三效为 0.4 t，四效为 0.3 t，五效则减少至 0.27 t。然而，随着效数的增加，设备投资及日常操作、维修费用也随之增加，因此从热经济方面分析，当节省蒸汽费用与设备方面增加费用之间达到相等时，此时的效数可视为优化值。在实际真空制盐过程中，多采用三效或四效蒸发工艺，而四效真空蒸发流程较为成熟，事实证明其节能效果也比较好。

在蒸发工序，本设计可以采用四效蒸发、平流进料、平流排料的流程。除了上一效的二次蒸汽引入下一效作为蒸发热源之外，上一效的冷凝水还可以经过闪急蒸发（闪蒸或闪发）而再次产生出一定量的闪发蒸汽，这些闪发蒸汽同样可以用作下一效的热源，从而产生节能效果。因此，第一效冷凝水在经过一次闪急蒸发之后，其闪发蒸汽进入第二效加热室，其冷凝水再经过一次闪发，闪发蒸汽进入第三效加热室，而冷凝水则回锅炉；第二效冷凝水经一次闪发后，其闪发蒸汽进入第三效加热室；第三效冷凝水经一次闪发后，其闪发蒸汽进入第四效加热室。

对于蒸发器而言，每效蒸发器一般分为两个内部空间，即加热蒸汽释放热量、加热卤水的加热室，以及卤水蒸发的蒸发室，各效的加热室和蒸发室操作压力的经验值见表 3-2。

表 3-2　各效操作压力的经验值　　(MPa)

项目	Ⅰ效	Ⅱ效	Ⅲ效	Ⅳ效
加热室	0.402	0.196	0.085	0.032
蒸发室	0.196	0.085	0.032	0.0115

表 3-2 中各效的操作压力均为估算值，在实际生产中，只需要严格控制首效加热室压力及末效真空度，其余各效的压力可自动平衡。

主反应的流程情况如图 3-4 所示。

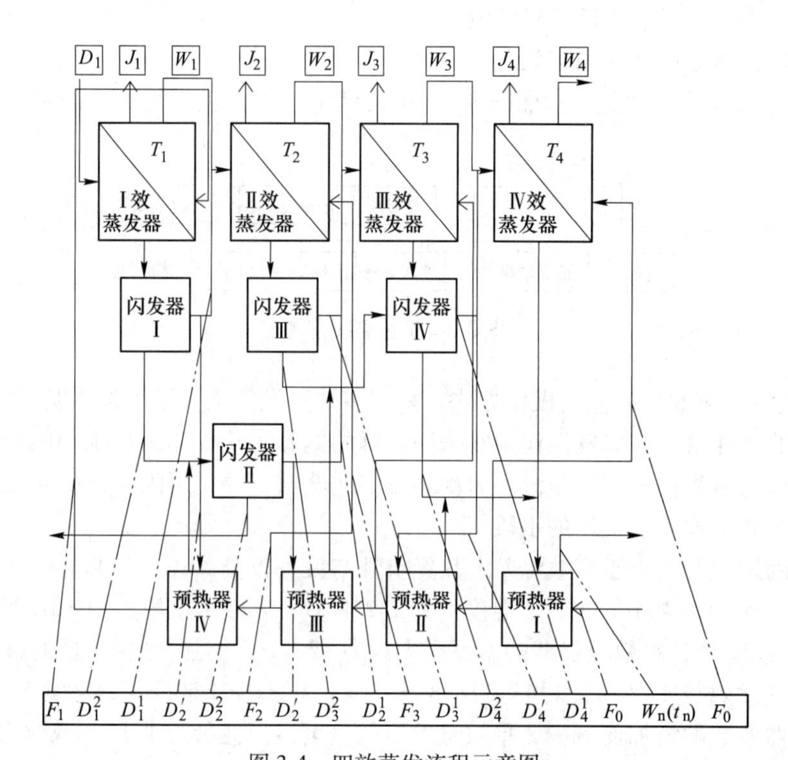

图 3-4　四效蒸发流程示意图

→蒸汽、冷凝水流程；→进料、排料流程；

D—蒸汽或冷凝水量；F—卤水进料量；J—盐浆排出量；W—蒸发水量；T/t—温度；

下标 0—原料；下标 1～4—蒸发器或闪发器的效数；下标 n—出料；

上标 1—二次蒸汽；上标 2—冷凝水；上标′—额外蒸汽取出量

2）确定原料预处理和投料的流程。在采卤工序，用采卤泵将淡水送到固体盐矿的矿井，经过一段时间的溶解后得到溶采卤水，卤水用输卤泵送到卤水池。盐矿溶采卤水一般不会含有不溶物，因此无需专门设计沉降器等设备，但是可以将卤水池设计得稍微大一些，使其中的一些杂质及离子可以自由地沉降出来，以便在生产上满足沉降和除垢的需要，起到卤水精制的目的；进一步地，在后来的旋流器中，一些石膏之类的杂质等可以采用旋流或浮选的方法来去除。

在卤水预热工序，本例设计采用预热器串联的预热形式，第一个预热器的热源采用末效冷凝水，余下预热器的热源采用二次蒸汽冷凝水的闪发气。在预热工序之前，需要使用脱氧器处理卤水，可以除去卤水中氧气、二氧化碳及其他不凝气体，减轻对设备的腐蚀，降低对蒸发器内部传热的不利影响，从而提高传热系数。

3）确定产物净化、分离、精制的方式。盐矿溶采卤水如果没有经过预处理，则可能会含有某些杂质；另外，由于设备、管道、阀门等的腐蚀也可以带入一些铁等金属杂质，因此生产出的食盐可能会含有杂质，如硫酸钙、硫酸钠、铁、硼、钾等，影响盐质。在本例中，设计采用洗盐器将食盐中的杂质除去，可使 NaCl 含量达到 98%~99%。

食盐产品需要经过干燥处理，即各效蒸发器排出的盐浆需通过盐浆泵送到增稠设备和洗盐器，再进入离心机脱水。湿盐由皮带机送至流化床干燥机，入口处加适量抗结剂（食盐抗结块剂，如二氧化硅、硅酸钙、柠檬酸铁铵、亚铁氰化钾等），防止盐结块，并加碘。

4）产品的计量、包装或后处理。对于筛分包装而言，干盐经振动筛筛分后，符合粒度要求的产品盐，由皮带机送到包装车间包装。

5）副产物的处理工艺。本例工艺的路线主要是蒸发结晶，没有涉及其他的化学反应，其产品主要是食用加碘盐，没有可以出售的副产物。在其他无机盐的生产中，如果采用复分解反应等工艺，就可能会产生副产物。例如，利用芒硝（十水硫酸钠）和氯化钾为原料，在通过复分解反应生产硫酸钾的过程中，会产生氯化钠副产物。在这种情况下，氯化钠经过淘洗、陈化、干燥等工序，就可以作为工业盐副产品而出售。

6）工艺排出物的治理。在本例中，蒸发结晶工序需要使用真空系统，以维持蒸发器内部的真空度。在真空系统运行过程中，会产生不凝气，即不能在后续的配套冷凝装置内液化的气体。真空系统的不凝气需要用泵抽走，或者随冷凝水一道排出，这是因为不凝气的存在一方面会加大混合冷凝器内的总压，另一方面会降低汽水的传热系数，故应及时排除。

蒸发系统的总温差越大，蒸发速率越大，而总温差由首效加热室和末效蒸发室的压力决定。由于首效压力一般是确定的，因此如果需要提高总温差，往往需要借助于提高末效的真空度。对于末效真空度的高低，其影响因素很多，但最主要的就是蒸汽的迅速冷却、不凝气的及时排除。基于这些考虑，本例在设计中可使冷却水和二次蒸汽直接接触，蒸汽放热而冷凝，冷却水吸热而升温，不凝气排到混合冷凝器，由混合冷凝器排出。如此连续操作，维持末效蒸发室的真空度。

蒸发器的第一效、第二效加热室都是正压，可直接排空；第三效、第四效的加热室都是在负压下操作，所以第三效、第四效不凝气需要通过连接在第四效的混合冷凝器排放。

工艺中排放的冷却水，可排至采卤工序。

7）动力使用和公用工程。由于在本例中，使用生蒸汽作为蒸发结晶制盐的动力，因此可设计蒸汽锅炉装置，由锅炉房直接供应生蒸汽。在有条件的情况下，还可以利用发电以后的背压蒸汽进行供热。

在供排水方面，由于冷却水可以使用工艺过程中所产生的冷凝水，因此可以设置一个冷凝水池。冷凝水池还可以蓄积一些雨水或生产弃水，涮罐水也可以使用冷凝水。

对于供电而言，电力由电网送厂内的变压器，经变压后使用。车间内可以设有配电室，配电室要求有防火和防潮措施。

仪表自动控制方面，各效蒸发器的进料、排料均采用仪表自动控制。蒸发器的加热室、蒸发室的操作由仪表自动测量、记录，并设有报警装置。蒸发器设有液位调节器，其余设有液位自动控制阀。

采暖通风方面，操作室要求冬天保暖、夏天防暑，并加隔音装置，地阀加盖，以保证操作人员的安全和身体健康。

需要说明的是，本例设计采用的是四效真空蒸发流程，这是一条经典的工艺路线，在蒸发设备选择方面一般采用外加热式强制循环罐。自 20 世纪 80 年代以后，我国制盐行业开始逐步引进和开发机械热压缩（MVR）热泵等节能新技术，这是传统制盐行业发展的方向。20 世纪 80 年代中期，四川张家坝盐化厂引进了 MVR 制盐装置，设计规模为年产 10 万吨盐。2011 年左右，中盐金坛盐化公司引进了年产 100 万吨的 MVR 盐硝联产装置，江苏井神盐化公司引进了年产 100 万吨的盐钙联产装置，热压制盐开始得以逐步应用。

例 3-2 试作出例 3-1 的岗位定员表。

解： 蒸发车间、采卤车间、离心干燥车间和锅炉房采用三班轮休制度。全年平均实际生产 300 d。车间管理按一班制。在此情况下，岗位定员结果见表 3-3。

表 3-3 四效蒸发制盐工艺岗位定员表

序号	工段	工种	每班人数	三班人数	合计	说明
1	采卤	制卤	3	9	10	替班一人
2	蒸发	罐上工作	1	3	4	替班一人
		罐下工作	3	9	10	替班一人
3	泵房	开泵	3	9	9	
4	离心干燥	离心机	1	3	4	替班一人
		沸腾床	2	6	6	
		风机	1	3	3	
5	包装	包装入库	4	12	15	替班三人
		成品运输		6	6	
6	机修车间	车间设备维修		10	10	
		汽车维修		5	5	
		电器维修		3	3	
7	勤杂	炊事班		8	8	夜班三人
		传达室		2	2	
		站台警卫	1	3	3	
8	锅炉房	运行	2	6	7	替班一人
		水泵房	1	3	3	
		加煤	2	6	6	
		除灰	1	3	4	替班一人
		检修	1	3	4	替班一人
		水处理	1	3	4	替班一人
9	化验室	化验员	1	3	3	
10	土建维修	木工		3	2	
		泥工		2	3	

续表 3-3

序号	工段	工种	每班人数	三班人数	合计	说明
11	行政管理	生产技术		6	6	
		会计		2	2	
		供销		10	10	
		总务		4	4	
		政工		6	6	
12	总计	163				

例 3-3 试利用水盐体系相图，对可溶盐 KCl 的冷分解—正浮选工艺进行工艺路线分析。

解： 首先介绍一些基本概念。浮选又称浮游选矿，即从水的悬浮液中（称矿物和水的悬浮液为矿浆）浮出固体颗粒的过程，可用于高效分离有用矿物和无用的脉石矿物。泡沫浮选过程一般包括磨矿、调浆加药、浮选分离和产品处理等环节。浮选机是实现浮选的工业设备，在浮选机中引入空气，从而在矿浆中产生气泡，并且气泡以一定动能运动；向矿浆中加入捕收剂、起泡剂、调整剂等浮选药剂，改变了矿粒表面的润湿性，同时改变了气泡与液相之间的界面性质，让部分矿粒的表面变得更加疏水，从而更容易与气泡结合在一起；气泡上升至液面后，形成含有气体泡、液体、固体矿粒的三相泡沫层，及时刮出泡沫后即得到精矿，留在矿浆中的固体矿粒即为尾矿。如果精矿是预期中的产品，则浮选过程称为正浮选；如果产品是尾矿，则该浮选过程就称为反浮选。

在可溶盐浮选过程中，可以借助水盐体系相图的方法进行物料衡算，虽然这不属于相图的常规应用，但在盐湖氯化钾等可溶盐的浮选等操作中已经有过多年的应用。本节主要以青海盐湖矿区为例，论述相图在可溶盐浮选过程中的使用方法。在正浮选法氯化钾生产工艺中，大多以盐田晒制的含钠光卤石为原料，加水分解得到母液和固相盐，其中母液富含 $MgCl_2$，而固相盐主要是 NaCl 和 KCl 的混合物；然后利用脂肪胺盐酸盐等捕收剂在母液中对固相盐混合物进行浮选，将 KCl 固相浮出并作为产品。该工艺被称为钾盐的冷分解—正浮选工艺。光卤石加水分解的形式有多种，以光卤石（Carnalite，Car）加水完全分解为例进行分析，在 15℃时相图形式的工艺流程情况如图 3-5 所示。

图 3-5 中 $M(M_0)$ 点为盐田含钠光卤石的系统点，该体系的固相点位于 $R(R')$ 点，属于 Car 和 NaCl 的混合盐；从相图上看，该体系还含有少量的共饱液，液相点位于 $F(F')$ 点。这种盐田含钠光卤石的加水分解和浮选过程的大致步骤见表 3-4。

表 3-4 由含钠光卤石生产氯化钾的相图分析（15℃）——“冷分解—正浮选—洗涤法”

阶段		第 1 阶段	第 2 阶段		第 3 阶段	第 4 阶段	
过程情况		原矿分解	浮选		真空过滤	洗涤 离心分离 干燥	
干基图	系统	*M*	*M*	*M*	*K*	*N*	*N*
	液相	*F*→*E*→*E*	*E*	*L*(*E*+*J*) 尾盐浆料	*E* 高镁母液	*E*→*O*	*O* 精钾母液
	固相	*R*→*Q*→*H* *H* 为钾石盐	*H*→*I*+*J* *I* 为粗钾 *J* 为尾盐	*K*(*E*+*I*) 粗钾泡沫	*I*→*N*(*E*+*I*) *N* 为滤饼	*I*→*B* *B* 为纯钾	*B*→*P* *P* 为精钾

续表 3-4

阶段		第1阶段	第2阶段		第3阶段	第4阶段	
湿基图	系统	$M_0 \to M_1 \to M_2$	M_2	M_2	K	$N_0 \to N_2$	N_2
	液相	$F \to E' \to E$	E'	$L'(E'+J')$ 尾盐浆料	E' 高镁母液	$E' \to O'$	O' 精钾母液
	固相	$R' \to Q' \to H$ H 为钾石盐	$H' \to I'+J'$ I'为粗钾 J'为尾盐	$K'(E'+I')$ 粗钾泡沫	$I' \to N_0(E'+I')$ N_0 为滤饼	$I' \to B'$ B'为纯钾	$B' \to P'$ P'为精钾

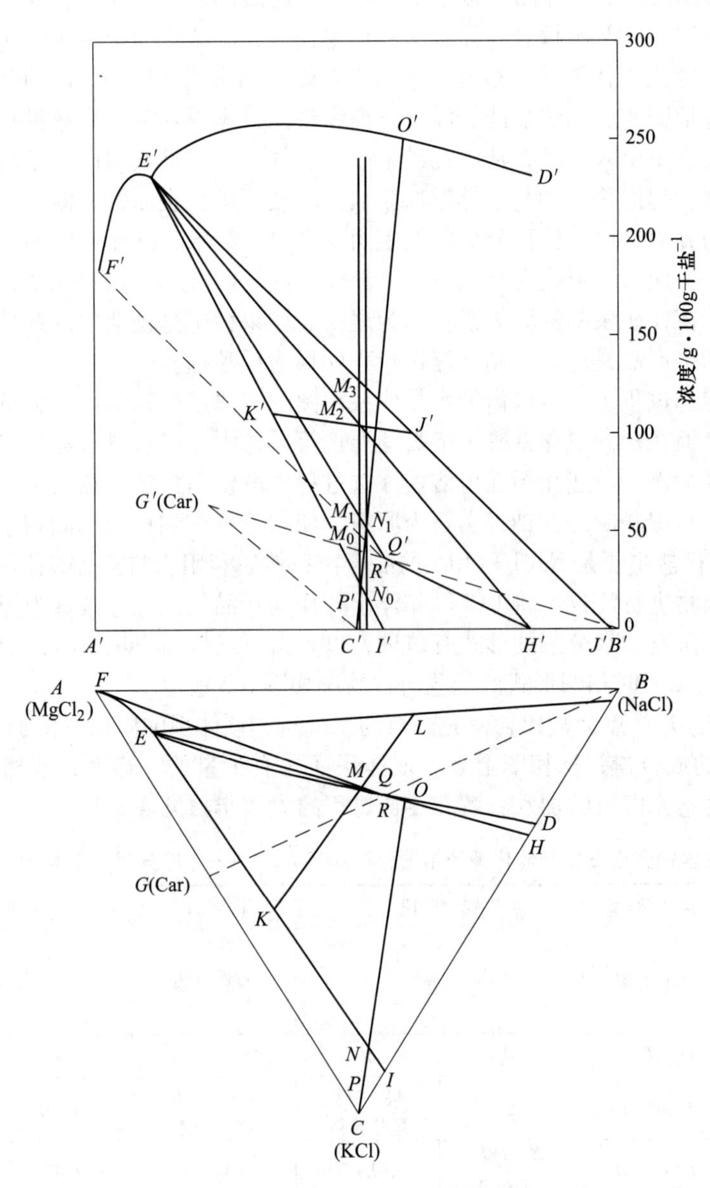

图 3-5 相图中的正浮选路线分析

3.2.2 初步设计阶段工艺流程设计

初步设计是在概念设计的基础上，对工艺流程和操作单元做出更加深入和细致的表达。在这一阶段，要做出物料和能量的衡算，做出设备的选型，使各单元过程能够衔接和匹配，设计出管道及仪表流程图。

总体而言，初步设计阶段需要完善的内容包括设备选型、工艺细节、单元衔接和控制点设计等方面。

首先，应该进一步确定本工艺的流程能力、操作弹性和设备设计。在设计和完善流程方案时，要着重考虑主反应装置的生产能力，确定年工作日，以及生产和维修时间等，注意在考虑生产时间方面应该留有一定的操作裕量，不可按照生产能力的满负荷上限来确定工艺参数。如果单台装置的生产能力较低，则可在设计流程中考虑设置多条平行生产线。

其次，确定工艺流程的细节问题。初步设计的重要工作之一是校订各装置的工艺操作条件，例如温度、压力、投料配比、反应时间、物料流量及浓度等，并谨慎考虑需要配套的辅助设备和控制装置。例如，如果主工艺设备是多效蒸发器，那么末效蒸发器很可能需要在负压下进行，此时就需要设置抽真空的装置，并设置必要的稳压、控温、换热、液位等控制设施。

最后，完善操作单元装置的衔接和辅助装置。为了充分利用物质和能量，应当考虑废热锅炉、热泵、换热装置、物料捕集、废气回收、循环利用等装置或系统；合理设计物料输送机械或者位差输送物料系统，并充分考虑厂房造价、建筑物合理性的问题。

另外，还需要确定操作控制的各个控制点。通过合理设计生产过程中的取样、排净等操作环节，仔细布置测量、传递、反馈等控制点，从而设计控制系统和仪表系统，并且补充可能遗漏的管道装置、小型机械、各类控制阀门、事故处理的管道等，使工艺流程设计涵盖物料系统、公用工程系统、仪表和自动控制系统等。

综上，初步设计阶段的基本要求是应作出工艺流程的基本框架，包括确定出内容具体、含有定量参数、确定了设备基本尺寸的工艺流程，并且绘制出初步设计阶段的工艺流程图。

3.2.3 施工图阶段工艺流程设计

在施工图阶段，应该以被批准的初步设计阶段工艺流程为基础，进一步完善设备、管道、仪表、电气、公用工程等施工安装细节，作出指导性的设计文件。具体地，需要完善管道和仪表的设计，布局各种物料和公用工程，设计设备管道、管件、阀门，并设计各个控制点、检测点、自动控制系统装置等。

施工图阶段工艺流程设计的作用是指导安装施工，最终需要绘制出管道及仪表流程图，简称 PID 图，作为后期工作中设计、施工、装置运行、检修的依据。管道及仪表流程图的主要内容和深度为：绘制出工艺设备一览表中的全部设备，并标注位号，需要注意的是也应该包括备用设备；绘制和标注全部工艺管道，以及与工艺有关的辅助或公用系统管道，同时也应该包括相应的阀门、管件和管道附件等，并注明相应的编号，但可以省略管道之间的连接件；绘制及标注工艺流程中的检测仪表、调节控制系统、分析取样系统等；注明成套设备或机组的供货范围；注明特殊的设计要求，例如设备间的最小相对高差、液封高度、管线坡向和坡度、调节阀门的特殊位置、管道的曲率半径、流量孔板等，可以搭配详图；标记出设备和管道的隔热类型。上述的工艺管道是指正常操作的物料管道、工艺排放系统管道、开停车及必要的临时管道[2]。

本章小结

选定合理且合适的工艺路线，是工程设计首先需要解决的问题。本章讲述了工艺比选的原则，介绍了概念设计、初步设计、施工图设计等阶段的工艺流程设计步骤，同时简要说明了可用于工艺流程设计的计算机辅助方法。

在不同的设计阶段，工艺流程的设计步骤略有差异。对于概念设计阶段，主要的工作是将工艺路线流程化，选定最佳的方案。到初步设计阶段时，工艺流程需要更加详细，要求做出物料和能量衡算、设备选型，以及作出管道及仪表流程图等。在施工图阶段，需要绘制出管道及仪表流程图，完善设备、管道、仪表、电气、公用工程等细节，提供可指导施工的设计文件。

习　　题

3-1 工艺路线有哪些选择原则，选择的步骤有哪些？

3-2 在概念设计、初步设计和施工图设计阶段，工艺流程设计的步骤有哪些异同，控制点的设计应该在哪个设计阶段中进行？

3-3 简述工艺路线流程化的一般性工作方法。

4 物料与能量平衡计算

本章提要：

(1) 理解物料衡算和能量衡算的概念、方程建立方法、基本步骤，能够对工艺过程进行物料和能量的平衡计算。

(2) 了解物料与能量平衡计算的辅助工具。

对于资源循环和环境工程项目，在确定生产方法和工艺路线后，都需要进行建设项目的工艺设计。在项目设计中，最先进行的两项工作是工艺流程设计、物料和能量衡算。物料和能量衡算可以确定系统或过程中物耗、能耗的大小与走向，而工艺流程设计在后续的不同设计阶段可能还会经历各种修改。此外，物料衡算与能量计算也是设备计算的基础。

4.1 物料衡算

物料衡算使项目设计由定性转入定量。通过物料衡算，可以确定系统或过程中的物料进出量、物料走向、设备容量、套数以及主要尺寸，从而根据需要进一步修改工艺流程图。此外，物料衡算还可以确定某生产过程中污染物的排放量，可以用作环境工程项目设计的基础资料之一。

4.1.1 物料衡算的概念

根据质量守恒定律，在一个孤立体系中，除非发生核反应，否则不论物质如何变化，其质量应该始终保持不变。因此，对于单位时间内进入系统或体系的全部物料质量，必然等于离开该系统或体系的物料质量、损失的物料质量（如“跑冒滴漏”等）、积累的物料质量三者之和，这就是物料平衡的含义。对物料平衡进行计算，称为物料衡算。

简而言之，对于人为指定的系统，系统的积累为输入与生成的总和，并且分别减去输出和消耗。物料衡算通常用于研究某一系统的进出物料量及组成变化。在稳态过程中，系统的积累为零。在无化学反应的稳态过程中，没有新物质的生成和消耗。物料衡算可以包括总物料衡算式、组分衡算式及元素原子衡算式。

4.1.2 物料守恒的基准

在物料、能量衡算过程中，恰当地选择计算基准可以使计算简化，同时可以减少计算误差。计算基准包括时间基准、质量基准、体积基准等。

时间基准是被较普遍使用的计算基准。对于连续生产过程，一般以秒、小时、天等时间间隔的投料量或产品量作为计算基准。对于间歇操作过程，一般以某一釜、某一批料的生产周期作为基准。

另一个被使用较多的计算基准是质量基准。对液体或固体介质，可选定某一基准物流的质量为基准，例如 1 t 或 1 kmol，再计算其他物流的质量。

对于气体物料，可采用标准体积基准。将实际情况下的体积换算为标准状态下的体积，然后根据体积基准进行物料衡算。

计算基准选择原则是使计算简便和计算误差小。一般而言，应选择已知变量最多的流股作为计算基准；对于液、固系统，常选用单位质量作为基准；对于气体系统，如果温度、压力等环境条件确定，常选用体积基准；对于连续流动系统，采用单位时间作为基准较为方便，而间歇系统常采用某一釜或某一批料的生产周期作为基准。

4.1.3 物料衡算的分类

无反应过程是指系统中物料没有发生化学反应的过程，反应过程则相反。一般来说，完整的生产工厂包括反应工程、分离工程和共用工程等部分。反应类的设备是工厂的核心部分，承担了工厂所需的大部分功能。分离工程及共用工程的单元设备数量也较多，这部分单元设备的物料衡算对整个生产过程也很重要。

4.1.3.1 无反应过程的物料衡算

在无反应过程中，简单无反应过程是最简单的形式。所谓简单过程，是指仅仅由一个设备组成的过程，或者由一个设备的一部分所组成的过程。简单过程不包含其他设备，设备的边界就是系统的边界。简单无反应过程包括过滤、蒸发、混合、传质分离、固液和固固分离、闪蒸等。

过滤属于机械分离方法，应用过滤器、过滤机、过滤板等过滤设备，将液体和固体分离。

蒸发是指通过加热使物料从液体变为气体，从而实现气液分离的单元操作。在实际的蒸发操作中，汽化和冷凝过程可能会同时存在。汽化是指在蒸发器等设备的蒸发室内，将液体加热到沸腾，使溶剂气化，产生蒸气；这些蒸气被排出蒸发室，进入冷凝室，遇冷发生凝结，重新变为液体。在蒸发过程中，原料溶液因为蒸发而变得浓缩，因此其中的溶质可能会发生结晶。蒸发操作主要用于浓缩和析出固体。

混合是一种把两种或两种以上的物质混合在一起，以达到均匀分布的过程。

在化学反应类的过程中，通常将在系统的状态条件下，以物质的传递推动力为媒介进行分离的过程称为传质分离过程，如吸收、蒸馏、萃取、结晶等。

闪蒸是指在真空或负压状态下，通入预热至一定温度后的流体原料，使其瞬时进入过热状态，从而发生闪急蒸发。闪蒸会使得原料流体发生浓缩，也会使液体得到冷却。

对于固固分离，从化学工程的角度，在实际操作过程中一般先用溶剂将固体混合物中的可溶性组分溶解，再进行固液分离，使产品质量达到要求。从矿物加工的角度，可以采用筛分、磁选、电选、重选、浮选等技术手段进行固固分离。

例 4-1 一个容器中有 10 kg 的饱和 $NaHCO_3$ 溶液，初始温度为 60 ℃，如果要从该溶液中结晶出 0.5 kg 的 $NaHCO_3$，那么需要将此溶液冷却至多少摄氏度？

解：溶液的冷却过程如图 4-1 所示，在相应温度范围内的 $NaHCO_3$ 溶解度见表 4-1。

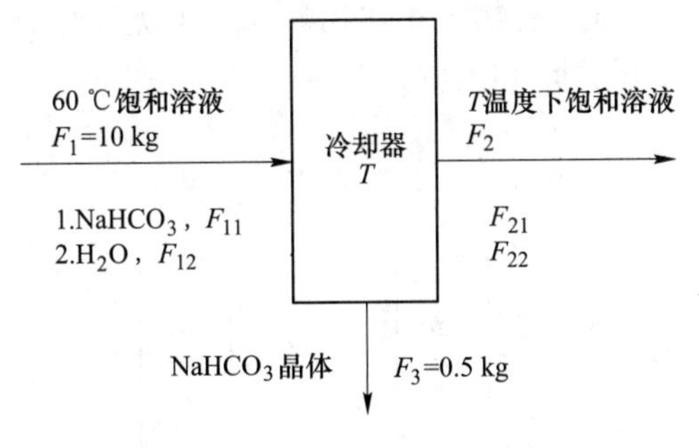

图 4-1 冷却过程的物料情况

表 4-1 $NaHCO_3$ 溶解度

温度/℃	溶解度/g·$(100g_{H_2O})^{-1}$
10	8.15
20	9.60
30	11.10
50	14.45
60	16.40

写出总物料衡算式为:

$$F_{21} + F_{22} = 10 - 0.5 = 9.5$$

$NaHCO_3$ 衡算式为:

$$F_{11} - 0.5 = F_{21}$$

根据本例中溶解度的定义，即 100 g 水能够溶解的 $NaHCO_3$ 质量，还可以写出如下的约束式:

$$100F_{11}/(10 - F_{11}) = 16.4$$

联立以上三个方程，可以解得:

$$F_{11} = 1.41\ \text{kg};\ F_{21} = 0.91\ \text{kg};\ F_{22} = 8.59\ \text{kg}$$

因此可知 T 温度下 $NaHCO_3$ 饱和溶液的溶解度为:

$$100F_{21}/F_{22} = 100 \times 0.91/8.59 = 10.6\ \text{g}/\text{g}_{H_2O}$$

根据表 4-1 中的 $NaHCO_3$ 的溶解度，使用内插法可以求得溶液的冷却温度，即:

$$T = 30 - 10 \times \frac{11.1 - 10.6}{11.1 - 9.6} = 26.67 \approx 27\ ℃$$

对于过程中有多个单元设备的情况，在衡算时需要计算每个单元设备的流量和组成，这就是多单元系统的物料衡算。

图 4-2 表示由两个单元组成的过程。假设每个单元中单一物流的组分数都为 S，则可以得出以下结论：对于单元Ⅰ，可以列出 S 个独立的物料衡算方程，可以用来计算每一物流在每一温度下的有效热焓，从而计算它的组分含量；对于单元Ⅱ，也可以列出 S 个独立的物料衡算方程，可以用来计算每一物流在每一温度下的有效热焓，从而计算它的组分含量；如果将两个单元作为一个单元来处理，系统的边界如图 4-2 中的虚线所示，在这种情

况下就只需要考虑物流 1、物流 2、物流 4 和物流 5，可以列出 S 个独立的物料平衡方程，并且平衡方程与内部物流 3 的流量和组成无关。

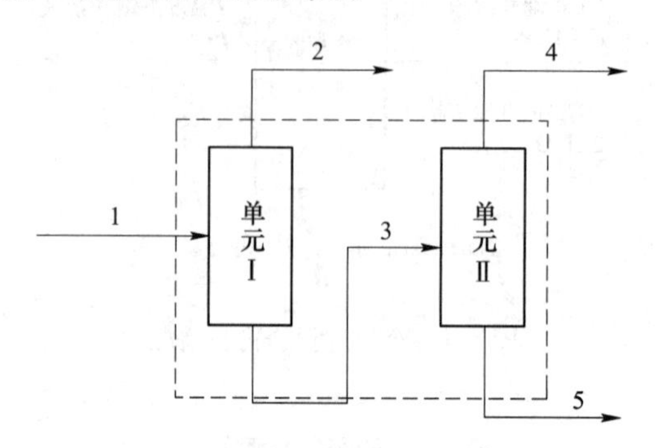

图 4-2 两单元过程的物料情况

对于多个单元的过程，需要了解单元衡算方程和总衡算方程两个概念。所谓单元衡算方程，是指对每个单元列出的一组衡算方程，而总衡算方程则是对整个系统列出的一组衡算方程。

4.1.3.2 反应过程中的物料衡算

如果一个过程存在化学反应，那么由于生成了新物质，化学反应的物质平衡就会比无化学反应的物质平衡更复杂。在生成新物质的情况下，每个化学组分的输入量与输出量之间的摩尔或质量流之间会产生不平衡。在化学反应过程物料衡算中要注意重视一些基本概念，例如化学反应速率、转化率、产物的收率和选择性等。如果该过程存在燃烧现象，则还要注意重视燃气或烟道气的各个基本性质。

对于反应过程的物料衡算，可以采用直接计算的方法。另外，还可以根据反应速率法进行计算。定义 R_S 为物质 S 的摩尔生成速率，即生成速率 $R_S = F_{S输出} - F_{S输入}$。假设反应速率 $r = R_S/\sigma_S$，或 $R_S = \sigma_S \times r$，其中 σ_S 为物质 S 的化学计量系数，且 σ_S 对生成物为正、对反应物为负。此时，物质的摩尔衡算方程式可写为 $F_{S输出} = F_{S输入} + \sigma_S \times r$。

利用元素平衡法也可进行物料衡算，依据的原则为系统中每种元素都有对应的元素平衡式。此外，还可以通过化学平衡法、结点法及联系组分法简化并完成物料衡算。

化学平衡法的原理为在化学反应中，当反应达到化学平衡时，正反应速率等于逆反应速率，此时若恒温、恒压且反应物浓度不变，则化学平衡将保持稳定，且根据化学反应平衡常数可算出各个反应物与生成物的数量。

对反应 $a\mathrm{A}+b\mathrm{B} \rightleftharpoons c\mathrm{C}+d\mathrm{D}$，平衡时化学反应平衡常数如式（4-1）所示。

$$K = \frac{[\mathrm{C}]^c[\mathrm{D}]^d}{[\mathrm{A}]^a[\mathrm{B}]^b} \tag{4-1}$$

式中，K 可以表示为 K_c（浓度以 mol/L 表示）、K_p（浓度以分压 p 表示），或者 K_N（浓度以摩尔分数表示）。

在低压下，温度对平衡常数的影响可用式（4-2）表示，该式仅与温度有关。

$$\ln K_p = -\frac{\Delta H_r}{RT} + A \tag{4-2}$$

式中，ΔH_r 为反应过程的焓变；T 为相应的温度。对于吸热反应，$\Delta H_r > 0$，T 升高时 K_p 增大；对于放热反应，$\Delta H_r<0$，T 升高时 K_p 减小。需要注意的是，如果是在高压下，则 K 与温度、压力都有关，此时在计算平衡常数和平衡组成时，一般可以用逸度代替分压。

所谓结点法，是指以工艺流程中汇集或分支处为结点，在结点处做相应的衡算。例如，在工艺流程中，当新鲜原料加入循环系统时，物料的混合、溶液的配制、精馏塔顶回流和取出产品处均属于结点。用结点做衡算是一种计算技巧，可使计算简化。

联系组分又称惰性组分，是指在生产过程中随反应物进出系统，但不参与反应的组分。在这种情况下，联系数量总是不变的。如果系统中有数个惰性组分，则可利用其总量作为联系组分。因此，联系组分法相当于提供了一个平衡计算的基准，能够以此为基准进行物料平衡的计算。

例 4-2 利用电石渣生产纳米碳酸钙时，可以使用多种方法，图 4-3 为其中一种设计方案。电石渣的化学组成见表 4-2。假设工程目标为每年生产 2.3 万吨碳酸钙，生产时间为 320 d/a，每日按 24 h 运行；预计电石渣中 $Ca(OH)_2$ 浸取率能够达到 90%，碳化率达到 90%，即 90%的 $Ca(OH)_2$ 可以反应生成碳酸钙。试对该方案做出物料衡算。

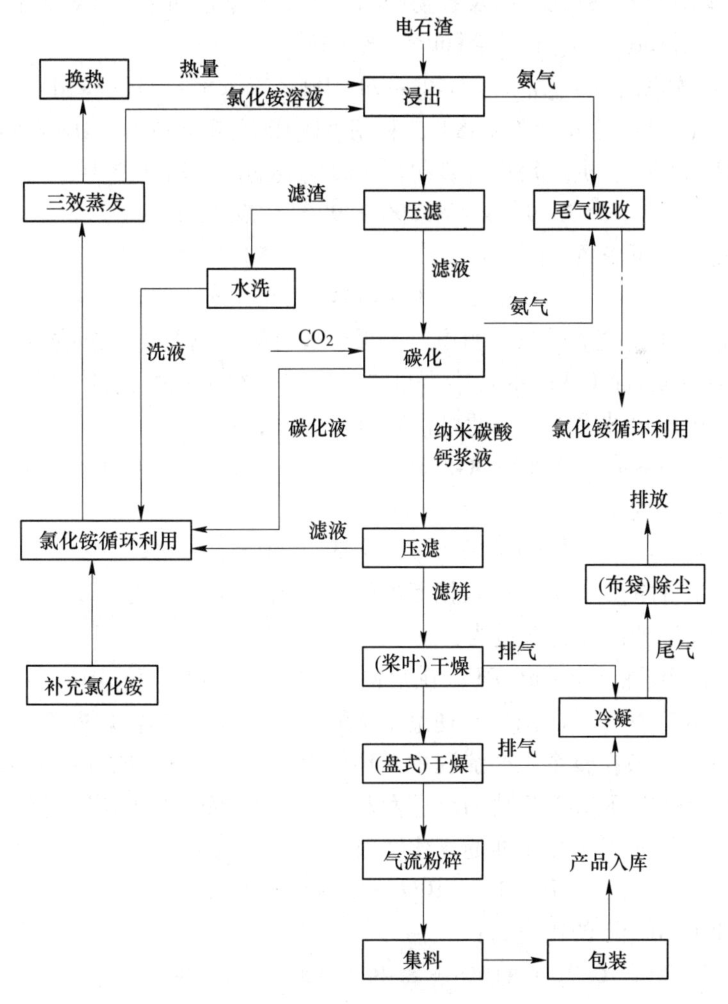

图 4-3 电石渣制备纳米碳酸钙工艺流程

表 4-2 电石渣化学组成 (%)

$Ca(OH)_2$	SiO_2	Al_2O_3	Fe_2O_3	$CaCO_3$	$Mg(OH)_2$	炭渣	其他
84.48	7.9	0.5	0.96	1.96	1.84	1.06	1.3

解：（1）写出该工艺的反应方程式。浸取钙离子的反应方程式为：

$$Ca(OH)_2 + 2NH_4Cl \longrightarrow CaCl_2 + 2NH_3 \cdot H_2O$$

碳化反应方程式为：

$$CaCl_2 + 2NH_3 \cdot H_2O + CO_2 \longrightarrow 2NH_4Cl + CaCO_3 \downarrow + 2H_2O$$

总反应方程式为：

$$Ca(OH)_2 + CO_2 \longrightarrow CaCO_3 \downarrow + H_2O$$

（2）计算所需的电石渣数量。应该达到的纳米碳酸钙日生产能力为：

$$\frac{2.3\text{ 万吨}/a}{320\ d/a} = 71.88\ t/d$$

根据上述的总反应方程式，以及各物质的分子量，可知如果纳米碳酸钙的日生产能力要达到 71.88 t，则 $Ca(OH)_2$ 的供给量就应该达到：

$$M_{Ca(OH)_2}/M_{CaCO_3} \times 71.88 = 74/100 \times 71.88 = 53.19\ t/d$$

电石渣中 $Ca(OH)_2$ 含量为 84.48%，利用 NH_4Cl 溶液浸取 $Ca(OH)_2$ 的效率为 90%，碳化反应的效率为 90%，据此可以计算得出每日需要的电石渣数量为：

$$53.19/84.48\%/90\%/90\% = 77.73\ t/d$$

而一年所需的电石渣数量则为：

$$77.73 \times 320 = 24872.58\ t/a$$

（3）计算所产生的废渣数量。由电石渣成分表可知，电石渣含杂质的含量为 15.52%，利用 NH_4Cl 溶液浸取 $Ca(OH)_2$ 的效率为 90%，在生产纳米碳酸钙的工艺过程中，假设杂质在第一次过滤中即可被去除，因此可估算出废渣数量为：

$$77.73 \times [15.52\% + 84.48\% \times (100\% - 90\%)] = 18.63\ t/d$$

该废渣产生量等同于：

$$18.63 \times 320 = 5961.60\ t/a$$

（4）计算所需的氯化铵数量。根据浸取钙离子的反应方程式，以及各物质的分子量，可算出反应过程所需要的氯化铵量为：

$$2 \times M_{NH_4Cl}/M_{Ca(OH)_2} \times Ca(OH)_2\text{ 供给量} = 2 \times 53.5/74 \times 53.19 = 76.91\ t/d$$

第一次浸取时，可使 NH_4Cl 的用量为理论用量的 110%，以提高浸取效率。

假设 NH_4Cl 浸取液在整个工艺流程中循环使用，通过尾气吸收和洗液循环等手段实现 NH_4Cl 浸取液的整体循环。考虑因 NH_3 挥发及水洗等而导致的 NH_4Cl 的损耗，设定损耗率为 10%。由此，得到每天所需添加的氯化铵数量为：

$$76.91 \times 110\% \times 10\% = 8.46\ t/d$$

因此，每年的 NH_4Cl 的用量为：

$$76.91 \times 110\% + 8.46 \times 320 = 2791.80\ t/a$$

（5）计算 CO_2 的吸收量。根据总反应方程式和各物质的分子量，可知每日能吸收的 CO_2 的量为：

M_{CO_2}/M_{CaCO_3}×纳米碳酸钙日生产能力 = 44×71.88/100 = 31.63 t/d

因此，一年能固定的 CO_2 数量为：

$$31.63 \times 320 = 10122 \text{ t/a}$$

（6）作出物料衡算表。根据上述平衡计算结果，可以作出物料衡算表，见表4-3。

表4-3　物料衡算表　（t）

年消耗电石渣量	年生产废渣量	年消耗氯化铵量	年固定 CO_2 量
24872.58	5961.60	2791.80	10122.00

4.1.3.3　带有循环和旁路过程的物料衡算

带有循环和旁路的过程包括循环过程、弛放过程、旁路及其他复杂过程等。循环过程是指一部分物料返回、循环至前一级操作的过程，其物料衡算一般采用试差法和代数解法两种解法（图4-4）。在带有循环物流的过程中，为了防止惰性组分或杂质在系统中不断积累，需要将一部分循环物料排放，称为弛放过程（图4-5）。当连续弛放过程达到稳态时，惰性组分的排出量就等于惰性组分的进料量，此时可以写出：

料液流量 × 料液中惰性组分浓度 = 弛放物流量 × 指定循环流中惰性组分浓度　（4-3）

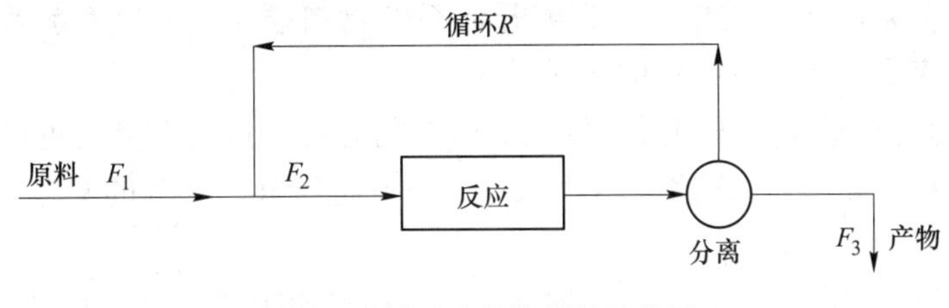

图4-4　循环过程的物料示意图

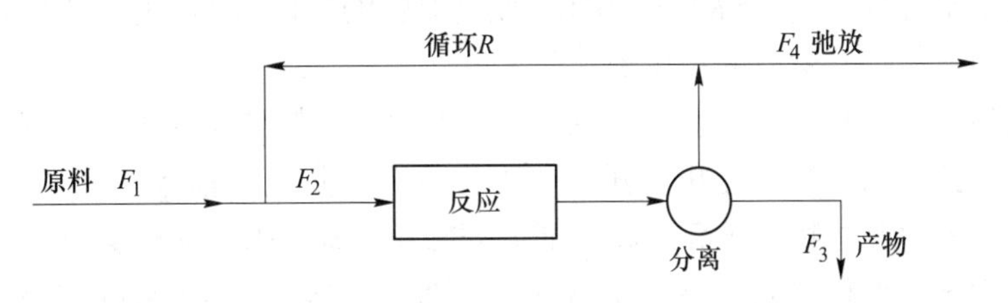

图4-5　弛放过程的物料示意图

旁路是指物流不经某些单元而直接分流至后续工序的操作方法，如图4-6所示。

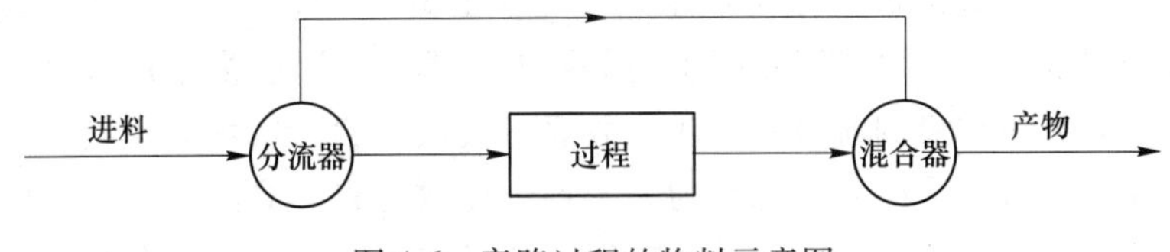

图4-6　旁路过程的物料示意图

4.1.3.4　复杂过程的物料衡算

在实际生产中还存在着一种复杂过程，即在很多情况下，只要任一单元的物流量发生变化，整个过程各单元的物流量就会发生相应的改变。对于这种复杂过程的物料衡算，首先要确定各单元、过程及总平衡的自由度（degree of freedom），其次通过自由度分析确定计算次序，最后按确定的计算次序逐个列方程组求解，最终将未知数求出。

自由度的概念将在 4.1.4.2 节中进行介绍。

4.1.4 物料平衡方程

物料衡算是指利用过程中已知的流量和组成，通过建立独立的方程式，求解未知的物料流量和组成。其中，独立方程式包括物料和组分的衡算式，以及约束式。物料平衡的一般分析就是对衡算系统的设计变量、方程式及系统变量数值的代数关系进行分析，以了解系统的确定性。

4.1.4.1 衡算方程式

在计算物料衡算时，可以建立的方程式包括物料衡算式和约束式等。

其中，物料衡算式包括总物料衡算式、组分衡算式及元素原子衡算式等。

根据质量守恒定律，通过数学式描述生产过程中的物料平衡关系，即为物料平衡方程。在实际生产中，物料平衡方程可以写为式（4-4）的形式。

$$\sum F_0 = \sum D + A + \sum B \tag{4-4}$$

式中，F_0为输入体系的物料质量；D 为离开体系的物料质量；A 为体系内积累的物料质量；B 为“跑冒滴漏”等过程损失的物料质量。

式（4-4）为物料平衡的普遍式，可以对体系的总物料进行衡算，也可以对体系内的任一组分进行衡算。如果体系内发生化学反应，则在进行某一组分的衡算时，需要同时考虑反应消耗或生成的质量。

除了物料衡算式之外，还可以建立约束式，例如每股物料的归一方程（$\sum X_i = 1$）；又如气液或液液平衡方程式（$p_i = KX_i$）、溶解度、恒沸组成等；再如设备约束式，包括各股物料流量比、回流比、萃取时的相比等。

需要注意的是，尽管物料衡算时可建立多个方程式，但是在列出的求解方程组中，所有方程都要求是独立的，这就意味着任一方程都不能是其他方程数学运算的结果。例如，某一求解方程组中含有总物料衡算式和全部组分的衡算式，那么必然会有至少一个方程是不独立的，因为这些方程中的任一方程都为其他衡算方程式数学运算的结果，只有去掉某一方程，其余衡算方程式才是独立方程式。

4.1.4.2 变量及自由度

自由度（degree of freedom）是工业生产中的一个重要概念，它与系统变量有关。所谓变量，是指在物料衡算时，可描述系统平衡关系的物理量，这些物理量包括物流流量和组成。对于描述系统某一物流的流量、组成的数值，其数值的数量称为变量数，很多情况下变量数也等于其组分数。系统变量总数为系统各变量数之和。显然，变量数应是相互独立的。在进行物料衡算之前，必须由设计者赋值的变量称为设计变量。在此情况下，自由度数目 f 就等于该系统各种独立物流变量的总数 N_v减去规定的变量数（设计变量数 N_d），再减去可能建立的独立物料平衡方程式数与其他约束关系式数之和 N_e，如式（4-5）所示。

$$f = N_v - N_d - N_e \tag{4-5}$$

如果进一步细化，设 N_{e1}为系统独立物料衡算式数，N_{e2}为约束关系式数，则式（4-5）

还可以写为式（4-6）的形式。

$$f = N_v - N_d - (N_{e1} + N_{e2}) \tag{4-6}$$

研究一个系统或问题中的独立变量平衡方程和约束式数目之间的代数关系，用以说明系统或问题的确定性，即为自由度分析。

在研究复杂系统时，自由度有助于判断系统的性质。当$f>0$时，表明系统不确定，限制或约束（设计变量数N_d）较少，因此不可能求解出所有的未知变量，有时可能只有部分解。当$f<0$时，表明系统限制或约束（设计变量数N_d）过多，各种限制条件之间可能出现矛盾，因而容易使系统出现矛盾解。这时候，一般可以在求解前去掉多余或误差大的限制条件。只有当$f=0$时，系统恰好做了正确的规定，系统各未知变量才具有唯一解。

如果更具体地解释，即当系统变量总数为N_v、独立方程数为N_e、设计变量数为N_d时，若要使衡算方程组有解，则应满足式（4-7）或式（4-8），否则就会无解或出现矛盾解。

$$N_d = N_v - N_e \tag{4-7}$$

$$N_e = N_v - N_d \tag{4-8}$$

在式（4-8）中，N_v-N_d等同于系统未知变量数，因此式（4-8）的含义为系统未知变量数等于系统独立方程数，此时方程组必然会有唯一解。

当系统变量满足式（4-7）或式（4-8）时，很自然地式（4-5）成立，此时自由度为0。

例 4-3 已知甲醇制造甲醛的反应过程如下式所示：

$$CH_3OH + 1/2O_2 \longrightarrow HCHO + H_2O$$

在该反应中，反应物及生成物均为气态，氧气的来源为空气。假设空气过量了50%，而甲醇转化率可达到80%，试分析该过程的自由度[8,9]。

解：作出甲醇制造甲醛的反应过程物料示意图，如图4-7所示。图中的F代表物料流，字母后的第一个下标1、2、3分别代表甲醇、空气和产物，字母后的第二个下标1~5分别代表物料流中的各个组分。例如，F_1代表甲醇，X_{23}代表进料空气中的氮气含量。

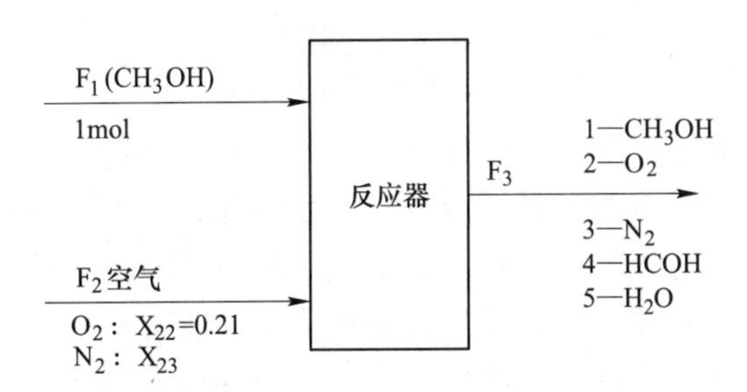

图4-7 甲醇制造甲醛的反应过程物料示意图

根据图4-7，以及甲醇制造甲醛的反应式，可知变量总数为8，即各物流组分数之和；设计变量数为2，即F_1和X_{22}；物料平衡式数为4(C、H、O、N)，约束关系式数则为2（空气过量50%、甲醇转化率80%）。因此，可以写出自由度计算式如下：

$$f = 8 - [2 + (4 + 2)] = 0$$

上式表明该过程的自由度为0。或者，还可以理解为，如果要使该过程自由度为0，就需要设定两个约束关系式；本例已经设定了两个约束关系，即空气过量50%、甲醇转化率达到80%。

根据甲醇制造甲醛反应式的计量关系，进料空气 F_2 中的氧气摩尔数 F_{22} 应该是甲醇量 F_1 的1/2，并且在此基础上还要再过量50%，因此可以写出如下的约束式：

$$F_{22} = 1/2 \times F_1 \times 1.5$$

由于甲醇转化率为80%，所以出料 F_3 中未转化的残余甲醇量 F_{31} 应该符合下述的约束式。

$$F_{31} = (100\% - 80\%) \times F_1 = 0.2F_1$$

4.1.4.3 物料衡算中的常用指标

原材料的消耗定额是评价工艺、生产装置经济合理性的重要指标。对于大多数化学反应过程而言，原材料的成本占产品成本的60%～70%。为了确定原材料的消耗定额，需要对整个工艺有比较全面的了解，尽量减少生产过程中的消耗量。消耗定额包括理论消耗定额和实际消耗定额，理论消耗定额是指根据化学反应式的化学计量关系而算得的消耗定额，实际消耗定额是指考虑了工艺过程中的生产损耗及化学反应过程中副反应的消耗量而算得的消耗定额。

为了评价和计算，工业上常会采用到一些工业指标和概念。例如，限制反应物是指反应物中以最小化学计量存在的反应物。与此同时，限制反应物也可以理解为在反应中首先消耗完全的那一种反应物。当两个或两个以上的反应物进行化学反应时，如果其起始摩尔比与化学计量系数比有所不同，那么其中超过化学计量要求的反应物就称为过量反应物。

如果系统中含有过量的反应物，则其过量百分比（或过量百分数）是指在限制性反应物实现完全转化的情况下，系统中所有反应物过量的量与系统中需要的量之比，如式（4-9）所示。

$$\text{过量百分比} = \frac{\text{输入量} - \text{需要量}}{\text{需要量（与限制性反应物 100\% 反应）}} \times 100\% \tag{4-9}$$

反应完全程度用于衡量反应是否进行完全，如式（4-10）所示。

$$\text{完全反应程度} = \frac{\text{限制反应物的反应量}}{\text{限制反应物的进料量}} \times 100\% \tag{4-10}$$

在生产过程中，常采用一些指标来评价和计算各种反应物的实际用量。转化率 r 是指某一反应物转化的百分率或分率，是反应进行程度的标志。采用另一种说法，即转化率可以认为是参加反应的量占总量的百分数。需要说明的是，转化率针对的是反应物。如果反应物有多种，那么根据不同反应物计算所得的转化率可能有不一样的数值，但其反映的反应程度都是相同的。工业生产中有两类转化率，即单程转化率和总转化率。单程转化率是指进料一次性通过反应器之后的转化率，在此期间不考虑物料的循环。总转化率是最终参加反应的原料与总进料量之比，需要考虑物料的循环情况。

在发生反应的原料中，最终生成目的产物的比例称为选择性 Φ，换言之就是生成主产物所消耗的原料量占原料总耗量的分率。值得注意的是，在大多数情况下，转化率和选择性之间是相互矛盾的。当转化率较高时，反应的选择性往往比较低，反之亦然。

收率 η 是指实际产品量与理论产品量的比值，一般是针对主产物而言的。收率与转化率分别从产物和反应物的角度来衡量生产过程的效率。

综上所述，收率、转化率和选择性之间存在如下的换算关系：

$$收率 = 转化率 \times 选择性 \tag{4-11}$$

4.1.5 物料衡算的基本步骤

由于化工工艺流程是多种多样的，因此物料衡算的具体内容和计算方法也有很多形式。在进行物料衡算工作时，必须遵循设计规范，按步骤和顺序进行，才能有层次地、循序渐进地解决化工问题，从而避免误差，做到规范、迅速、准确，不延误设计工期。通常进行的物料衡算按下述步骤[2]进行：

（1）画出工艺流程示意图。首先要绘制出工艺流程示意图。需要着重考虑物料的进出及走向，且不能遗漏任何与物料衡算有关的内容，所有物料管线不论主辅均须画出，已知的数据也要标明在图上，以便分析，防止出现差错。

（2）列出化学反应方程式。列出工艺过程中的主、副化学反应方程式，明确反应和变化前后的物料组成及各个组分之间的定量关系，为计算做好准备。

（3）确定计算任务。根据工艺流程示意图和化学反应方程式，对每一过程、每一设备的数量、组成及物流走向进行记录分析，进一步明确已知项和待求的未知项，并根据过程的特性，选取合适的数学公式，使计算方法简便，以节省计算时间。

（4）收集数据资料。在确定计算任务之后，要明确收集的数据和资料，包括生产规模和生产时间；消耗定额、收率及转化率；原料、辅助材料、产品及中间产品的规格；与过程计算有关的物理化学常数。数据的来源包括实验室或中试提供的数据、数据生产装置测定的数据、查阅有关手册及专业书籍获得的数据，或者在工程设计计算允许范围内推算或假定的数据。

（5）选择计算基准。在物料衡算过程中，衡算基准选择得当，能够提高计算效率，避免误差。对于连续生产，应以一段时间间隔投料量或生产的产品量为计算基准；对于间歇生产，一般以一釜或一批料的生产周期作为计算基准；当系统在体系介质为固体或液体的情况下时，通常以质量为计算基准；对气体物料进行计算时，通常选用标准体积作为计算基准。

（6）建立物料平衡方程，展开计算。根据以上工作，利用化学反应的关联关系、化学工程的有关理论、物料衡算方程等，列出相关的数学关联式，关联式的数目与该未知项的数量相等。利用计算机进行简捷、快速的计算。

（7）整理并校核计算结果。当计算全部完成后，对计算结果进行认真整理，并列出物料衡算表。通过物料衡算表，可以直观地检验计算的准确性，分析结果组成是否合理，并对其合理性进行判断，提出相应的改进措施。

（8）绘制物料流程图、填写正式物料衡算表。根据物料衡算结果正式绘制物料流程图，并填写正式的物料衡算表。

至此，物料衡算工作基本完成，但需要强调的是，在材料平衡工作结束后，必须对其进行全面的核算。

如果需要求解的问题比较简单，则上述步骤可从简处理。

4.2 能量衡算

化工生产过程的实质是原料在一定的工艺条件下（流量、浓度、温度、压力等）经过各种化学变化和物理变化，最终形成成品的过程。物料从一个体系转移到另一个体系，在发生质量传递的同时也伴随着能量的消耗、释放和转化。在化工生产中，为保证生产在适宜的工艺条件下进行，必须掌握物料进出体系的能量，控制能量的供给速率和放热速率，因此需要对各生产体系进行能量衡算。

4.2.1 能量衡算的目的

工业生产遵循能量守恒的基本规律。在生产过程中，能量的消耗是重要的技术经济指标，也是衡量工艺过程、设备设计、操作制度的先进性和合理性的指标之一。通过能量衡算，可对生产过程做出能量评价，并为新装置或设备的设计提供数据支撑。在新设计的生产车间中，能量衡算能够确定设备的热负荷以及主要工艺参数。在已投产的生产车间中，进行能量衡算能够以最大限度降低单位产品的能耗。

能量衡算可以用于解决以下问题：通过物料输送机械设备的功率大小确定设备的大小、尺寸及型号；通过各单元操作过程所需要的能量及其传递速率，计算换热设备的工艺尺寸；通过系统的温度确定在某一反应温度时所需的热传递速率，为反应器的设计及选择提供参考；利用废热使过程的总能耗降低到最低程度；通过确定总需求能量和能量的费用，评价全过程的经济可行性。

能量平衡计算可以分为两类，包括非化学反应过程和化学反应过程的能量平衡计算。非化学反应过程的能量衡算主要包括流体流动过程、分离过程、传热过程、液体压缩或膨胀过程的能量衡算。对于反应过程的能量平衡，主要是计算反应中需要输入和输出的热，以及反应后各组分的温度等。

能量平衡和物质平衡是密切相关的，除了核反应过程不适合使用能量衡算以外，能量守恒定律是普适的。能量以各种形式存在，如势能、动能、电能、热能、机械能、化学能等。在某些情况下，不同形态的能之间存在着相互转换，但总的能量保持守恒。在讨论能量衡算之前，本节将先讨论与能量衡算相关的物理量，确定各种形式能量的计算方法。

4.2.2 能量衡算的概念

能量守恒定律的一般方程式如式（4-12）所示，该式也是热力学第一定律的表达式之一。

$$\boxed{\text{输出能量}} = \boxed{\text{输入能量}} + \boxed{\text{生成能量}} - \boxed{\text{消耗能量}} - \boxed{\text{积累能量}} \tag{4-12}$$

能量可以表现出多样的形式，例如动能 E，这是物体由于运动而具有的能量。在大多数生产过程中，由于物料的流速较小，因此往往可以忽略其动能。但是，如果物料进出的速度较大，如喷嘴、锐孔等射出的气流或水流，就会具有很大的动能，此时不能忽略。动能的计算式如下：

$$E_k = \frac{1}{2}mv^2 \tag{4-13}$$

式中，m 为质量；v 为速度。

位能 E_p 是物体由于在高度上的位差而具有的能量。由于多数生产转化过程是在地面进行的，因此反应过程的位能往往可以忽略不计。位能的计算式如下：

$$E_p = mg\Delta h \tag{4-14}$$

式中，g 为重力加速度常数；h 为高度。

内能 U 是除了宏观的动能和位能外，物质所具有的能量。物体由于分子的移动、振动、转动，以及分子之间相互吸引或排斥而具有内能。物质的内能是其状态（温度、比体积、压力、组成）的函数，可以计算一个物体的内能，但不能单独计算某个分子的内能。

$$U = f(T, V)$$

$$dU = (\partial U/\partial T)_V dT + (\partial U/\partial V)_T dV \tag{4-15}$$

式中，T 为温度；V 为体积。

由于在多数实际问题中 $(\partial U/\partial V)_T$ 很小，因此式（4-15）的第二项往往可以忽略，此时可以写成下式：

$$dU = \int_1^2 C_p dT \tag{4-16}$$

式中，C_p 为热容。

热量 Q 为物体由于温度差而引起交换的能量。热只有在传输过程中才能表现出来，需要有温差或者温度梯度的存在才能进行传输。一般情况下，系统从外界吸收的热能是正值，向外界释放的热能是负值。

焓 H 是热力学上定义的状态函数，如下式所示：

$$H = U + pV \tag{4-17}$$

式中，p 为压强。

对纯物质，可以写出下式：

$$H = f(p, T) \tag{4-18}$$

$$dH = (\partial H/\partial T)_p dT + (\partial U/\partial p)_T dp \tag{4-19}$$

在多数实际问题中，$(\partial H/\partial p)_T$ 很小，因此式（4-19）的第二项可忽略，可以写成下式：

$$dH = \int_1^2 C_p dT \tag{4-20}$$

功 W 也是能量的形式之一，包括体积功、流动功、机械功等。体积功是指系统体积变化时，由于反抗外力作用而与环境交换的功，如下式所示：

$$W_{体} = \int_1^2 p dV \tag{4-21}$$

流动功是指流体在流动过程中，为推动流体所需的功：

$$W_{流} = \int_1^2 p dV \tag{4-22}$$

机械功是指物系因为旋转、搅拌等，需要环境提供的功，如轴功 W_s。

另外，电能也是一种能量，通常被视为能量平衡方程中的功。

4.2.3 能量平衡方程

能量衡算的依据是能量平衡方程，需要考虑不同形式的物理量或能量，例如热、功、焓和内能等。本节将介绍能量平衡方程的一般形式和不同应用场景下的方程形式。

4.2.3.1 能量平衡方程的一般形式

根据能量守恒定律，任何均相体系在 Δt 内的能量平衡关系，用文字表述如式（4-23）所示[2]。

$$\boxed{\text{体系在 } t+\Delta t \text{ 时的能量}} - \boxed{\text{体系在 } t \text{ 时的能量}} = \boxed{\text{在 } \Delta t \text{ 内通过边界进入体系的能量}} - \boxed{\text{在 } \Delta t \text{ 内通过边界离开体系的能量}} + \boxed{\text{体系在 } \Delta t \text{ 内产生的能量}} \tag{4-23}$$

式中，左边两项为体系在 Δt 内积累的能量。体系在 Δt 内产生的能量是指体系内因核分裂或辐射而产生的能量，由于生产中一般没有核反应，因此这一数值为零，故式（4-23）可简化为式（4-24）。

$$\boxed{\text{体系积累的能量}} = \boxed{\text{进入体系的能量}} - \boxed{\text{离开体系的能量}} \tag{4-24}$$

式（4-24）所示为能量守恒计算时的基本原则，在具体计算时还需要考虑各种不同的实际情况。如果将能量守恒定律应用到热力学上，那么就是热力学第一定律。如果以 U_1、K_1、Z_1 分别表示体系初态的内能、动能和位能，以 U_2、K_2、Z_2 分别表示体系终态的内能、动能和位能，以 Q 表示体系从环境吸收的热量，以 W 表示体系从环境吸收的功，或者是环境对体系所做的功，则很容易推导出该体系从初态到终态单位质量的总能量平衡关系，如式（4-25）或式（4-26）所示。

$$(U_2 + K_2 + Z_2) - (U_1 + K_1 + Z_1) = Q + W \tag{4-25}$$

$$\Delta U - \Delta K - \Delta Z = Q + W \tag{4-26}$$

假设 E 代表体系总能量，即可做出如式（4-27）和式（4-28）所示的简化。

$$E_2 = U_2 + K_2 + Z_2 \tag{4-27}$$

$$E_1 = U_1 + K_1 + Z_1 \tag{4-28}$$

此时，可以写出式（4-29）。

$$\Delta E = Q + W \tag{4-29}$$

式（4-29）是热力学第一定律的数学表达式，它表明体系的能量总变化（ΔE）等于体系所吸收的热量与所吸收的外界的功之和。这一公式广义上称为普遍能量平衡方程，适用于任何均相体系，但应指出的是，热和功只在能量传递过程中出现，而非状态函数。

以式（4-29）为基准，当外界对体系做功时，W 取正值，而当体系对外做功时，W 取负值；当体系从外界吸热时，Q 取正值，而当体系对外界放热时，Q 取负值；当体系的内能增加时，ΔE 取正值，而当体系内能减少时，ΔE 取负值。

值得指出的是，在一些著作中，式（4-29）还有另一种表达形式，如式（4-30）所示[2]。式（4-30）和式（4-29）的实质意义是相同的，形式上的不同之处在于对热、功的流向有着不同的理解。无论形式上有怎样的差异，基于能量守恒的计算都可以认为是准确的。本章以式（4-29）作为能量平衡的基准方程。

$$\Delta E = Q - W \tag{4-30}$$

4.2.3.2 能量平衡方程的应用

对于体系与环境之间既无物质交换，又无能量交换的封闭体系，例如工业上的间歇过程，因为体系无物质流动，所以可忽略动能和位能，此时可以将式（4-31）作为能量平衡的计算方程。对于体系与环境之间有物质交换和能量交换的敞开体系，例如稳态流动的体系，如果忽略动能和位能的变化，则可以写成式（4-32），其中 H 代表流体的焓值。

$$\Delta U = Q + W \tag{4-31}$$

$$\Delta H = Q + W \tag{4-32}$$

在无化学反应系统中，能量平衡方程的形式比较简单。对于物料间的直接或间接换热，如吸收塔、精馏塔、蒸发器、热交换器，在一般情况下其轴功、动能、势能的变化远小于热量的变化，因此可以忽略不计。此时，对于封闭体系，可以写出式（4-33）；对于敞开体系，可以写出式（4-34）。

$$Q = \Delta U \tag{4-33}$$

$$Q = \Delta H \tag{4-34}$$

对于流体输送过程，热能、内能的变化较为次要，而主要的能量损耗来自于轴功，此时的能量衡算需要用到伯努利方程。

对于存在化学反应过程的体系，除了绝热反应过程之外，由于反应热效应的存在，需要从体系中放出或者补充到体系中，所以该过程的能量衡算属于以反应热计算为主的热量衡算。

热量衡算是能量衡算中最为普遍的一种形式。以换热器为例，其做功为零（$W=0$），并且动能、位能可以忽略，此时可以使用式（4-33）和式（4-34）来描述该设备的热量衡算，也就是其能量衡算。

在实际生产过程中，可能会出现几种不同形式的热量或其他能量同时在一个体系中出现的情况。因此，在进行热量衡算之前，需要对体系做出仔细的分析，掌握可能存在的热量形式。在进行热量分析时，首先要确定研究的范围，即确定体系与环境，其次确定体系中存在的热量形式，最后依据能量守恒与转化原理，建立热量或其他能量的平衡方程。

热量衡算的理论依据是热力学第一定律，以能量守恒表达的方程式如式（4-35）所示。

$$\sum Q_{入} = \sum Q_{出} + \sum Q_{损}$$

$$输入量 = 输出量 + 损失量 \tag{4-35}$$

式中，$\sum Q_{入}$为输入设备热量的总和；$\sum Q_{出}$为输出设备热量的总和；$\sum Q_{损}$为损失热量的总和。

对于单元设备的热量衡算，热平衡方程可写成如式（4-36）的形式。

$$Q_1 + Q_2 + Q_3 = Q_4 + Q_5 + Q_6 \tag{4-36}$$

式中，Q_1 为各股物料带入设备的热量；Q_2 为由加热剂或冷却剂传递给设备和物料的热量；Q_3 为过程中的各种热效应（反应热、溶解热等）；Q_4 为各股物料带出设备的热量；Q_5为消耗在加热设备上的热量；Q_6为设备向外界环境散失的热量。在热量衡算时，这些热量的单位一般均采用 kJ。

将式（4-36）按照式（4-35）的形式整理，可以得到式（4-37）~式（4-39）。

$$\sum Q_{入} = Q_1 + Q_2 + Q_3 \tag{4-37}$$

$$\sum Q_{出} = Q_4 + Q_5 \tag{4-38}$$

$$\sum Q_{损} = Q_6 \tag{4-39}$$

在式（4-36）~式（4-39）中，除了 Q_1、Q_4 是正值以外，公式中的每一种数值都有正值、负值两种情况，需要根据具体情况进行具体分析，从而做出正确的判断。另外，为了简化计算，数值较小的热量项可以予以省略，例如式（4-36）和式（4-38）中的 Q_5 一般可忽略。

4.2.3.3 能量衡算的热力学数据

对于能量衡算，需要用到各种物质的热力学数据。这些数据可以从有关手册或图表中查阅，无法查阅的数据可以用经验公式进行估算并校正。以下为一些常用的热力学数据。

水蒸气的热容、焓等热力学数据可以从水蒸气表中得到，该表格包括饱和蒸汽温度表、饱和蒸汽压力表、过热蒸汽表等，统计了不同温度、不同压力条件下的水蒸气性质。在温度和压力的数字区间内，可以采用内插的方法得到相应的数值。

对于热容，计算中常用的是恒压热容 C_p，属于温度的函数，通常用 T 的指数方程经验式表示。固体的热容一般可以从相关手册中查阅到，还可以用柯普定律进行估算。所谓柯普定律（Kopp′s law），是指化合物的 C_p 可以视为化合物中每个元素 C_p 的总和。1819 年，法国科学家杜隆等测定了很多单质的比热容，发现大部分固态单质的比热容与原子量的乘积几乎都相等。1864 年，化学家柯普（H. F. M. Kopp）将这一规律推广到化合物，提出了柯普定律，认为化合物分子热容等于构成该化合物的各元素原子热容的加和值。在20 ℃左右时，柯普定律是估算固体或液体热容的经验方法，其中的元素热容见表 4-4。

表 4-4 柯普定律元素热容数据 (J/(mol · ℃))

元素	固体	液体	元素	固体	液体
C	7.5	11.7	F	20.9	29.3
H	9.6	18.0	P	22.6	31.0
B	11.3	19.7	S	22.6	31.0
Si	15.9	24.3	其他元素	25.9	33.5
O	16.7	25.1			

液体的热容也有类似的算法，对于有机溶液，可以写成下式：

$$C_{p,l} = kM^a \tag{4-40}$$

式中，$C_{p,l}$ 为恒压热容，J/(mol · ℃)；M 为分子量；k 和 a 为常数。不同液体的热容数据见表 4-5。在没有实验数据的情况下，可以用水的比热来近似计算水溶液的比热。

表 4-5 液体有机物的热容数据

有机物	k	a
醇	3.56	-0.1
酸	3.81	-0.152
酮	2.46	-0.0135
酯	2.51	-0.0573
脂肪烃	3.66	-0.113

对于气体和蒸气的热容，其算法也是相似的。理想气体混合物的热容可用下式计算：

$$C_{p,\text{mix}} = \sum_j x_j C_{p,j} \tag{4-41}$$

式中，下标 mix 为混合；下标 j 为组分 j；x 为该组分的摩尔分数。

平均热容为热容相对于某温度区间的平均值，由下式定义：

$$C_{p,\mathrm{m}} = \frac{\int_{t_1}^{t_2} C_p \mathrm{d}T}{t_2 - t_1} \tag{4-42}$$

平均热容值与参考温度区间的选定有关，该数值可查阅各类手册。

手册中查得的热容数据一般是基于理想气体状态的。如果需要计算不同温度下理想气体的热容数值，则可以使用如下的方程：

$$C_p^0 = a + bT + cT^2 + dT^3 + eT^4 \tag{4-43}$$

式中，参数 a、b、c、d、e 可查阅相关的手册。低压时，理想气体的数据可用于真实气体，能够得到较为准确的计算结果。

4.2.4 能量衡算的基本步骤

在资源循环工程中一般不会涉及核变能量等现象，所以衡算主要是指热量衡算。工程上进行热量衡算时，首先以单位时间为标准，绘制物料流程图或平衡表，确定热量平衡范围；其次在物料流程图上标明温度、压力、相态等已知条件；然后选定温度，根据物料的变化和流向，列出热量衡算式，求出未知值；最后整理并校核计算结果，列出热量平衡表。

进行热量衡算时，可以借鉴如下几点经验：首先，热量衡算要根据物料的变化和走向，根据热量守恒定律计算热量间的关系；其次，在收集相关的物理资料时，通常利用比热容和蒸发热量计算潜热，也可利用焓值进行计算；再次，需要认真查找相关数据，并分析、筛选数据的正确性和可靠性，必要时可根据实际情况来测定。根据热量衡算，可以算出传热设备的传热面积。一般地，若采用定型设备，则换热器的实际传热面积要略大于工艺计算得出的传热面积。对于间歇操作设备，其传热量 Q 是随时间变化的，此时可以用不均衡系数把装置的热负荷由“kJ/台”换算为“kJ/h”，其换算公式如式（4-44）所示。

$$Q(\mathrm{kJ/h}) = (Q_2 \times \text{不均衡系数})/(\mathrm{h/台}) \tag{4-44}$$

式中，热负荷 Q_2 为间歇设备在运行的全过程中的最大负荷阶段的热负荷数值。

在实际生产中，一个换热系统、一个车间、一个工厂或联合企业应该力求达到热量平衡的状态，即达到系统热量平衡。计算系统热量平衡的基本原则仍然是能量守恒定律，也就是进入系统的热量、系统所耗的热量和损失热量总和。

计算系统热量平衡的作用在于为工艺和设备提供参考数据。一方面，通过对整个系统的能源均衡进行分析，可以得到能源的整体利用率，检验流程设计时所建议的能量回收方案及能源循环设备的合理性；另一方面，通过各设备加热或冷却利用量的计算，把各设备的水、电、汽（气）、燃料的用量进行汇总，得到每吨产品的动力消耗定额，即每小时、每昼夜的最大用量以及年消耗量等。动力消耗包括自来水（一次水）、循环水（二次水）、冷冻盐水、蒸汽、电、石油气、重油、氮气、压缩空气等，消耗量根据设备计算的能量平衡部分及操作时间求出。系统热量的平均计算步骤与上述的热量衡算计算步骤是一致的。

得到动力消耗定额后，应绘制相应的表格，见表4-6。

表4-6　动力消耗定额

序号	动力名称	规格	每吨产品消耗定额	每小时消耗量		每昼夜消耗量		每年消耗量	备注
				最大	平均	最大	平均		
1	2	3	4	5	6	7	8	9	10

4.2.5　计算举例

例4-4　用绝压为0.196 MPa、温度为140 ℃的过热蒸汽，直接将25 ℃的水加热到80 ℃，水的流量为1000 kg/h，计算过热蒸汽用量[1]。

解：取加热器为衡算体系，如图4-8所示。其中，F_1 为25 ℃水流量，H_1 为25 ℃水焓流量，F_2 为过热蒸汽流量，H_2 为过热蒸汽焓流量，F_3 为80 ℃水流量，H_3 为80 ℃水焓流量。

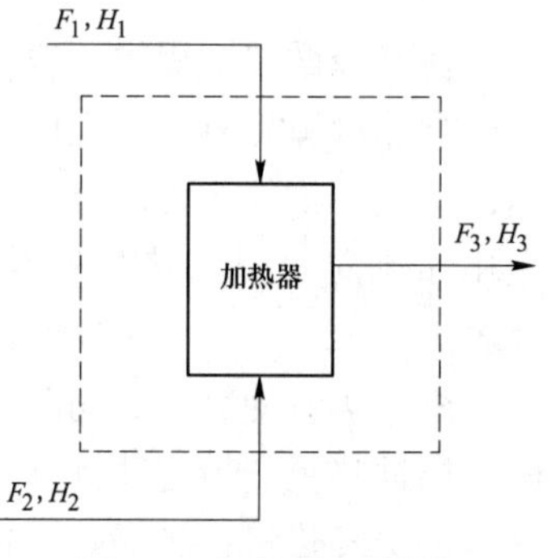

图4-8　加热器流程图

取 $F_1 = 1000$ kg/h 为物料衡算基准，得物料衡算式：

$$F_3 = F_1 + F_2 = 1000 + F_2$$

以0 ℃水为焓的基准态。水的比热容为4.186 kJ/(kg·K)，0.196 MPa、140 ℃过热蒸汽的比焓为2747.27 kJ/kg。

各物流的焓流量：

25 ℃水：

$$H_1 = 1000 \times 4.186 \times 25 = 104.65 \times 10^3 \text{ kJ/h}$$

过热蒸汽：

$$H_2 = 2747.27F_2 \text{ kJ/h}$$

80 ℃水：

$$H_3 = (1000 + F_2) \times 4.186 \times 80 = 334.88 \times 10^3 + 334.88F_2 \text{ kJ/h}$$

热平衡式为：

$$H_1 + H_2 = H_3$$

即

$$104.65 \times 10^3 + 2747.27F_2 = 334.88 \times 10^3 + 334.88F_2$$

解方程，得过热蒸汽用量：

$$F_2 = 95.4 \text{ kg/h}$$

例4-5　已知苯乙烯和聚苯乙烯的平均热容如表4-7所示。

表4-7　苯乙烯和聚苯乙烯的平均热容　(kJ/(kg·K))

T/℃	苯乙烯	聚苯乙烯
50	1.742	1.457
145	2.479	3.119

注：基准状态为101.3 kPa、25 ℃。

聚苯乙烯的生产过程是在等温条件下，在一组带有搅拌器的聚合釜中进行反应，操作条件见表4-8。

表4-8 聚苯乙烯反应操作条件

聚合釜	$t_{进}$/℃	$t_{出}$/℃	聚合度/%	时间/h
Ⅰ	50	145	48	2
Ⅱ	115	160	75	2
Ⅲ	160	180	90	2

试以1 t苯乙烯原料为基准，对第一级聚合釜做热量衡算。

解：聚合反应为：

$$nC_6H_5CHCH_2 \longrightarrow [C_6H_5CHCH_2]_n + 68700\ \mathrm{kJ/mol}$$

此时，进入第一级聚合釜的能量 $Q_{入}$ 为：

$$Q_{入} = 1000 \times 1.742 \times 50 = 87100\ \mathrm{kJ}$$

而流出第一级聚合釜的能量 $Q_{出}$ 为：

$$Q_{出} = 0.48 \times 1000 \times 3.119 \times 145 + (1 - 0.48) \times 1000 \times 2.479 \times 145 = 403999\ \mathrm{kJ}$$

由于反应器是通过分子量为104的单体反应热实验数据获得的，因此释放出的反应热 Q_r 为：

$$Q_r = 0.48 \times 1000 \times 68700/104 = 317077\ \mathrm{kJ}$$

故可得：

$$Q_{损} = Q_{入} + Q_r - Q_{出} = 87100 + 317077 - 403999 = 178\ \mathrm{kJ}$$

例4-6 根据例3-1，做出相应的物料衡算和热量衡算。

解：在本例中，需要综合性地做出物料衡算和热量衡算。

（1）物料衡算。首先，假设以每小时为衡算基准。算出每小时的产盐量 G 为：

$$G = 100000/(300 \times 24) = 13.89\ \mathrm{t/h}$$

令 c_{NaCl} 为饱和卤水中NaCl的质量百分含量，则根据表3-1可得：

$$c_{NaCl} = 287.80/1190 \times 100\% = 24.18\%$$

假设回收率 N 为90%，S 为单位耗卤量，c_p 为产品中氯化钠含量值99.10%，则可以写出 $N \times c_{NaCl} \times S = c_p \times G$，由此可得：

$$S = \frac{c_p G}{N c_{NaCl}} = \frac{0.9910 \times 13.89}{0.9 \times 0.241849} = 63.23\ \mathrm{t/h}$$

下面开始计算总蒸发水量 W。在本例中，可以把盐矿水采卤看作饱和卤水，这样得到：

$$\frac{W}{G} \approx \frac{B_w}{B_g}$$

式中，B_w 为卤水的水含量；B_g 为产品盐中氯化钠的含量，按干基组成进行计算。假设 B_w 和 B_g 的单位均为 $\mathrm{kg/m^3}$。

如果再把各种损失计算进去，则有：

$$\frac{W}{G} = m\frac{B_w}{B_g}$$

式中，m 为损失系数，可根据如下的经验公式进行计算：

$$m = \frac{(1 + B_1 - B_2)B_g}{m_1 m_2}$$

式中，B_1 为加入的洗水量，取 1%~3%；B_2 为湿盐含水量，其值为 3%~5%；m_1 为蒸发过程的回收率，通常可取为 96%；m_2 为干燥过程的回收率，通常可取为 97%。在此情况下，可得：

$$m = [(1 + B_1 - B_2)B_g]/(m_1 m_2) = (1 + 1\% - 4\%) \times 99.1\%/(96\% \times 97\%) = 1.0323$$

按经验，把 m 值取为 1.03。

根据质量守恒关系，可估算盐矿水采卤中水的含量为：

$$1190 - 287.8 - 1.67 - 0.81 - 4.75 = 894.97 \text{ g/L}$$

则总蒸发水量可估算为：

$$W = 894.7 \times 13.88889 \times 1.03/287.8 = 44.47 \text{ t/h}$$

继续计算，将写出各效排盐浆量 G_n 的计算式，其中下标 n 代表第 1~4 效。此时，假设各效的固液比 θ_n 均为 1∶1，W_n 为各效蒸发水量。由于例 3-1 为平流进料、平流排料，则有：

$$\frac{G_n}{W_n} = \frac{G}{W} = \frac{13.89}{44.47} = 0.31$$

这样就有：

$$G_n = \frac{G}{W} W_n = 0.31 W_n$$

在此基础上，可继续写出各效进卤量 S_n 的计算式。由于是平流进料、平流排料，则有：

$$S_n = \frac{S}{W} W_n = \frac{63.23}{44.47} \times W_n = 1.42 W_n$$

设 J_n 为各效的排盐浆量，则根据物料守恒原则可知：

$$S_n = J_n + W_n$$

则：

$$J_n = S_n - W_n = 0.42 W_n$$

另外，还可以写出进料卤水的总量 S 为：

$$S = S_1 + S_2 + S_3 + S_4$$

综合以上的物料衡算结果，可以写出如表 4-9 所示的参数表。

表 4-9 物料衡算参数表

效数	Ⅰ效	Ⅱ效	Ⅲ效	Ⅳ效
各效蒸发水量 W	W_1	W_2	W_3	W_4
各效产盐量 G	$0.31W_1$	$0.31W_2$	$0.31W_3$	$0.31W_4$
各效排盐浆量 J	$0.42W_1$	$0.42W_2$	$0.42W_3$	$0.42W_4$
各效进卤量 F	$1.42W_1$	$1.42W_2$	$1.42W_3$	$1.42W_4$

在此基础上，可以写出如下的物料衡算式组：

对于每效蒸发室，有 $F_n = W_n + J_n$

闪发器 1 $D_1=D_1^1+D_1^2+D_2'$

闪发器 2 $D_1^2+D_2'=D_2^1+D_2^2+D_3'$

闪发器 3 $W_1+D_1^1=D_3^1+D_3^2$

闪发器 4 $W_1+W_2+D_1-D_2^2=D_4^1+D_4^2+D_4'$

对于各效加热蒸汽，还可以写出如下的方程式组：

Ⅱ效 $D_2=W_1+D_1^1$

Ⅲ效 $D_3=W_2+D_3^1+D_2^1$

Ⅳ效 $D_4=W_3+D_4^1$

另外，还可写出总蒸发水量为：

$$W = W_1 + W_2 + W_3 + W_4$$

(2) 热量衡算。首先，设定操作条件。按经验，假设各效沸点升及温差损失见表4-10。

表 4-10 各效沸点升及温差损失 (℃)

效数	Ⅰ效	Ⅱ效	Ⅲ效	Ⅳ效
沸点升	10	9	8	7
温差损失	2.5	3	3.5	4

根据经验，可以假设第一效加热生蒸汽压力为 0.392 MPa，并假设末效二次蒸汽的压力为 0.01029 MPa，此时可根据如下的经验公式进行压力分配：

$$p_0 = 0.392\ \text{MPa}$$

$$p_1 = 0.5p_0 = 0.5 \times 0.392 = 0.196\ \text{MPa}$$

$$p_2 = 0.5p_1 = 0.5 \times 0.196 = 0.098\ \text{MPa}$$

$$p_3 = 0.35p_2 = 0.35 \times 0.098 = 0.0343\ \text{MPa}$$

$$p_4 = 0.3p_3 = 0.3 \times 0.0343 = 0.01029\ \text{MPa}$$

由此可以假定系统操作参数表，见表 4-11。

表 4-11 系统操作参数表

项目		Ⅰ效	Ⅱ效	Ⅲ效	Ⅳ效
加热室	蒸汽压力/MPa	0.392	0.196	0.098	0.0343
	蒸汽温度/℃	142.9	118.56	93.8	69.16
	蒸汽焓值/kJ·kg^{-1}	2741.48	2708.23	2668.05	2627.431
	蒸汽潜热/kJ·kg^{-1}	2140.112	2206.81	2271.35	2321.445
蒸发室	蒸汽压力/MPa	0.196	0.098	0.0343	0.01029
	蒸汽温度/℃	119.56	94.8	70.16	45.76
	蒸汽焓值/kJ·kg^{-1}	2708.23	2668.05	2627.431	2579.06
	蒸汽潜热/kJ·kg^{-1}	2206.81	2271.35	2321.445	2387.91

续表 4-11

项目	Ⅰ效	Ⅱ效	Ⅲ效	Ⅳ效
沸点升/℃	10	9	8	7
温度损失/℃	205	3	3.5	4
各效沸点/℃	129.56	103.8	78.16	52.76
有效温差/℃	13.34	14.76	15.64	16.4
热损失率 η/%	5	4	3	3

此外，还可写出蒸发器的操作参数，见表 4-12。

表 4-12 蒸发器操作参数表 (kg/h)

项目	Ⅰ效	Ⅱ效	Ⅲ效	Ⅳ效
加热蒸汽（冷凝水）量	D_1	$W_1+D_1^1$	$W_2+D_3^1+D_2^1$	$W_3+D_4^1$
蒸发水量	W_1	W_2	W_3	W_4
排盐浆量	J_1	J_2	J_3	J_4
进料量	F_1	F_2	F_3	F_4
额外蒸汽取出量		D_2'	D_3'	D_4'

同时，写出闪发器和预热器的操作参数，见表 4-13。

表 4-13 闪发器和预热器的操作参数表

项目		Ⅰ效	Ⅱ效	Ⅲ效	Ⅳ效
闪发器	进入冷凝水量/kg·h^{-1}	D_1	$D_1^2+D_2'$	D_2	$D_3+D_3^2+D_3'$
	产生蒸汽量/kg·h^{-1}	D_1^1	D_2^1	D_3^1	D_4^1
	产生冷水量/kg·h^{-1}	D_1^2	D_2^2	D_3^2	D_4^2
	进料量/kg·h^{-1}	F_0	F_0-F_4	$F_0-F_4-F_3$	$F_0-F_4-F_3-F_2$
	进入温度/℃	T_0	t_1	t_2	t_3
	排出温度/℃	t_1	t_2	t_3	t_4
预热器	预热介质量/kg·h^{-1}	$W_3+D_4^1+D_4^2+D_4'$	D_2'	D_3'	D_4'
	进入/排出温度/℃	$(T_3-1)/t_n$	$(T_3-1)/(T_3-1)$	$(T_2-1)/(T_2-1)$	$(T_3-1)/(T_3-1)$
	物料进/出温度/℃	t_0/t_1	t_1/t_2	t_2/t_3	t_3/t_4

综上，可以根据蒸发工艺流程，写出热量衡算式组如下：

Ⅰ效蒸发器 $0.95(D_1I_0 + F_1c_{p卤}t_4 + G_1\theta) = W_1I_1 + D_1c_水T_0 + J_1c_1t_1$

Ⅱ效蒸发器 $0.96(D_2I_1 + F_2c_{p卤}t_3 + G_2\theta) = W_2I_2 + D_2c_水T_1 + J_2c_2t_2$

Ⅲ效蒸发器 $0.97(D_3I_2 + F_3c_{p卤}t_2 + G_3\theta) = W_3I_3 + D_3c_水T_2 + J_3c_3t_3$

Ⅳ效蒸发器 $0.97(D_4I_3 + F_4c_{p卤}t_1 + G_4\theta) = W_4I_4 + D_4c_水T_3 + J_4c_4t_4$

闪发器Ⅰ $0.95D_1c_{p水}T_1 = D_1^2c_水(T_1 - 1) + D_1^1I_1$

闪发器Ⅱ $0.95(D_1 + D_2')c_{p水}(T_1 - 1) = D_2^2c_水(T_2 - 1) + D_2^1I_2$

闪发器Ⅲ $0.95D_2c_{p水}(T_1 - 1) = D_3^2c_{p水}(T_2 - 1) + D_3^1I_2$

闪发器Ⅳ $0.95(D_3 + D_3^2 + D_3^1)c_{p水}(T_2 - 1) = D_4^2c_{p水}(T_3 - 1) + D_4^1I_3$

预热器Ⅰ　$0.98(D_4 + D_4^2 + D_4')c_{p水}(T_3 - 1 - t_n) = F_0 c_{p卤}(t_1 - t_0)$

预热器Ⅱ　$0.98D_4' c_{p水} I_3 = (F_0 - F_4) c_{p卤}(t_2 - t_1)$

预热器Ⅲ　$0.98D_3' c_{p水} I_2 = (F_0 - F_4 - F_3) c_{p卤}(t_3 - t_2)$

预热器Ⅳ　$0.98D_2' c_{p水} I_1 = F_1 c_{p卤}(t_4 - t_3)$

例 4-7　在例 4-6 中，通过编程来求解物料与热量衡算式组，其程序及其计算结果见附录 1。假设附录 1 的计算结果是可行的，试编制例 4-6 的物流表。

解：物流表见表 4-14。

表 4-14　四效蒸发制盐工艺的物流表

物流号	名称	流量 /kg·h⁻¹	温度 /℃	压力 /kPa	NaCl /%	$CaSO_4$ /%	$MgSO_4$ /%	H_2O /%	密度 /kg·m⁻³
1	生蒸汽	14185	145	401					0.9634
2	Ⅰ效平衡桶蒸汽		145	401					0.9634
3	闪发器Ⅰ闪发汽	229.8	145	401					0.9634
4	Ⅰ效蒸发水	127643	119.0	196					0.9520
5	预热器Ⅰ加热汽	711.4	119.0	196					0.9520
6	Ⅱ效加热汽	12004.1	118.0	196					0.9520
7	闪发器Ⅱ闪发汽	533.8	95	85					0.9615
8	闪发器Ⅲ闪发汽	42.6	70.2	33					0.9823
9	Ⅱ效蒸发水	11103.3	93.8	85					0.9823
10	预热器Ⅱ加热汽	500.3	93.8	85					0.9520
11	Ⅲ效加热汽	11620.6	93.8	85					0.9515
12	闪发器Ⅳ闪发汽	147.2	70.2	33					0.9823
13	Ⅲ效蒸发水	10381.3	70.16	33					0.9823
14	Ⅳ效加热汽	10528.5	69.16	33					0.9823
15	预热器Ⅲ加热汽	915.0	70.16	33					0.9823
16	Ⅳ效蒸发汽	10336.2	46.1	11.05					0.9960
17	Ⅰ效冷凝水	14185	145	401					1050
18	Ⅰ效平衡桶水		145	401					1050
19	闪发器Ⅰ闪发水	13720.5	119.0	196					1030
20	预热器Ⅰ冷凝水	711.4	119.0	196					1030
21	闪发器Ⅱ进水	14431.9	119.0	196					1030
22	闪发器Ⅱ出水	13940.2	93.8	85					1000
23	Ⅱ效冷凝水	12510.5	118.5	196					1030
24	闪发器Ⅲ闪发水	13940.2	70.16	33					1000
25	预热器Ⅱ冷凝水	500.3	93.8	85					1000
26	闪发器Ⅳ进水	12485.1	70.16	33					1000
27	Ⅲ效冷凝水	11620.6	93.8	85					1000
28	预热器Ⅲ冷凝水	915.0	69.16	33					1000

续表 4-14

物流号	名称	流量 /kg·h^{-1}	温度 /℃	压力 /kPa	NaCl /%	$CaSO_4$ /%	$MgSO_4$ /%	H_2O /%	密度 /kg·m^{-3}
29	闪发器Ⅳ出水	9510.5	69.16	33					1000
30	预热器Ⅳ进水	14150.0	69.16	33					1000
31	Ⅳ效冷凝水	9.4263	68.16	33					1000
32	预热器Ⅳ出水	14150.0	36.1	33					1000
33	冷凝水	18260.1	36.1						1000
34	冷凝水	1668.08	80	401					1050
35	冷凝水	1668.08	80	401					1050
36	冷凝水	1668.08	80	401					1050
37	循环水	10027	20	101					1000
38	循环水	10027	20	101					1000
39	生产废水		20	101					1000
40	循环水	1641.6	20	101					1000
41	循环水	1641.6	20	101					1000
42	循环水	1641.6	20	101					1000
43	卤水	90509.1	20	101	24.2	0.4	0.06	75	1190
44	卤水	90509.1	20	101	24.2	0.4	0.06	75	1190
45	卤水	90509.1	20	120	24.2			75	1190
46	卤水	90509.1	20	101	24.2			75	1190
47	卤水	90509.1	20	101	24.2			75	1190
48	卤水	63234.3	40	101	24.2			75	1190
49	Ⅳ效进卤	14659.6	40	101	24.2			75	1190
50	卤水	48574.7	40	101	24.2			75	1190
51	卤水	48574.7	63.16	101	24.2			75	1190
52	Ⅲ效进卤	14.7235	63.16	101	24.2			75	1190
53	卤水	33851.2	63.16	101	24.2			75	1190
54	卤水	33851.2	89.9	101	24.2			75	1190
55	Ⅱ效进卤	15747.9	89.9	101	24.2			75	1190
56	卤水	18103.3	89.9	101	24.2			75	1190
57	Ⅰ效进卤	18103.3	103	101	24.2			75	1190
58	洗盐卤水	27274.8	20	101	24.2			75	1190
59	母液	25361.3	25	101					1190
60	增稠顶流		47						1190
61	增稠顶流		47						1190
62	母液	27780	47						1190
63	增稠顶流	2310.3	30						1190
64	母液	29080.3	30						1190

续表 4-14

物流号	名称	流量 /kg · h^{-1}	温度 /℃	压力 /kPa	NaCl /%	$CaSO_4$ /%	$MgSO_4$ /%	H_2O /%	密度 /kg · m^{-3}
65	盐浆	5339	129.5	196	62.1			37	1502.5
66	盐浆	4644.4	103.8	93	62.1			37	1502.5
67	盐浆	4342.3	78.16	33	62.1			37	1502.5
68	盐浆	4323.4	52.76	11.5	62.1			37	1502.5
69	盐浆	18649.09			62.1			37	1502.5
70	盐浆	18649.09			62.1			37	1502.5
71	盐浆	18649.09			62.1			37	1502.5
72	盐浆	20000.3			43.15				
73	增稠流		30						
74	增稠流		30						
75	增稠流		30						
76	湿盐	13500	30						
77	干盐	13889	60		99.1			0.3	
78	放空气		20	101					0.029
79	热风机进气	500.3	20	101					0.029
80	冷风机进气	201.7	20	101					0.029
81	放空气	702	60	101					0.029

例 4-8 参照例 3-3，当利用含钠光卤石（carnalite，Car）加水分解制取 KCl 时，为了提高 KCl 收率，对光卤石加水完全分解工艺进行相图分析和物料衡算。已知原料光卤石的组成情况见表 4-15。

表 4-15 含钠光卤石原料的组成 （%）

组成	KCl	$MgCl_2$	NaCl	H_2O
湿基质量含量	15.13	26.26	26.68	31.93
干基质量含量	22.30	38.20	39.08	46.02

在实际生产中，为了回收精钾母液中的钾，一般将离心后的精钾母液循环回用，用于冷分解原矿。已知条件包括：洗涤精钾母液 $W'_{O(N)}$ 返回量为 9.52 kg/h，粗钾泡沫固相组成（I 点）为 W_{KCl} 占 90%、W_{NaCl} 占 10%，尾盐浆料固相组成（J 点）为 W_{KCl} 占 2.90%、W_{NaCl} 占 97.10%；粗钾泡沫经过滤母液后，滤饼 N 含母液量为 20%，即 $W_{E(N)}:W_I=2:8$；洗涤料浆经离心分离后精钾含水量为 6%；浮选中粗钾泡沫（K 点）的湿基液固比例为 $W_{E(K)}:W_I=3:1$。假设当地生产气温为 15 ℃，要求产出的钾肥产品中 KCl≥93%。

假设分解母液组成见表 4-16，精钾母液组成见表 4-17。

表 4-16 分解母液组成 (%)

组成	KCl	$MgCl_2$	NaCl	H_2O
湿基质量含量	2.95	25.39	1.90	69.76
干基质量含量	10.76	83.31	5.85	222.66

表 4-17 精钾母液组成 (%)

组成	KCl	$MgCl_2$	NaCl	H_2O
湿基质量含量	7.37	7.99	13.21	71.43

解： 以 100 kg/h 原矿为计算基准，设 W_0 为分解加水量，$W_{M(M_0)}$ 为光卤石原矿加入量，W_E 为分解母液量，$W_{a(H)}$ 为分解浆料中固相 KCl 量，$W_{b(H)}$ 为分解浆料中固相 NaCl 量。据此，可作出如图 4-9 所示的分解工艺示意图。

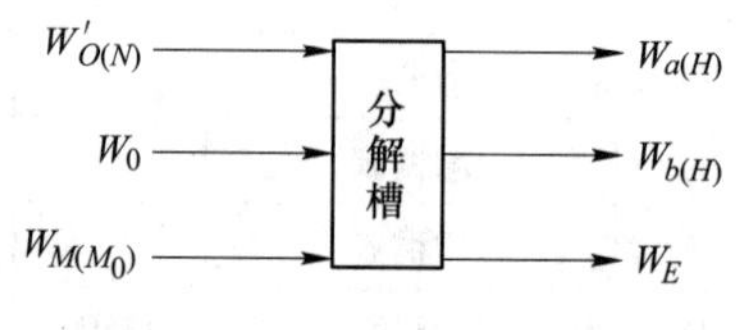

图 4-9 分解工艺示意图

由题意可知：

$$W_{M(M_0)} \cdot x_{n,M(M_0)} + W_0 \cdot x_{n,0} + W'_{O(N)} \cdot x_{n,O(N)'} = W_E \cdot x_{n,E} + W_{a(H)} \cdot x_{n,a(H)} + W_{b(H)} \cdot x_{n,b(H)}$$

式中，x_n为某一组分的质量百分含量，其中 n 可以分别代表 KCl、$MgCl_2$、NaCl、H_2O 等。x_n的值可以从表 4-15~表 4-17 中查得。例如，当 n 代表 KCl 时，$x_{n,M(M_0)}$ 即为 $x_{KCl,M(M_0)}$，表示光卤石原矿中 KCl 的百分含量，即表 4-15 中的 15.13%。

所以，上式的含义为对于任何一种组分来说，即分别对于 KCl、$MgCl_2$、NaCl 或者 H_2O 来说，在分解过程中，其质量都是守恒的。

根据上式，可以写出任何一种组分的衡算式，如下所示：

KCl $100 \times 15.13\% + 9.5211 \times 7.37\% = W_E \times 2.95\% + W_{a(H)} \times 100.00\%$

$MgCl_2$ $100 \times 26.26\% + 5211 \times 7.99\% = W_E \times 25.39\%$

NaCl $100 \times 26.68\% + 9.5211 \times 13.21\% = W_E \times 1.90\% + W_{b(H)} \times 100.00\%$

H_2O $100 \times 31.93\% + 9.5211 \times 71.43\% + W_0 \times 100.00\% = W_E \times 69.76\%$

因此，当原矿恰好完全分解时可以求得：

$W_E = 106.42$ kg/h

$W_0 = 35.51$ kg/h

$W_{a(H)} = 12.66$ kg/h

$W_{b(H)} = 25.92$ kg/h

$W_H = W_{a(H)} + W_{b(H)} = 12.66 + 25.92 = 38.58$ kg/h

例 4-9 针对例 4-8 的冷分解—正浮选工艺，试对其浮选过程做物料衡算。

解： 设 $W_{a(I)}$ 为 I 点的 KCl 量，$W_{a(J)}$ 为 J 点的 KCl 量，$W_{b(I)}$ 为 I 点的 NaCl 量，$W_{b(J)}$ 为 J 点的 NaCl 量，其单位均为 kg/h。

参照 3.2.1 节中图 3-5 和表 3-4 的工艺路线分析，及其各相点的字母含义，作出示意图如图 4-10 所示。

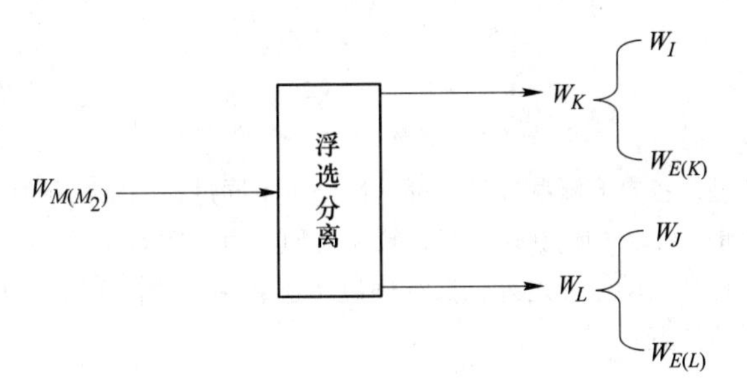

图 4-10　浮选过程示意图

依据物料衡算，可知：

$W_{a(I)} + W_{a(J)} = W_{a(H)}$

$W_{b(I)} + W_{b(J)} = W_{b(H)}$

$W_{a(I)} + W_{a(J)} = 12.66\ \text{kg/h}$

$W_{b(I)} + W_{b(J)} = 25.92\ \text{kg/h}$

$W_{a(I)} : W_{b(I)} = 90:10$

$W_{KCl} : W_{NaCl} = W_{a(J)} : W_{b(J)} = 2.90:97.10$

由此得到：

$W_{a(I)} = 11.96\ \text{kg/h}$

$W_{a(J)} = 0.73\ \text{kg/h}$

$W_{b(I)} = 1.33\ \text{kg/h}$

$W_{b(J)} = 24.59\ \text{kg/h}$

因此可得粗钾泡沫产量为：

$$W_K = 4 \times (W_{a(I)} + W_{b(I)}) = 4 \times (11.96 + 1.33) = 53.16\ \text{kg/h}$$

尾盐浆料分解母液产量为：

$$W_{E(L)} = W_E - 3 \times (W_{a(I)} + W_{b(I)}) = 106.42 - 3 \times (11.96 + 1.33) = 66.56\ \text{kg/h}$$

尾盐浆料产量为：

$$W_L = W_{E(L)} + (W_{a(J)} + W_{b(J)}) = 66.56 + (0.73 + 24.59) = 91.88\ \text{kg/h}$$

本 章 小 结

物料与能量平衡计算是后续设备选型、车间布置、经济概算等各步设计的基础，在工程设计过程中起到了很重要的作用。

在无反应过程、反应过程、带有循环和旁路过程、复杂过程等不同的生产模式中，物料衡算可以采用时间、质量或体积的计算基准，依据“进料质量=出料质量+损失物料+积累物料”的原则，建立物料平衡方程式，进行平衡计算。在普通的生产过程中，热量衡算是能量衡算的主要形式，一般可认为体系所积累的能量等于进入体系与离开体系的能量之差。在进行能量衡算时，以单位时间为标准，绘制物料流程图或平衡表，确定热量平衡范围，分析温度、压力、相态等已知条件，列出热量衡算式，最后整理并列出热量平衡表。

习 题

4-1 物料衡算分为哪些类型，各自有哪些衡算特征？试分析不同过程的物料衡算方程式存在哪些差异。

4-2 能量衡算的一般形式是什么，如何获取能量衡算所需的热力学数据？

4-3 除了本章介绍的平衡计算辅助工具之外，试举例说明还有哪些软件可以用于平衡计算，是否有云计算软件能够被用于平衡计算。

5 设 备 选 型

本章提要：

（1）了解设备选型的依据、方法和步骤。

（2）掌握泵、气体输送与压缩、换热设备、储罐容器、塔设备、反应器、液固分离设备、干燥设备等的特性及选型方法。

工艺设备的设计与选型是以物料衡算和热量衡算为依据进行的，其目的是确定工艺设备的类型、规格、主要尺寸和台数，从而为车间布置设计、施工图设计及非工艺设计项目提供充分的设计数据。整个化工工程的设计，都是以项目的可行性为基础，项目设计是以项目的流程为中心，所以在生产过程中，设备的选择与工艺设计是主要内容。化工生产系统实际上是根据不同的工艺需求、不同的结构、不同的化学设备组成的一种工艺装置。由于生产过程千差万别，设备种类繁多，因此为了达到相同的生产需求，可以选用不同的单元操作方法及不同类型的设备。

5.1 环境与资源工程设备

化工设备一般可分为两种，一种是定型设备（又称标准设备），另一种是非定型设备（也称非标准设备）。二者的主要区别是定型设备属于现成的设备，通过产品说明标明设计任务，而非定型设备需要根据实际情况进行特殊设计。随着工艺的进步，部分非定型设备的加工也逐步趋于定型，并采用已经标准化的图纸。

在化工设备工艺设计中，通过工艺计算及圆整确定定型设备的规格型号或标准图号；通过对化工计算、工艺操作条件的判断，对非定型设备提出型式、材料、尺寸和其他一些工艺改进要求，由化工设备专业进行工程机械加工设计，由有关机械或设备加工厂制造。

一般来说，环境与资源工程的设备主要包括废气治理设备、废水治理设备、固体废物设备及设施和流体输送设备四种。其中，废气治理设备包括除尘设备和气态污染物治理设备；废水处理设备包括不溶解污染物物理处理设备、溶解性和胶体性有机物生物处理设备、难沉降细微悬浮物和难生物降解有毒有害物物化处理设备、电解设备、一体化设备；固体废物处理设备与设施包括固体废物的收集与分选设备、可燃性固体废物的燃烧处理设备、固体废物的压实设备与填埋设施、有机固体废物的发酵处理设施及工业固体废物处理设备等；流体输送设备（如各类泵和风机等）包括固废资源化回收系统、生化系统工艺设备、焚烧系统设备及污水收集处理系统等。

5.2 设备的设计与选型

设备的设计与选型的原则包括以下几点：首先，要满足工艺的要求，确保设备的设计达到环保工程的标准，满足废弃物的处理，符合工艺流程；其次，要保证设备的先进性，在设备良好运行的同时，尽可能满足国家排放标准和企业发展的需要；再次，设备的安全可靠性也是设备在设计与选型时所需要考虑的因素，应充分考虑设备结构强度和刚度的合理性，在设备使用过程中，其操作稳定性、缓冲能力和操作时的劳动强度等也需全面权衡；另外，设备的设计与选型还需考虑技术经济指标要求以及企业的承受能力，设备在保证处理强度和消耗系数的前提下，应尽量选择结构简单、制造容易的设备，将管理费用、维修费用等后期维护费用降到最低。

非标准或非定型环保设备的设计可在初步设计和施工图设计两个阶段完成，对于较简单的设备，也可在一个阶段完成。在物料计算和能量计算（有些环保项目不一定要进行能量计算）结束后，进行非定型设备的设计工作，设计程序大致如下：首先，根据工艺流程确定处理设备的类型和基本结构型式；其次，对于某些大型复杂的环保设备，在施工图阶段，首先画出设备结构和零部件的设计，画出设备总图与零部件图，作为设备制造、施工、安装的依据；再次，根据处理污染物的量、处理效率、年运行时间等设计条件和物料衡算、能量衡算的结果，确定设备的负荷和操作条件，计算设备的基本尺寸，并确定设备的各种工艺附件；然后，根据处理污染物的性质、工艺流程和操作条件，确定适合的设备材料；最后，在完成非定型设备的初步设计和定型设备的选型以后，汇总列出设备一览表（形式见表 5-1）[1]。

表 5-1 设备一览表

序号	流程号	设备名称及规格	设备图号、型号或标准图号	单位	数量	材料	重量/kg·台$^{-1}$		设备安装位置与方法及设备支架图号	总图建筑物位号或安装图上设备位号	备注
							设备材料重量	运行时加料后重量			
1	2	3	4	5	6	7	8	9	10	11	12
…	…	…	…	…	…	…	…	…	…	…	…

在全部设备选型和设计计算完成后，也可以采用更为详细的设备一览表，将装置内所有工艺设备和辅助设备进行汇编，如表 5-2 所示。需要注意的是，对非标设备要绘制工艺

表 5-2 设备一览表

<table>
<tr><td colspan="3" rowspan="3">××设计单位名称</td><td colspan="2">工程名称</td><td colspan="2"></td><td colspan="3" rowspan="3">综合设备一览表</td><td>编制</td><td></td><td colspan="2">年 月 日</td><td colspan="2">工程号</td><td></td></tr>
<tr><td colspan="2">设计项目</td><td colspan="2"></td><td>校对</td><td></td><td colspan="2">年 月 日</td><td colspan="2">库号</td><td></td></tr>
<tr><td colspan="2">设计阶段</td><td colspan="2"></td><td>审校</td><td></td><td colspan="2">年 月 日</td><td colspan="2">第 页</td><td>共 页</td></tr>
<tr><td rowspan="2">序号</td><td rowspan="2">设备分类</td><td rowspan="2">流程图位号</td><td rowspan="2">设备名称</td><td rowspan="2">主要规格型号材料</td><td rowspan="2">面积/m^{2}或容积/m^3</td><td rowspan="2">附件</td><td rowspan="2">数量</td><td rowspan="2">单重/kg</td><td rowspan="2">单价/元</td><td rowspan="2">图纸图号或标准图号</td><td rowspan="2">设计或复用</td><td colspan="2">保温</td><td rowspan="2">安装图号</td><td rowspan="2">制造厂</td><td rowspan="2">备注</td></tr>
<tr><td>材料</td><td>厚度</td></tr>
<tr><td></td><td></td><td></td><td></td><td></td><td></td><td></td><td></td><td></td><td></td><td></td><td></td><td></td><td></td><td></td><td></td><td></td></tr>
<tr><td></td><td></td><td></td><td></td><td></td><td></td><td></td><td></td><td></td><td></td><td></td><td></td><td></td><td></td><td></td><td></td><td></td></tr>
<tr><td></td><td></td><td></td><td></td><td></td><td></td><td></td><td></td><td></td><td></td><td></td><td></td><td></td><td></td><td></td><td></td><td></td></tr>
</table>

条件图，并且在图上注明主要工艺尺寸、明细栏、管口表、技术特性表、技术要求等。

设备的工艺设计在化工工程设计中起着尤为重要的作用。其主要设计工作内容包括以下几点：首先，根据生产流程的设计决定使用的化学装置的种类，根据工艺操作条件和对设备的工艺要求确定设备的材质；其次，通过工艺流程、物料衡算、能量衡算、设备的工艺计算确定设备的工艺设计参数，以及标准设备或定型设备的型号（牌号）、规格和台数；再次，根据现有的设备制图。确定标准图的图号和型号，对于非标设备，根据工艺条件完成设备设计并绘出设备草图，最后，编制工艺设备一览表。在设计初期，根据设备工艺设计的结果编制工艺设备一览表，并将其分为两大类：非定型设备和定型工艺设备。初步设计阶段的工艺设备一览表作为设计说明书的组成部分，用于提供给有关部门进行设计审查。施工图设计阶段的工艺设备一览表是施工图设计阶段的主要设计成品之一。在施工图设计阶段，准确填写工艺设备一览表，以便用于订货加工。在工艺设备的施工图纸完成后，要同化工设备的专业设计人员进行图纸会签。

设备材料的选择一般遵循以下几点原则：首先，材料的选用与设备的选型设计原则要满足工艺及设备的要求，后续要考虑技术上的先进、安全、可靠，以及经济上的节省，这是选材最基本的依据；其次，材质的可靠安全是决定产品成功的关键所在，也是最应当注意的安全要素，因此在选择材料时，要选用易于加工且性能可靠的材料，同时考虑设备材料的使用寿命；再次，选材时应在保证质量的前提下，尽量采用我国资源丰富的材料，不仅可以节省投资，还可以促进我国相关工业的开发和发展；除此之外，综合经济指标也是材料选择的重要因素，材料成本及后期维护费用应遵循物美价廉的原则。

对于设备使用材料的分类概况，其一般分类如图 5-1 所示。

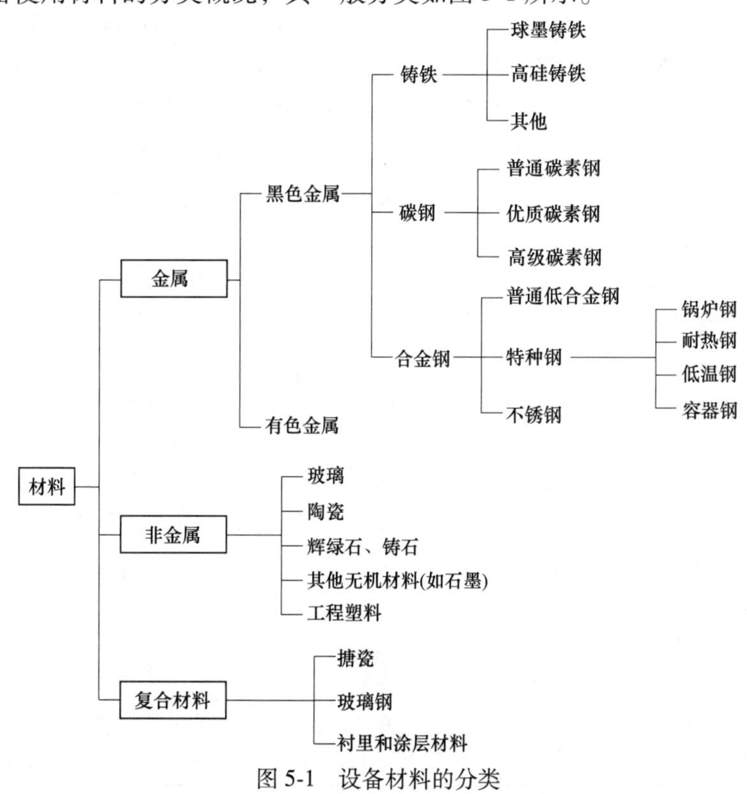

图 5-1 设备材料的分类

5.3 泵的设计与选型

泵是生产中使用最广泛的一种液体输送设备，随着泵的型式不断地发展进步，各种功能各异的大型、小型、高速、自动化、特殊化的水泵应运而生。泵的种类繁多，根据泵对流体的作用机理，可将泵分为叶片式和容积式两大类；根据泵的使用用途，可将其命名为水泵、油泵、泥浆泵、砂泵、耐腐蚀泵、冷凝液泵等；根据泵的结构特点，可将泵分为悬臂水泵、齿轮油泵、螺杆泵、液下泵、立式泵、卧式泵等。

泵的技术指标包括型号、扬程、流量、必需汽蚀余量、功率与效率等。其中，不同类型泵的型号均可从泵的产品样本中查到。扬程 H 为单位质量的液体通过泵获得的有效能量，其单位为 m，计算公式如式（5-1）所示。流量 Q 为泵在单位时间内抽吸或排送液体的体积数，其单位以 m/h 或 L/s 表示。

$$H = (Z_2 - Z_1) + \frac{p_2 - p_1}{\gamma} + (\sum h_2 + \sum h_1) + \frac{c_2^2}{2g} \tag{5-1}$$

式中，Z_1 为吸入侧最低液面至泵轴线的垂直高度，当泵安装在吸入液面的下方（称为灌注）时，Z_1 为负值；Z_2 为排出侧最高液面至泵轴线的垂直高度；p_2、p_1 分别为排出侧和吸入侧容器内的液面压力；γ 为液体重力密度；$\sum h_2$、$\sum h_1$ 分别为排出侧和吸入侧的系统阻力损失；c_2 为排出口液面液体流速。对于一般输送液体而言，$c_2^2/(2g)$ 的值通常很小，因此常予以忽略或纳入 $\sum h$ 的损失计算中。需要注意的是，在实际生产中，计算出的 H 一般需要放大 5%~10%以后，才可以作为选泵的依据。

泵的操作流量是指泵的扬程流量特性曲线与管网系统所需的扬程、流量曲线相交处的流量值。叶片式泵（离心泵）的流量与扬程有关，这是离心泵的一个重要特性，称为离心泵的特性曲线。容积式泵的流量与扬程无关，几乎为常数。在泵工作时，泵的进口处必须具有超过输送温度下液体汽化压力的能量，在此过程中泵所必须具有的富余能量称为必需汽蚀余量，简称为汽蚀余量，单位为 m。有效功率是指单位时间内泵对液体所做的功；轴功率是指原动机传给泵的功率；效率 η 是指泵的有效功率与轴功率之比。

生产中的泵有很多类型，常用的包括水泵、油泵、耐腐蚀泵、液下泵、屏蔽泵、隔膜泵、计量泵、齿轮泵、螺杆泵、旋涡泵和轴流泵等，其类型与特点见表 5-3。

表 5-3　泵的类型与特点

项目	叶片式			容积式	
	离心式	轴流式	漩涡式	活塞式	转子式
液体排出状态	流率均匀	流率均匀	流率均匀	流率均匀	流率均匀
液体品质	均一液体（或含固体液体）	均一液体	均一液体	均一液体	均一液体
允许吸上真空高度/m	4~8	—	2.5~7	4~5	4~5
扬程（或排出压力）	范围大，10~600 m(多级)	较低，2~20 m	较高，单级可达 100 m 以上	范围大，排出压力高，排出压力为 0.3~60 MPa	

续表 5-3

项目	叶片式			容积式	
	离心式	轴流式	漩涡式	活塞式	转子式
体积流量 $/m^2 \cdot h^{-1}$	范围大，5~30000	大约 6000	较小，0.4~20	范围大，1~600	
流量与扬程的关系	流量减少，扬程增大；反之流量增大，扬程减小		同离心式，但增率和降率较大（即曲线较陡）	流量增减排出压力不变，流量增减量近似为定值（电动机恒速）	
构造特点	转速高，体积小，运转平稳，基础小，设备维修较易		与离心式基本相同，但叶轮离心式叶片结构简单，制造成本低	转速低，能力小，设备外形庞大，基础大，与电动机连接复杂	同离心式泵
流量与轴功率的关系	依泵比转速而定，当流量减小时，轴功率减小	依泵比转速而定，当流量减小时，轴功率增加	当流量减小时，轴功率增加	当排出压力为定值时，流量减小，轴功率减小	

选泵原则一般包括以下几点：首先，要注重基本泵型和泵的材料，从被输送物料的基本性质出发，兼顾生产工艺过程等条件。在实际选择泵的型式时，以满足工艺要求为主要目标，还要考虑资源和货源、备品充足，利于维修，价格合理等因素，此外，要立足国内，优先选用国产泵。其次，扬程和流量是泵的选用设计的重要参考因素，同时还要考虑工艺配套、生产能力的平衡、工艺上原料的变换以及产品更换等影响因素。再次，为保证泵的入口端的压头高于物料输送状态下的饱和蒸汽压，避免汽蚀现象的产生，要重点考虑有效汽蚀余量和安装高度。最后，泵的台数和备用率也是需要考虑的重要因素。根据工艺要求，泵是否长期运转，以及泵在运转中的可靠性、备用泵的价格、工艺物料的特性、泵的维修难易程度和一般维修周期、操作岗位等诸多因素是判断选用备用泵的依据。

选泵的工作方法和基本程序有以下几点：第一，确定选泵的岗位和介质的基础数据，介质名称和特殊性能、泵的工作位置情况和操作条件等也需慎重考虑；第二，确定选泵的流量和扬程；第三，依照选泵的原则，选择泵的类型、材质和具体型号；第四，换算泵的性能，对于输送水或类似于水的泵，确定该类泵的性能表或性能曲线是判断正常工作点是否落在该泵高效区的依据；第五，根据泵的样本上规定的允许吸上真空高度或允许汽蚀余量，确定泵的几何安装高度；第六，确定泵的台数和备用率，其选用原则如前所述；第七，校核泵的轴功率，利用化学工程有关公式，计算校正后的流量、扬程和效率，求出泵的轴功率；第八，确定冷却水或加热蒸汽的耗用量；第九，根据需求选用合适的电动机；第十，将所选泵类加以汇总，列成泵的设备总表，以作为泵订货的依据，填写选泵规格表。

5.4 其他常用设备

5.4.1 气体输送及压缩设备

气体输送及压缩设备主要包括以下五种：第一种为通风机，包括轴流风机和离心风机，主要用于通风、产品干燥等过程；第二种为鼓风机，包括罗茨（旋转）鼓风机和离心鼓风机，一般用于生产中要求相当压力的原料气的压缩、液体物料的压送、固体物料的气流输送等；第三种为压缩机，包括活塞式、离心式、螺杆式和往复式等类型，主要用于工艺气体、气动仪表用气、压料过滤及吹扫管道等方面；第四种为制冷机，包括活塞式、离心式、螺杆式、溴化锂吸收式及氨吸收式等，主要用于为低温生产系统提供冷量；第五种为真空泵，通常用于减压，出口极限压力接近 0 MPa，其压缩比由真空度决定。

气体输送及压缩设备的设计与选型方法如下：首先，了解整个工程工况装置的用途、管道布置、装机位置、被输送气体性质（如清洁空气、烟气、含尘空气或易燃易爆气体）等。其次，根据伯努利方程，计算输送系统所需的实际风压，考虑计算中的误差及漏风等未见因素，需加上一个附加值，并将其换算成试验条件下的风压；根据所输送气体的性质与风压范围，确定风机类型。再次，按照试验条件下的风量和风压，根据性能表选择合适的型号；根据风机安装位置，确定风机旋转方向和出风口的角度。最后，如果所输送气体的密度大于 1.2 kg/m，则须核算轴功率。

对于压缩机而言，压缩机的选择需由排气量、进排气温度、压力及流体的性质等重要参数来决定；主要包括活塞式空气压缩机、螺杆式空气压缩机和离心式空气压缩机。确定空压机（空气压缩机）时，主要考虑空气的含湿量；以四季中最高温度、最低温度和正常温度条件为标准，确定空压机的吸气温度，以便计算标准状态下的空气量。

离心式压缩机可以根据图表或者采用估算法进行型号选择。选用离心式压缩机时，须考虑吸气量（或排气量）和吸气状态、排气状态、压力、温度，以及冷却水水温、水压、水质的要求等因素；由制造厂提供详细资料和规格明细表；对于控制系统，制造厂应提供超压、超速、压力过低、轴承温度过高和润滑系统等停车和报警系统图，以及压缩机和驱动机轴承的压力润滑系统特性。

活塞式压缩机的型号选择原则包括以下几点：首先，对于压缩机的技术参数选择与结构参数选择，前者可以决定压缩机在流程中的适用性，后者包括对压缩机的结构形式、使用性能以及变工况适应性等方面的比较选择，决定了压缩机所在流程的经济性。其次，在工艺方面，介质可否泄漏、能否被润滑油污染、排气温度有无限制、排气量、压缩机进出口压力都是重要参考依据。除此之外，气体物性要求与安全也是活塞式压缩机型号选择的重要参数，须慎重考虑压缩的气体是否易燃、易爆或有无腐蚀性；应考虑压缩过程中凝液的分离和排除；需要注意排气温度限制，例如注意排气温度条件是否会引起介质分解；应该注意有毒气体的泄漏量。选型的基本数据包括气体性质和吸气状态，如吸气温度、吸气压力、相对湿度；还包括生产规模或流程所需要的总供气量，流程需要的排气压力、排气温度等。

真空泵可用来维持工艺系统要求的真空状态，生产中常用的真空泵有如下几种类型：第一种为往复式真空泵，压缩比较高，属于干式真空泵。若气体中含有大量蒸气，须把可凝性气体冷凝除掉之后再进入泵内。第二种为水环真空泵，简称水环泵，水环真空泵的最高真空度可达85%。水环泵通过运转时不断地充水从而维持泵内液封。第三种为液环真空泵，简称液环泵，又称纳氏泵，外壳呈椭圆形，其内装有叶轮，当叶轮旋转时，液体在离心力作用下涌向四周，沿壁形成椭圆形流环，达到输送液体的目的。第四种为旋片真空泵，简称旋片泵，属于旋转式真空泵，旋片泵的主要部分浸没于真空油中，其目的是密封各部件的间隙，可以用来充填有害的余隙，并且能使各部件得到润滑。第五种为喷射真空泵，简称喷射泵，利用高速流体射流时的压强能向动能转换从而营造真空环境，将气体吸入到泵内，并在混合室通过碰撞、混合以提高吸入气体的机械能，气体和工作流体一并排出泵外。喷射真空泵的优点是工作压强范围广，抽气量大，结构简单，可用于抽吸含有灰尘以及腐蚀性、易燃、易爆的气体等，其缺点是工作效率较低。

5.4.2 换热设备

化工生产过程多数包含传热过程，因此传热设备在化工厂占有极为重要的地位。换热器是应用最广泛的设备之一，可用于物料的加热、冷却、蒸发、冷凝、蒸馏等过程，大部分换热器已经标准化、系列化。标准换热器的选用方法如下（关于非标准换热器的设计，请查阅有关换热器设计的专业书籍）。

5.4.2.1 换热设备的分类

换热设备按工艺功能可分为不同类型，如下为部分类型的换热设备：

冷却器属于冷却工艺物流的设备，一般冷却剂为水，当所需冷却温度较低时，冷却剂可采用氨或氟利昂。

加热器是加热工艺物流的设备，一般使用水蒸汽作为加热介质，当所需温度高时，加热介质可采用导热油、熔盐等。

再沸器是用于蒸馏塔底蒸发物料的设备，主要包括热虹吸式再沸器和动力循环式再沸器。

冷凝器是用于蒸馏塔顶物流的冷凝或者反应器的冷凝循环回流的设备。

蒸发器是专门用于蒸发溶液中的水分或者溶剂的设备。

过热器是对饱和蒸汽再加热升温的设备。

废热锅炉是用于回收因高温物流或废气的热量而产生蒸汽的设备。

常规意义上的换热器是两种不同温位的工艺物流相互进行显热交换能量的设备，根据热量的传递方法不同，可以将换热器分为间壁式、直接式和蓄热式。其中，间壁式换热器可以将互不接触的两种流体隔着器壁（管壁）利用温度差进行传热，应用较为广泛。间壁式换热器的分类与特性见表5-4[2]。

5.4.2.2 换热器设计的一般原则

选用的换热器首先要满足工艺及操作条件要求。应具有运转周期长，操作安全可靠，方便维修清洗等优点。

介质流程走管程还是壳程需要根据实际要求进行选择，腐蚀性介质、毒性介质、易结垢介质、压力较高的介质、温度较高的介质宜走管程；而黏度较大、流量小的介质宜走壳程。对于换热器的终端温差的设定，需要考虑其对换热器的经济性和传热效率的影响。另外，在操作过程中需要保证适当的流体流速，如果想提高传热效率，那么可以适当提高流速，即强化湍流及传热；但流速过大，会破坏设备，影响操作和减少其使用寿命，消耗更多的能量。根据操作压力的不同，压力降有一个大致的范围。传热膜系数 α 值较小的一侧为控制传热效果的主要因素，设计时，应使两侧的 α 值相差越小越好。计算传热面积时，常以 α 值小的一侧为准。污垢系数是衡量传热效果的指标，如果想适当降低污垢系数，则可以采用改进水质、减少死区、增加流速、防止局部过热等办法。选择换热器时，应尽量选用标准设计和换热器的标准系列，可以提高工程的工作效率、缩短施工周期，还可以降低费用，有利于维修和更换。

表 5-4 间壁式换热器的分类与特性

分类	名称	特性	相对费用	耗用金属量 /kg·m^{-2}
管壳式	固定管板式	使用广泛，已系列化，壳程不易清洗，当管壳两物流温差大于 60 ℃时应设置膨胀节，最大使用温差不应超过 120 ℃	1.00	30
	浮头式	壳程易清洗，管壳两物料温差可大于 120 ℃，内垫片易渗漏	1.22	46
	填料函式	优缺点同浮头式，造价高，不宜制造大直径设备	1.28	
	U 形管式	制造、安装方便，造价较低，管程耐高压，但结构不紧凑，管子不易更换和不易机械清洗	1.01	
板式	板翅式	紧凑，效率高，可多股物料同时热交换，使用温度小于 150 ℃	0.60	16
	螺旋板式	制造简单，紧凑，可用于带颗粒物料，温位利用好，不易检修		50
	伞板式	制造简单，紧凑，成本低，易清洗，使用压力小于 1.18×10^6 Pa，使用温度小于 150 ℃		16
	波纹板式	紧凑，效率高，易清洗，使用温度小于 150 ℃，使用压力小于 1.47×10^6 Pa		
管式	空冷器	投资和操作费用一般较水冷低，维修容易，但受周围空气温度影响大	0.8~1.8	
	套管式	制造方便、不易堵塞，耗金属多，使用面积不宜超过 20 m^2	0.8~1.4	150
	喷淋管式	制造方便、可用海水冷却，造价较套管式低，对周围环境有水雾腐蚀	0.8~1.1	60
	箱管式	制造简单，占地面积大，一般作为出料冷却	0.5~0.7	100
液膜式	升降膜式	接触时间短，效率高，无内压降，浓缩比不超过 5		
	刮板膜式	接触时间短，适用于高黏度、易结垢物料，浓缩比为 11~20		
	离心薄膜式	受热时间短，清洗方便，效率高，浓缩比不超过 15		
其他形式	板壳式	结构紧凑、传热好、成本低、压降小，较难制造		24
	热管	高导热性和导温性，热流密度大，制造要求高		

5.4.2.3 管壳式换热器的设计及选用程序

首先，汇总设计数据、分析设计任务。根据工艺衡算和工艺物料的要求、特性，掌握各种设计数据，根据换热设备的负荷和它在流程中的作用，明确设计任务。

其次，在设计换热流程时，应当充分利用热源。可以把换热、冷却、预热等工序互相结合起来，必要时可应用余热锅炉等。

再次，根据介质的腐蚀性能等，按照操作压力、温度，材料规格和制造价格、换热器的材质进行综合选择。根据热负荷和选用的换热器材料，选定某一种换热器的类型。再根据热载体的性质、换热任务和换热器的结构，决定换热器中介质的流向。

计算传热温差时，应先确定终端温差，查阅有关公式，算出平均温差；大致估算管内和管间流体的传热膜系数 α_1、α_2；估计污垢热阻系数 R，并初算出传热系数 K；算出总传热面积 A（A 为表示 K 的基准传热面积，实际选用的面积比计算结果要大）；在工艺的允许范围内，反复试算，通过调整温度差，再次试算传热面积 A；根据两次或三次改变温度算出的传热面积 A，并考虑 10%～25%的安全系数裕度，确定换热器的选用传热面积 A，确定设备的台件数；利用工艺算图或由摩擦系数通过公式计算压力降，核算的结果应在工艺允许范围之内。

当不选用系列换热器时，在计算总传热面积过程中，应按顺序反复试算。根据程序计算传热面积 A，或简化计算，取一个 K 的经验值，在计算出热负荷 Q 和平均温差 Δt_m 之后，得出试算的传热面积 A；确定换热器的基本尺寸和管长、管数；再计算出有效传热面积和管程、壳程的流体流速；计算设备的壳程流体和管程流体的传热膜系数 α_1 和 α_2；确定污垢热阻系数；计算该设备的传热系数，此时不再使用经验数据，而是用式（5-2）计算。

$$K = \frac{1}{\dfrac{1}{\alpha_1} + R_{t1} + \dfrac{\Delta X_w}{\lambda_w} \times \dfrac{A_1}{A_m} + R_{t2}\dfrac{A_1}{A_2} + \dfrac{A_1}{A_2\alpha_2}} \tag{5-2}$$

式中，R_{t1}、R_{t2} 为管外、管内污垢热阻；ΔX_w 为管壁厚度；λ_w 为管壁热导率；A_1、A_2 和 A_m 分别为管外传热面积、管内传热面积和平均传热面积，$A_m=(A_1+A_2)/2$。

求算传热面积时，首先利用计算出的 K 和热负荷 Q、平均温差 Δt_m，从而计算传热面积 $A_{计}$。在工艺设计的允许范围内，可以改变温度重新计算 Δt_m 和 $A_{计}$。再核对传热面积，将初步确定的传热面积与 $A_{计}$ 相比较，当实际传热面积比计算值大 10%～25%时为可靠值。然后确定换热器各部分的尺寸，验算压力降，压力降应当符合工艺允许范围。最后，画出换热器设备草图。

例 5-1 根据例 3-1 和例 4-6，试针对四效蒸发制盐工艺的蒸发器和预热器，进行传热面积的试算。

解： 将例 4-6 中的物料衡算式和热量衡算式编成 C 语言程序，设定卤水预热前的温度 t 为 20 ℃，卤水预热后的温度 t_0 为 40 ℃，经过一系列试算，解多元一次方程组。程序及结果可参见附录 1，其中还计算了其余设备的尺寸等基础数据。

根据解方程的结果（附录 1 的试算结果），可以计算蒸发器加热室及预热器面积。需要注意的是，在计算过程中采用了简化方法，例如传热系数采用工程上已有的经验值，或者传热或加热面积以平均传热面积 A_m 来表示，而没有采用 A_1、A_2 的表示方法。

（1）蒸发器的加热面积。根据传热速率方程：

$$Q = KA_m\Delta t$$

可知：

$$A_m = Q/(K\Delta t)$$

式中，A_m 为蒸发罐加热室面积，m^2；Q 为传热量，kJ/h；Δt 为有效温差，℃；K 为总传热系数，根据经验设四效的总传热系数分别为 $K_1 = 2090\ \mathrm{W/(m^2 \cdot ℃)}$、$K_2 = 1860\ \mathrm{W/(m^2 \cdot ℃)}$、$K_3 = 1620\ \mathrm{W/(m^2 \cdot ℃)}$、$K_4 = 1270\ \mathrm{W/(m^2 \cdot ℃)}$。

还可以写出下式：

$$Q_n = \frac{(1 - \eta_n) D r_{n-1}}{(K_n \Delta t_n)} \times 3.6$$

式中，n 为效数 1~4；η 为热效率；D 为蒸汽量；r 为汽化潜热。

考虑到一定的操作余量，各效加热室的传热面积应该再乘一定的系数，假定该系数为 1.1。在实际的设计工作中，这是一条重要的实践经验。

由于这样算出的加热面积彼此相差很大，因此需要进行调整。按照等传热面积法来重新分配有效温差，即将传热面积小的效数的温差减小，而使传热面积大的效数的温差增大。这需要使用试差法，附录 1 的程序中已经进行了自动试差。

（2）预热器的换热面积。对预热器Ⅰ（蒸汽—水换热）进行热量衡算，见下式：

$$\eta_{\mathrm{I}} K_{\mathrm{I}} S_{\mathrm{I}} \Delta t_{\mathrm{I}} = F_0 c_{p卤}(t_1 - t_0)$$

式中，Δt_{I} 为平均对数温度差，可由附录 1 的程序自动计算；F_0 为耗卤量，取 63.23 t/h；设定 $c_{p卤} = 3.357\ \mathrm{kJ/(kg \cdot ℃)}$，$\eta_{\mathrm{I}} = 0.98$，$K_{\mathrm{I}} = 500\ \mathrm{W/(m^2 \cdot ℃)}$。

在试算中，应该取一定的操作余量，最后的预热器面积可确定为 $1.05 S_{\mathrm{I}}\ \mathrm{m^2}$。

对预热器Ⅱ、预热器Ⅲ、预热器Ⅳ（水—水换热）进行热量衡算，如下所示：

预热器Ⅱ　$\eta_{\mathrm{II}} K_{\mathrm{II}} S_{\mathrm{II}} \Delta t_{\mathrm{II}} = (F_0 - F_4) c_{p卤}(t_2 - t_1)$

预热器Ⅲ　$\eta_{\mathrm{III}} K_{\mathrm{III}} S_{\mathrm{III}} \Delta t_{\mathrm{III}} = (F_0 - F_4 - F_3) c_{p卤}(t_3 - t_2)$

预热器Ⅳ　$\eta_{\mathrm{IV}} K_{\mathrm{IV}} S_{\mathrm{IV}} \Delta t_{\mathrm{IV}} = F_1 c_{p卤}(t_4 - t_3)$

上述的三个式子中，Δt、F 由附录 1 的程序自动算出，$K = 800\ \mathrm{W/(m^2 \cdot ℃)}$。

同样，取一定的操作余量，最后的预热器面积为 $1.05 S\ \mathrm{m^2}$。

预热器面积的计算结果及其圆整值见附录 1。

5.4.3 储罐容器

5.4.3.1 储罐的类型

储罐容器的设计依据主要有所储存物料的性质、使用目的、运输条件、安全可靠程度和经济性等原则。

储罐有不同的分类，根据形状可分为方形储罐、圆筒形储罐、球形储罐和特殊形储罐；根据制造的材质可分为钢、有色金属和非金属材质；根据用途分为储存容器和计量、回流、中间周转、缓冲、混合等工艺容器。

5.4.3.2 储罐系列

以化工常用的储罐为例，包含如下系列[2]：

立式储罐分为平底平盖系列（HG5-1572-85）、平底锥顶系列（HG5-1574-85）、90°无折边锥形底平盖系列（HG5-1575-85）、立式球形封头系列（HG5-1578-85）、90°折边锥形底/椭圆形盖系列（HG5-1577-85）和立式椭圆形封头系列（HG5-1579-85）等。此类储罐用于常压储存非易燃易爆、非剧毒的化工液体。

卧式储罐分为卧式无折边球形封头系列（用于 $p \leqslant 0.07$ MPa，储存非易燃易爆、非剧毒的化工液体）、卧式有折边椭圆形封头系列（HG5-1580-85，用于 $p = 0.25 \sim 4.0$ MPa，储存化工液体)。

立式圆筒形固定顶储罐系列（HG215021-92），适用于储存石油、石油产品及化工产品。

立式圆筒形内浮顶储罐系列（HG21502.2-92），适用于储存易挥发的石油、石油产品及化工产品。

球罐系列，适用于储存石油化工气体、石油产品、化工原料、公用气体等。

低压湿式气柜系列（HG21549-92），适用于化工、石油化工气体的储存、缓冲、稳压、混合等气柜的设计。

5.4.3.3 设计的一般程序

在设计储罐时，首先经过物料和热量衡算，确定储罐中将储存物料的温度、最大使用压力、最高使用温度和最低使用温度、介质的腐蚀性、毒性、蒸气压、介质进出量、储罐的工艺方案等。容器材料由工艺要求来决定，并且由于温度压力的影响，必要时可以考虑选用搪瓷容器或由钢制压力容器衬胶、衬瓷、衬聚四氟乙烯等，形式应选用已经标准化的产品。储罐的有效容积由物料的工艺条件和要求、储存条件等决定。根据物料密度、卧式或立式的基本要求、安装场地的大小确定储罐的大体直径后，再根据储罐直径的大小确定好尺寸，据此计算储罐的长度，核实长径比，使之符合工作场所的尺寸。根据计算初步确定的直径和长度、容积，在有关手册中查出与之符合或基本相符的规格，若找不到符合的标准规格，可根据相近的结构规格重新设计。标准图纸选好后，要设计并核对设备的管口，考虑管口的用途及其大小尺寸、管口的方位和相对位置的高低，考虑容器的支承方式和支承座的方位；在标准图系列中，管口及方位、支承等设计一般都有固定的样例。最后，绘制设备草图或条件图，标注尺寸，提出设计条件和订货要求。

结束储罐容器的工艺设计时，应尽量选用标准图系列的有关复印图纸，作为订货的要求。或者在标准图的基础上进行修改，提出管口方位、支座等技术要求，并附有图纸。

5.4.4 塔设备

塔器是气—液、液—液间进行传热、传质分离的主要设备，在化工、制药和轻工业中应用广泛，主要用于气体吸收、液体精馏或蒸馏、萃取、吸附、增湿、离子交换等过程。塔器种类繁多，根据塔内部构造的不同，一般分为板式塔和填料塔。

5.4.4.1 板式塔

板式塔是在塔内装有多层塔板（盘），传热传质过程基本上在每层塔板上进行，根据塔板的形状、塔板结构或塔板上气液两相的表现进行命名。几种常用的板式塔性能如下：

浮阀塔生产能力大、弹性大，分离效率高，雾沫夹带少，液面梯度较小，结构较简单。

泡罩塔能够保证气—液充分接触，操作弹性大，但其分离效率不高，金属耗量大且加工较复杂，可替代性高。

筛板塔是一种有降液管、板形结构最简单的板式塔，孔径一般为4~8 mm，制造简单，处理量较大，易日常养护，但操作范围较小，适用于方便清洁的物料。

波纹穿流板塔是一种新型板式塔，气—液两相在板上穿流通过，没有降液管，加工简便，生产力强，雾沫夹带小，压降小，易清洗且不易堵塞，广泛应用于除尘、中和、洗涤等方面。

5.4.4.2 填料塔

填料塔是一个圆筒塔体，其关键是填料的选择。填料塔内装载一层或多层填料，气相由下而上、液相由上而下接触，传热和传质主要在填料表面上进行。填料的种类很多，填料塔的命名一般以填料名称为依据，如金属鲍尔环填料塔、波网填料塔。

填料塔制造方便，结构简单，一般采用耐腐蚀材料，特别适用于塔径较小的情况，可节省金属材料，一次投料较少，塔高相对较低。

在综合考虑各种因素后，板式塔和填料塔需要遵循以下基本原则：首先，满足工艺要求，分离效率高；其次，生产能力大，有富余的操作空间；再次，运转可靠性高，操作简易、维修方便，性价比高；另外，结构简单，加工方便，造价较低；最后，应能够达到塔压降小的要求。

表5-5所示为板式塔与填料塔的对比情况[2]。通常情况下，一种塔型未必能满足所有的原则，因此在设计时应把握重点，力争最大限度地满足工艺要求。

表5-5 板式塔与填料塔对比

序号	填料塔	板式塔
1	ϕ800 mm以下，造价一般比板式塔低，直径大，造价高	ϕ600 mm以下时，安装较困难
2	用小填料时，小塔的效率高，塔较低，直径增大，效率下降，所需填料高度急增	效率较稳定，大塔板效率比小塔板有所提高
3	空塔速度（生产能力）慢	空塔速度高
4	大塔检修费用大，劳动量大	检修清理比填料塔容易
5	压降小，对阻力要求小的场合较适用（如真空操作）	压降比填料塔容易
6	对液相喷淋量有一定要求	气液比的适应范围大
7	内部结构简单，便于用非金属材料制作，可用于腐蚀较严重场合	多数不便于用非金属制作
8	待液量小	待液量大

5.4.5 反应器

反应器是将反应物通过化学反应转化为产物的装置，在设计时需要考虑多方面的工艺和工程因素。

反应器的设计流程如下：首先是选择反应器的型式和操作方法，然后根据反应和物料的特点，计算所需的加料速度、操作条件及反应器体积，最终确定反应器主要构件的尺寸。此外，需要考虑经济的合理性和环境保护等方面的要求。

5.4.5.1 反应器分类与选型

由于化学反应过程复杂，根据化学反应器是否定型化，以及反应条件、体系、介质的不同，分类的方式也不同，下面是几种常用的反应器的分类方法：根据操作是否连续可以划分为非稳定操作（间歇式反应器和半间歇式反应器）和稳定操作（连续反应器）；根据反应器的形状可以划分为槽式反应器（即釜式反应器、反应釜，包括单釜式和多釜串联式）和管式（塔式）反应器（空管型、塔式型、固定床、流化床和螺杆式等）；根据反应物相态可以划分为均相反应器（气相反应器和液相反应器）和非均相反应器（气—液相反应器、气—固相反应器、液—液相反应器、液—固相反应器、气—液—固相反应器）；根据热处理法可以划分为等温反应器和非等温反应器。

在实际生产中，一些反应器是较为常见的。例如，釜式反应器（又称反应釜）性价比高，因此用途最广，可以用于连续操作或者间歇操作；管式反应器的特点是传热面积大，传热系数较高，反应可以连续化，流速也比较快，因此物料停留时间短，可以使其中的流体具有一定的温度梯度和浓度梯度，能够用于连续生产和间歇操作；固定床反应器主要应用于气—固相反应，结构较为简单，操作也比较稳定，便于控制，易于实现连续化；流化床反应器的特点是在高速流体的作用下，固体颗粒能够被扰动悬浮起来，从而实现剧烈运动，甚至固体颗粒的运动形态可以接近于流动的流体，故此类反应器适用于气—固相反应和液—固相反应。此外，反应器还包括搅拌床（气—固相反应）、移动床、喷动床、转炉、同转窑炉（离心力场反应器）等。

在选择反应器时，有一些经验性的选择依据。液—液相反应或气—液相反应，以及某些液—固相反应或气—液—固相反应，宜选用反应釜。对于气相反应，可以选用加压的反应釜或管式反应器。生产规模较小时，一般采用釜式反应器；而对于气相反应规模较大，且反应的热效应（吸热或放热）也很大的情况，常采用管式反应器。对于气—固相反应，通常采用的是固定床、带有搅拌形式的塔床、回转床和流化床。根据反应的动力学和热效应，在物料放热比较大，或停留时间短、不怕返混的情况下，可以使用流化床。

5.4.5.2 设计要点

设计反应器时，应遵循“合理、先进、安全、经济”的原则，在实际操作时，要考虑以下方面：

首先，保证物料转化率和反应时间。物料转化率的影响因素包括动力学因素和控制因素，在设计过程中，设计人员应将这两点作为选择反应器型式时的重要依据。

其次，满足物料和反应的热传递要求。在设计反应器时，要保证有足够的传热面积，并有一套能适应所设计传热方式的有关装置，以及温度测定控制的系统。

再次，设计适当的搅拌器和类似作用的机构。物料在反应器内的接触应当满足工艺规定的要求，使物料能够在湍流状态下实现传热、传质过程。

最后，注意材质选用和机械加工要求。反应釜的材质选用依据是工艺介质的反应和化学性能要求，如考虑反应物料和产物中是否含有腐蚀性物质，或在反应产物中防止铁离子渗入。此外，还与反应器的反应温度、反应颗粒摩擦程度、摩擦消耗、反应器加热方法等因素有关。

5.4.5.3 釜式反应器的结构和设计

作为比较常用的反应装置，典型釜式反应器结构如图 5-2 所示，主要由釜体及封头、换热装置、搅拌器、轴密封装置、工艺接管等部件组成。

釜体及封头需要有足够的反应体积、强度、刚度和稳定性，以及耐腐蚀能力，能够保证运行效率可靠。换热装置要求能够有效地输入或移出热量，以保证反应过程在适宜的温度下进行。搅拌器可使各种反应物、催化剂等均匀混合，实现充分接触，强化釜内的传热与传质。轴密封装置需要能够防止釜体与搅拌轴之间的泄漏。工艺接管是指工艺设备中的加料口、出料口、视镜、人孔及测温孔等。

在选型和设计釜式反应器时，步骤如下：首先，根据工艺流程的特点，确定反应釜的操作形式，例如是连续操作，还是间歇操作。其次，汇总设计基础数据，包括生产能力、反应时间、温度、装料系数、投料比、转化率，以及物料和反应产物的物性数据等。再次，确定反应釜体积和台数，以及确定反应釜直径、筒体高度、封头等。计算和校核传热面积，然后设计搅拌器，并且进行管口和开孔设计，确定其他设施，再设计轴密封装置等。最后，画出反应器工艺设计草图或选出型号。

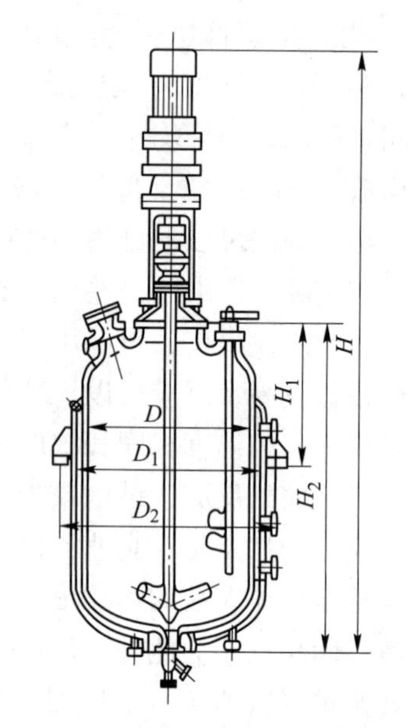

图 5-2 釜式反应器结构示意图

A 连续反应釜的体积计算

如果是连续反应釜，就根据工艺设计规定的生产能力，算出每小时反应釜需要处理或生产的物料量；在确定了设备台数的情况下，根据物料的平均停留时间，就可以算出每台釜处理物料的体积，如式（5-3）所示。

$$V_p = \frac{V_h \tau}{m_p} \tag{5-3}$$

式中，V_p为每台釜的物料体积；V_h为每小时要求处理的物料体积；τ为平均反应停留时间；m_p为实际生产反应中操作的台数。

在设计时，反应釜的设计数量和实际操作所需数量往往是不同的，一般需要用一个设备备用系数 n 进行修正。

$$m = m_p n \tag{5-4}$$

式中，m 为设计选用的反应釜台数；n 为设备的备用系数，通常选取 1.05~1.3。当实际操作的釜数较多时，备用系数可以偏小；当实际操作条数较少时，就可以把备用系数设置得大一些。

当利用物料体积 V_p来计算釜体积 V_a时，要使用到装载系数或装料系数 φ。

$$V_a = \frac{V_p}{\varphi} \tag{5-5}$$

对于液相反应，通常设 φ 为 0.75~0.8。对于有气相参与的反应，或者易起泡的反应，可以取 φ 为 0.4~0.5。需要指出的是，φ 值要根据具体情况而定。

B 间歇反应釜的体积计算

根据物料衡算结果，可以计算间歇反应釜的投料量，计算式如下：

$$\alpha = \frac{24}{\tau_{釜}} \tag{5-6}$$

每釜处理的物料体积 V_p可以计算如下：

$$V_p = \frac{V_0}{\alpha m_p} \tag{5-7}$$

式中，α 为反应釜的每昼夜反应周期数；V_0 为每昼夜（24 h）的投料体积。

每釜的实际体积 V_a 可以计算如下，也就是等同于式（5-5）：

$$V_a = \frac{V_p}{\varphi}$$

式中，对于间歇反应釜的装料系数 φ，可以比连续反应釜的装料系数更宽一些，即取其上限值或更大一些的数值。

C 反应釜体积和数量的确定方法

在利用式（5-3）~式（5-7）算得反应釜实际体积 V_a 和反应釜台数 m 之后，为了便于设备购置、试制加工、操作运行、后期维护，还需要对这些数据进行圆整化，即重新选定规整或统一化的反应釜体积和台数。

如果选择系列化的标准设备，一般要根据规定的反应釜体积系列（如 500 L、1000 L、1500 L 等），对反应釜体积进行圆整，同时确定设备台数 m。例如，计算得到 V_a 为 1.25 m^3、m 为 3.45 时，就可以选用 3 台 1.5 m^3（1500 L）的反应釜，或者 5 台 1.0 m^3（1000 L）的反应釜[2]。在反应釜的选用过程中，还要考虑工艺条件和反应热效应、搅拌性能等。反应釜体积越小，往往相对传热面积就越大、搅拌效果越好，但停留时间未必符合要求，物料返混也会较为严重，需要进行传热核算。

如果设计并试制非标准的反应釜，对于非标设备而言就还需确定其长径比，再进行校算。但是在设计过程中，可以初步地预设一个尺寸，即在国家规定的容器系列尺寸中选择一个尺寸，继而开展进一步的设计。

D 反应釜直径、筒体高度和封头

反应釜的长径比 γ 定义如式（5-8）所示。

$$\gamma = \frac{H}{D} \tag{5-8}$$

式中，D 为反应釜直径；H 为反应釜的筒体高度。反应釜的长径比 γ 一般取 1~3。

选定 γ 之后，可以确定直径 D 的圆整结果，再查阅有关机械手册并确定封头形式，同时查出封头体积（下封头）$V_{封头}$。

$$V = \frac{\pi}{4} D^2 H + V_{封头} \tag{5-9}$$

式中，V 可通过试算而选择到合适值。

E 传热面积计算和校核

反应釜一般采用夹套的冷却和加热形式，不会影响釜内物流的流型，其缺点是传热面积和传热系数较小。另外，釜的长径比也会影响传热面积。在反应釜设计结束之前，应该对其传热面积再次进行验算和核校。如果计算传热面积不够，就需要在釜内设置盘管、列管、回形管等，以增大传热面积。

F 搅拌器、管口、密封等部件的设计

釜用搅拌器的型式有桨式、涡轮式、推进式、框式及螺带式等，可以根据图 5-3 和

表 5-6进行试选及确定[2]。搅拌器的材质可根据物料的腐蚀性、黏度及转速等确定。在此基础上，进一步确定搅拌器的尺寸及转速，计算搅拌器轴功率、实际消耗功率及电机功率，最后确定搅拌轴直径。在夹套、釜底、釜盖上，根据工艺要求可进行开孔，例如进出料口、仪器仪表接口、手孔、人孔、备用口等。为了防止反应釜的跑、冒、滴、漏，特别是防止有毒害、易燃介质的泄漏，还要选择合理的密封装置，包括填料密封和机械密封等。

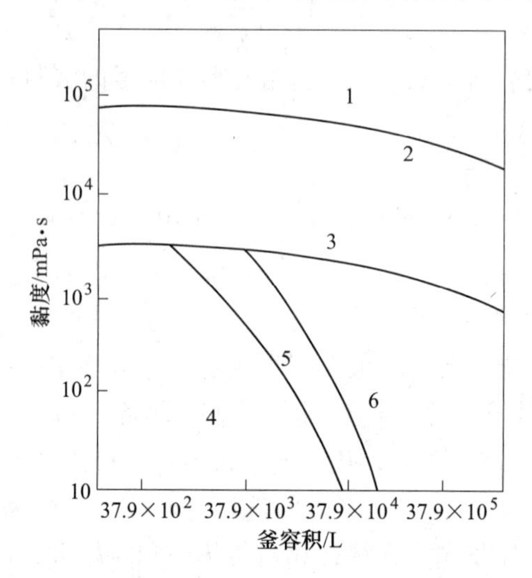

图 5-3　黏度、反应釜容积、搅拌器形式的对应关系

1—桨式改进型；2—桨式；3—涡轮式；4—推进式（1750 r/min）；5—推进式（1150 r/min）；6—推进式（4200 r/min）

表 5-6　搅拌器型式选用参数

操作类别	控制因素	适用搅拌型式	D_i/D	H/D_i
调和（低黏度均相液体混合）	容积循环速率（液体循环流量）	推进式、涡轮式，要求不高时用桨式	推进式：3~4 涡轮式：3~6 桨式：1.25~2	不限
分散（非均相液体混合）	液滴大小（分散度）、容积循环速率	涡轮式	3~3.5	0.5~1
固体悬浮（固体颗粒与液体混合）	容积循环速率、湍流强度	按固体大小、相对密度及含量决定用桨式、推进式或涡轮式	推进式：2.5~3.5 桨式、涡轮式：2~3.2	0.5~1
气体吸收	剪切作用、高速率	涡轮式	2.5~4	1~4
传热	容积循环速率、流经传热面的湍流程度	桨式、推进式、涡轮式	桨式：1.25~2 推进式：3~4 涡轮式：3~4	0.5~2
高黏度液体的搅拌	容积循环速率、低速率	涡轮式、锚式、框式、螺杆式、螺带式、桨式	涡轮式：1.5~2.5 桨式：约 1.25	0.5~1
结晶	容积循环速率、剪切作用、低速率	按控制因素用涡轮式、桨式或改进型	涡轮式：2~3.2	1~2

注：D_i为搅拌器内径；D 为搅拌器直径；H 为搅拌器内液体的装填高度。

5.4.6 液固分离设备

液固分离作为重要的化工单元操作，其主要方法有离心沉降、重力沉降、过滤和浮选等，下面介绍其相应的设备。

5.4.6.1 离心机

两相分离的场合决定离心机的选用。根据两液相之间的密度差，液—液系统的分离可使用沉降式离心机。常用的离心机有过滤式、沉降式、高速分离、台式、生物冷冻和旁滤式六种类型，前三类离心机种类型号较多，具体分类如下：

首先，过滤式离心机是常用的型式之一。过滤式离心机按卸料过程或方式可分为间歇卸料、连续卸料和活塞推料。过滤式离心机可处理固相颗粒在 0.01~3 mm 的悬浮液，如粒状、结晶状或纤维状物料。

其次，沉降式离心机的应用也较为广泛。沉降式离心机按结构形式可分为卧式螺旋沉降、带过滤段的卧式螺旋沉降等两种，可用于处理液—液—固三相混合物。

此外，常用的离心机还包括高速分离机。高速分离机的工作原理是利用转鼓高速旋转产生离心力，使混合液和悬浮液分别达到澄清、分离、浓缩的目的，广泛用于液—液、液—固、液—液—固分离。

5.4.6.2 过滤机

过滤机包括压滤机、转鼓真空过滤机、盘式过滤机、带式过滤机等类型。

压滤机广泛用于悬浮液的固液分离，主要可分为两大类，即板框式压滤机和箱式压滤机。板框式压滤机结构简单，生产能力弹性大，能够在高压力下操作，过滤后滤饼中含液量较低。箱式压滤机操作压力高，适用于难过滤物料。箱式压滤的优点是可自动连续操作，操作顺序为加料—过滤—干燥—卸料—加料。

转鼓真空过滤机的应用也很广泛，该类型过滤机的效率较高、过滤速度较快，一般需要在过滤面上对滤饼使用刮刀卸料，操作时需要一定的真空度，并且需要注意悬浮液的过滤温度应低于其汽化温度，过滤液内允许剩有少量固相颗粒。转鼓真空过滤机适用于过滤液量大，并要求连续操作的场合。

盘式过滤机目前在国内主要有三种结构型式，包括带有真空过滤设备的 PF 型盘式过滤机、FT 型列盘式全封闭自动过滤机、无真空设备的 PN140-3.66/7 型盘式过滤机，分别适用于工业料浆的连续真空过滤、制药行业的含絮状物药液过滤、纸浆浆料浓缩分离等。

按照通用的说法，带式过滤机有 DI 型、DY 型、SL 型、QL 型等类型。其中，DI 型移动真空带式过滤机可自动连续运转，机型可以灵活组合；DY 型带式压滤机可连续运行、无级调速，滤带自动纠偏、自动冲洗，并带有自动保护装置；SL 型水平加压过滤机和 QL 型自动清洗过滤机的过滤过程全封闭，其中后者可实现自动清洗及连续过滤。国内常用的带式过滤机为 DI 型和 DY 型两类。

5.4.6.3 离心机的选型

在选择离心机时首先要确定属液—液分离还是液—固分离，然后根据物性及对产品的要求决定选用离心机的类型。

对于液—液系统的分离，可选用沉降式离心机，其分离条件是两液相间必须有密度差。

对于液—固系统的分离，要根据分离液的性质、状态及对产品的要求，确定使用沉降式离心机或过滤式离心机，或者选用两者的组合型式。当固体颗粒在 1 μm 以下时，可选用离心力较大的沉降式离心机，使用过滤式离心机会出现过滤不彻底、固体损失大的问题；当固体颗粒在 10 μm 左右时，适合用沉降式离心机，如果此时可以循环滤液，则也可以选用过滤式离心机；当固体颗粒大于 100 μm 或更大时，沉降式离心机或过滤式离心机都可采用。

图 5-4 所示为各种离心机沉降设备的性能范围[2]，可用于粗略选定沉降离心机类型，其依据为固液密度差 $\Delta\rho(=\rho_s-\rho_l)=1\ g/cm^3$ 和黏度 $\mu=1$ mPa · s 所确定的性能范围。如果待分离的悬浮液性质与 $\Delta\rho$、μ 的设定区间不符，可按式（5-10）进行换算。

$$\frac{d_1}{d_2}=\sqrt{\frac{\mu_1\Delta\rho_2}{\mu_2\Delta\rho_1}} \tag{5-10}$$

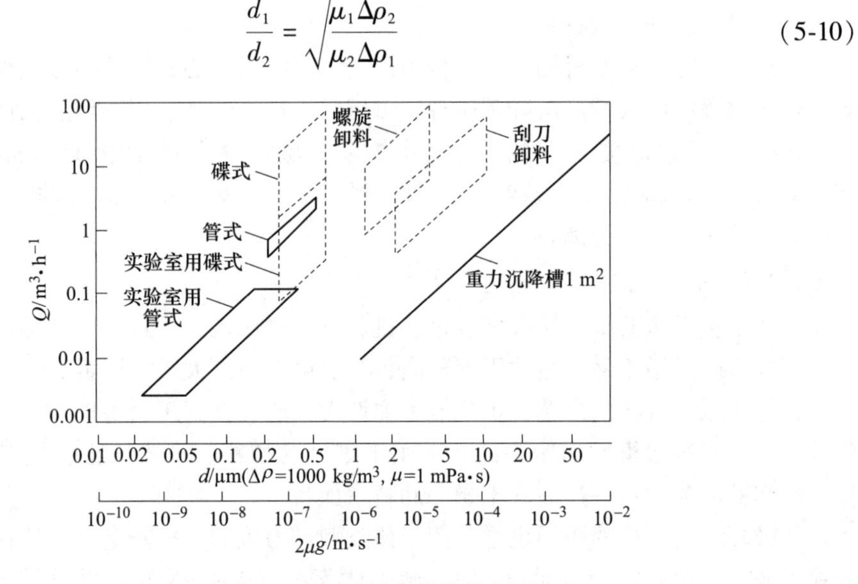

图 5-4　各种离心机沉降设备的性能范围

5. 4. 6. 4　过滤机的选型

过滤机选型主要根据滤浆的过滤特性、滤浆的物性及生产规模等因素综合考虑。

首先，需要考虑滤浆的过滤特性。滤浆的过滤特性按滤浆的性质可分为五大类，即过滤性良好的滤浆、过滤性中等的滤浆、过滤性差的滤浆、稀薄滤浆、极稀薄滤浆。其中，过滤性良好的滤浆是指在数秒钟之内能形成 50 mm 以上厚度滤饼的滤浆。处理这类滤浆时，可采用内部给料式或顶部给料式转鼓真空过滤机或间歇水平型加压过滤机。过滤性中等的滤浆是指在 30 s 内能形成 50 mm 厚滤饼的滤浆。这类滤浆过滤时，可采用有格式转鼓真空过滤机、水平移动带式过滤机、垂直回转圆盘过滤机或间歇加压过滤机。过滤性差的滤浆是指在真空绝压 35 kPa 下，5 min 之内最多能形成 3 mm 厚滤饼的滤浆。这类滤浆宜使用有格式转鼓真空过滤机、垂直回转圆盘真空过滤机、间歇加压过滤机等，如在生产规模小时就可以采用间歇操作的板框压滤机。稀薄滤浆是指其中的固相浓度在 5%（体积分数）以下，可采用预涂层过滤机、过滤面大的间歇加压过滤机或叶滤机进行过滤。极稀薄滤浆是指含固率低于 0. 1%（体积分数），一般不能形成滤饼的滤浆，此时可采用水平盘型加压过滤机、预涂层过滤机、带有预涂层的间歇加压过滤机或有预涂层的板框压滤机进行澄清处理。

其次，需要考虑滤浆的物性。滤浆的物性包括黏度、蒸气压和腐蚀性等。当滤浆的黏度高时，过滤阻力大，应采用加压过滤；当滤浆温度高时，蒸气压高，应采用加压式过滤机。当物料具有易爆性、挥发性和有毒时，宜采用密闭性好的加压式过滤机，以确保安全。

另外，生产规模也是需要考虑的要素。例如，大规模生产时应选用连续式过滤机；小规模生产时应选用间歇式过滤机。

5.4.6.5 浮选设备

浮选分离的概念已在3.2.1节的例3-3中进行了介绍。浮选生产中，浮选机应具有充气量大且易调节、矿浆通过能力大等特点，同时还应该结构简单、维修方便。对于浮选机的选型，应考虑浮选机类型、给矿性质、产品要求、生产规模等因素[3]。由于浮选过程的影响因素很多，因此浮选机的选型也显得较为复杂。

对于常规浮选机，其计算包括对浮选机有关的指标和参数的确定。在确定浮选时间方面，某个物料所需的浮选时间一般是根据浮选试验结果，并参照类似原料的浮选厂或车间实例而确定的。在具体生产过程中，可根据小规模浮选试验的浮选时间 t_0(min) 和充气量 q_0[$m^3/(m^2 \cdot min)$]，以及工业上选用浮选机的充气量 q[$m^3/(m^2 \cdot min)$]，按下式设计所需的浮选时间 t：

$$t = t_0\sqrt{\frac{q_0}{q}} + \Delta t \tag{5-11}$$

式中，Δt 为根据经验增加的浮选时间，$\Delta t = kt_0$(min)，$k = 0.5 \sim 1$。

在选择浮选机时，还需要确定其干矿处理量和矿浆处理量，这是指工业浮选机单位容积（或单台）在单位时间内所处理的物料量。其中，干矿处理量 Q[t/(台·h)] 可根据浮选机的单槽有效容积 V(m^3) 和槽数 n、矿浆液固比 R、矿物质密度 δ 及所需的浮选时间 t(min) 按下式计算：

$$Q = \frac{60KVn}{(R + 1/\delta)t} \tag{5-12}$$

式中，K 为浮选机的矿浆体积与有效容积之比，在选煤时一般取0.9~0.95，在选矿时一般取0.65~0.85的经验值。

矿浆处理量 W(m^3/min) 则根据浮选机处理的干矿量和矿浆液固比计算。

$$W = \frac{K_1Q(R + 1/\delta)}{60} \tag{5-13}$$

式中，K_1 为不均衡系数，$K_1 = 1 \sim 1.3$。

在确定浮选机槽数 n 时，可根据计算出的浆处理量、浮选时间、选用浮选机的单槽有效容积，按下式计算：

$$n = \frac{W_t}{K_2V} \tag{5-14}$$

式中，K_2 为浮选槽有效容积与几何容积之比，取值和计算干矿量时相似。

与常规浮选机的计算有所不同，对于现代大型浮选机而言，其设计计算过程还需要考虑其他各类因素[3]。通常应根据试验结果，并参照类似矿石选矿厂生产实例来确定浮选时间。浮选机规格及台数的选择一般要满足如下要求，即尽量选用较大规格的浮选机，每列粗选、扫选作业浮选机的槽数总和不宜过少（在浮选中，原矿浆的浮选称为粗选，粗选精矿的再次浮选称为精选，粗选尾矿的再次浮选称为扫选），一般不少于八个槽，且每个作业所用的浮选机应不少于两台。粗选和扫选作业一般用同规格的大浮选机，精选作业一般采用比粗选、扫选规格小的浮选机。

在现代大型浮选机的选型过程中，浮选机槽数按下式计算：

$$n = Wt/(VK) \tag{5-15}$$

式中，n 为浮选机计算槽数；W 为计算矿浆体积，m^3/min；t 为设计浮选时间，min；V 为设计选用浮选机的几何容积，m^3；K 为浮选机有效容积与几何容积之比的系数，一般对于有色金属矿石，可取 K 为 0.8~0.85，而对于铁矿石，则可取 K 为 0.65~0.75，通常在泡沫层厚时取较小值，反之则取较大值。

浮选矿浆体积按下式计算：

$$W = [K_1 q(R + 1/\rho)]/60 \tag{5-16}$$

式中，W 为计算矿浆体积，m^3/min；K_1 为处理量不均衡系数，一般情况下，当浮选前为球磨时，可取值为 1.0，而采用湿式自磨时，则取值为 1.30；q 为设计作业流程量（包括返矿量，t/h）；R 为作业矿浆的液固质量比；ρ 为矿石密度，t/m^3。

在确定浮选时间方面，由于试验时的浮选时间往往比工业生产的时间要短，所以在设计中应将试验浮选时间延长，国外通常是乘以 2 的调整系数，国内则乘以 1.5 的调整系数。实际设计时，应视具体情况而确定合适的浮选时间调整系数。例如，对于新设计的选矿厂，浮选机的充气量与试验用浮选机的充气量不同，应按下式加以调整：

$$t = t_0(q_V/q'_V)^{1/2} + K_2 t_0 \tag{5-17}$$

式中，t 为设计浮选时间，min；t_0 为试验浮选时间，min；q_V 和 q'_V 分别为试验及设计选用浮选机的充气量，$m^3/(m^2 \cdot min)$；K_2 为浮选时间调整系数，一般可取值为 0.75~1.0。

5.4.7 干燥设备

干燥设备在生产中常用于除去原料、产品中的水分或溶剂，以便于运输、储存和使用。常用的干燥设备通常包括箱式（间歇式）干燥器、带式干燥器、喷雾干燥器、气流干燥器、流化床干燥器、旋转闪蒸干燥器、移动床干燥器、回转干燥器、真空干燥器、滚筒干燥器等。

其中，箱式（间歇式）干燥器是应用较为广泛的古典式干燥设备，有平行流式箱式干燥器、穿流式箱式干燥器、真空箱式干燥器、热风循环烘箱四种。带式干燥器是物料移动型干燥器，按照气流通过方式、带的层数、通风方向和排气方式可进行多种分类。喷雾干燥器是使雾化的物料在热风中快速干燥的设备，可以使液体物料经过雾化后转变为粉状或颗粒状固体，其优点是干燥速度快，但能耗也相对较高。气流干燥器利用高速流动的热气流使湿固体颗粒悬浮在其中，产生瞬间干燥的效果。气流干燥器根据湿物料的加入方式可分为直接加入型、带分散器型和带粉碎机型；根据气流管型可分为直管型、脉冲型、倒锥型等。流化床干燥器又称沸腾床干燥器，利用流态化技术来干燥湿物料，由于物料与干燥介质的接触面积大，因此传热效果好、干燥速度快。旋转闪蒸干燥器是一种能将膏糊状、滤饼状物料直接干燥成粉粒状的连续干燥设备，热空气从干燥机底部快速进入干燥室，对物料产生搅拌粉碎效果，微粒化以后的物料在干燥过程中具备传质传热效率高的特点，可实现较高的干燥强度。移动床干燥器用于大量地连续干燥可自由流动而含水分较少的颗粒状物料，其主要干燥物料是 2 mm 以上颗粒。该类干燥器适合大生产量连续操作，结构较为简单，易于操作。回转干燥器在工业上应用较广，其主体为一能回转的倾斜圆筒体，湿物料加入后与圆筒内热风或加热壁面接触而被干燥。该类干燥器适用于处理量大、含水分较少的颗粒状物料，主要形式有直接或间接加热式回转圆筒干燥器、穿流式回转干燥器。真空干燥器可分为搅拌型圆筒干燥器、耙式真空干燥器、双锥回转型真空干燥器等类型，适用于热敏性、易氧化、易燃烧的物料，例如用于灭菌、防污染医药制品的干燥等，也可用作低含水率物料的第二级干燥器。滚筒干燥器的应用也比较广泛，其原理是料液进入滚筒干燥器的受料槽内，由布膜装置使物料呈薄膜状附在被加热了的滚筒表面，物料受热后其湿组分发生汽化和脱水。该类干燥器的热效率高、干燥速率大、温度梯度较大，可使料膜表面保持较高的蒸发强度，适用于热敏性物料的干燥。

在干燥设备的选型过程中，干燥设备的操作性能应适应被干燥物料的特性，满足干燥产品的质量要求，符合安全、环境和节能要求，其选型原则包括以下几点：首先，需要考虑与干燥操作有关的物料特性，如物料形态、物料的物理性能、物料的热敏性能、物料与水分结合状态；其次，还需要考虑对产品品质的要求，如产品外观形态、产品终点水分含量、干燥均匀性、产品品质及卫生规格等；再次，使用者所处地理环境及能源状况、物料特殊性，如毒性、流变性、表面易结壳硬化或收缩开裂等特殊性能，以及产品商业价值状况与干燥能耗成本的比较等，也是干燥器设备选型时需要考虑的重要因素。

5.4.8 其他设备和机械

在设备选型工作中，还需要考虑起重、运输、加料计量等机械或设备的型式。

对于起重机械，一般情况下多为间歇使用，在选型时应按照工艺流程安排，根据起重的最大负荷和起重高度来选型。

运输机械包括车式运输机械和各式运输机，选型标准包括工艺要求设计最大起重量（载重量）、起升高度、行驶速度、爬坡度等。对于生产中一些小颗粒粉尘状物料和滤饼、破碎料、废渣的输送机械的选型，应根据物料性质、输送连续性、稳定性要求等工艺参数，选择合适的输送带等设备材料和恰当的型号。

对于加料和计量设备，选型情况视工艺需求而定。在干燥装置、粉碎筛分装置和一些气固相反应的设备中，常见的固相物料加料器有旋转式加料器、螺旋给料器、摆动式给料器和电磁控制给料器等。这些加料或计量设备的选型标准是使设备能定量给料，并且运行可靠稳定，不会破坏物料的形状和性能，此外，还应该体现出结构简单、外形小、功耗低、不漏料漏气、计量精确、操作方便等特点。

总体来看，各种设备的选型步骤都是首先要明确设计任务，并且了解工艺条件，确定设计参数；其次，要选择一个适用的类型；另外，还要根据工艺条件进行必要的计算，从而选择一个标准设备的具体型号，或者确定非标设备的具体尺寸。

5.5 选型示例

总体来看，设备的类型及主要尺寸取决于该设备在生产过程中的地位、所承担的生产任务、生产过程的条件、生产方法、整个生产中的最优化的条件等。对于设备所应满足的基本要求，大体上可分为技术经济指标和结构指标两种，归根到底是力求总成本最低。在技术的经济指标方面，主要的指标有单位生产能力、消耗系数、设备价格、管理费用和产品总成本等。设备在结构上也有一定的指标要求，如强度、耐久性、刚度、密封性等。

技术经济指标中的单位生产能力是指处理量与设备的效率两者综合考虑的结果，即设备的单位体积、单位重量或单位面积在单位时间中完成的生产任务。消耗系数是指生产单位产品所消耗的原材料（原料、燃料、蒸汽、水、电能等）的多少，其值与生产的工艺路线和设备的选型及结构有关。建厂时应该尽量采用价格低廉的设备（设备价格包括原材料价格、制造费用、附属设备费用等），但是有时如果设备能保证较高的生产能力、较高的产品质量和控制现代化，那么即使价格昂贵，采用这种设备也是值得的。工厂的管理费用需要考虑人员、各部门联系等多方面的因素，在设计中应力求管理费用最低。产品总成本是生产中一切经济效果的综合反映，取决于生产过程的每一个环节。

设备结构要求的强度是指设备的所有部件都应有足够的强度，能保证生产和工人的安全。设备的耐久性由设备要求使用的年限决定，多取决于腐蚀性。刚度是指设备在外力的作用下保持形状不变的能力。设备的密封性是评价生产安全性的指标。

在选择设备型式时，必须充分考虑设备的要求，包括各种定型设备和非标设备的规格、性能、技术上的特性与使用的条件。首先必须考虑满足工艺的要求、经济性，一般根据被处理物的性质和生产过程的要求来确定设备的型号，然后根据物料衡算和相关工艺计算确定设备的规格型号。

例 5-2 根据例 3-1、例 4-6 和例 5-1，试作出四效蒸发制盐过程各主要设备的选型。

解：（1）脱氧器。脱氧器可以除去卤水中氧气、二氧化碳及其他不凝气体，减轻对设备的腐蚀，降低对传热的不利影响，从而提高传热系数。脱氧器主要由喷淋装置，即淋水板和脱氧卤水贮桶组成。

脱氧器直径可由下式求得：

$$d=\left(\frac{4Q}{A\pi}\right)^{1/2}$$

式中，d 为脱氧器直径，m；Q 为进卤量，m^3/h；A 为喷淋密度，$m^3/(m^2\cdot h)$，一般可取 12。

由此可算出 $d=(4\times63.23/(1.19\times12\times3.14))^{1/2}=2.37$ m，取圆整值为 2.4 m。

储桶直径可由下式求出：

$$D=(4\times0.5Q/\pi)^{1/3}$$

可以算出 $D=(4\times0.5\times63.2343/(1.19\times3.14))^{1/3}=3.23$ m，取圆整值为 3.3 m。

（2）洗盐器。盐矿水采卤由于没有经过预处理，因此可能还含有某些杂质。另外，由于设备、管道、阀门等的腐蚀，也可能带入一些铁等金属杂质。所以，生产出的食盐可能会含有如硫酸钙、硫酸钠、铁、硼、钾等某些杂质，影响盐质。采用洗盐器将食盐中杂质除去，可使 NaCl 含量达到 98%~99%。

取最宜下盐量 $B=12000$ kg/(m^2·h)，产盐量为 G kg/h，则洗盐器沉降部分截面积为：

$$F=G/B$$

可以算出 $F=13888.89/12000=1.1574$ m^2。

所以，洗盐器的直径 $d=(4F/\pi)^{1/2}=1.2139$ m。

假设淘洗卤水的上升速度为 0.0055 m/s，则淘洗卤量为 $Q=3600\times0.0055\times F=3600\times0.0055\times1.1574=22.19$ m^3/h。

（3）蒸发器。蒸发是重要的单元操作之一，蒸发过程是一个热量传递过程。实际上，蒸发设备属于换热设备。本例选用强制反循环、竖式、外加热式蒸发器，后面的三效还采用了真空蒸发的设备形式。

在这种蒸发器的加热室内，由于管外蒸汽冷凝放热，从而使得料液被加热到高于蒸发室料液沸点的温度，成为所谓的过热料液。过热料液在加热室上方的沸腾段和蒸发室沸腾汽化，蒸发出部分水分，以此消除过热度。

强制循环蒸发器的优点如下：首先是强制循环，使得循环速度较大，一般可以达到 2~5 m/s，传热系数较高；其次是靠循环泵循环，由于加热蒸汽的压力变化对循环速度没有影响，所以操作比较稳定；再次，由于料液所需的过热较低，一般为 1.5~3.0 ℃，所以温度损失小，蒸汽的热经济程度较好，有利于采用多效蒸发操作。强制循环蒸发器的缺点是动力消耗较大，通常每平方米加热面积需动力 0.2~0.5 kW。

之所以选择反循环蒸发器，是为了解决料液在加热管内沸腾结垢的问题。反循环蒸发器可以有效地压制料液管内沸腾，避免或减轻了盐垢的形成，其原理如下：反循环时，料液自上而下通过加热室，加热室出口在下方，料液温度最高的地方，也是液体静压强最大的地方，因而也是沸点最高的地方。加热管内料液温度低于沸点，在加热室内不沸腾。在正循环时，加热室上方的液柱是汽液混合物，重度小、压强低；而在反循环时，加热室的上方是纯液体，液柱的重度大、压强高。

真空蒸发即减压下的蒸发，其优点是在减压下溶液的沸点降低，使蒸发器的传热推动力增大，可以节省蒸发器的传热面积。蒸发操作的热源可以采用低压蒸汽或者废热利用，有利于实现多效蒸发。真空蒸发也适用于处理热敏性溶液。但是真空蒸发也有一些缺点，例如由于蒸发温度降低，使料液的黏度增大，导致总传热系数下降；需要有造成负压的装置，并消耗一定的能量等。

蒸发器分为加热室和蒸发室，本例中首先计算加热室的各项参数。根据附录 1 的试算，程序的打印结果显示，加热室的平均面积是 376.2469 m^2，圆整至 400 m^2。假定加热管长度 $L=8$ m，加热管直径方面则选用 $\phi45\times3$ 的热轧无缝钢管。

因此，加热管根数 n 可采用下式计算：

$$A=n\pi dL$$

或者

$$n=A/(\pi dL)$$

式中，A 为加热室面积；L 为加热管长；d 为加热管的平均半径，$d=(45+39)/2=42$ mm，其中数值 39 为加热管外径和内径（外径减去壁厚）的均值。

见附录1的程序打印结果，其值显示加热管根数为383.51根，圆整至384根。

对于加热室内径的计算，假设管子与管板采用胀接法，加热室加热管采用正三角形排列，则加热室内径D_m为：

$$D_m = a(b-1)+4d_0$$

式中，a为管子中心距，取$a=1.3d_0$；b为最外层六角形对角线上的管子数，根据几何关系知$b=1.1n^{1/2}$。

由附录1程序的打印结果，可得$D_m=1382.50$ mm，圆整到$D=1400$ mm，壁厚取12 mm。

其次，计算蒸发室的各项参数。

蒸发室直径$D_{蒸发室}$用断面蒸发强度计算。断面蒸发强度是指在单位时间、单位面积上的蒸发水量，以E表示，$E=W_{蒸发水量}/F_{截}$，单位为kg/(m^2·h)。用$F_{截}$表示蒸发室的横截面积，$F=\pi D_{蒸发室}^2/4$，由此可得$D=(4W/(\pi E))^{1/2}$。在这些计算中，$W_{蒸发水量}$为单位时间的蒸发水量，kg/h。

经验地，真空制盐生产中断面蒸发强度与操作压力的关系见表5-7。

表5-7 断面蒸发强度与操作压力的关系

操作压强/9.81 N·cm^{-2}	2.2	1.6	1.4	1.2	1.0	0.8	0.6	0.4	0.1
断面蒸发强度/kg·(m^2·h)$^{-1}$	1250	1200	1180	1150	1100	1050	990	920	800

在附录1中，根据表5-7的数据，编制“断面蒸发强度—操作压力”函数库程序，并据此计算蒸发室的直径，由程序的打印结果可知：

$D_1=3.63$ m

$D_2=3.64$ m

$D_3=3.85$ m

$D_4=4.03$ m

为了方便制造安装、降低制造成本，在实际生产中一般要求各效蒸发室大小一致，故统一取$D=4.0$ m，壁厚取12 mm。

蒸发室高度H可按下式计算：

$$H = H_1 + H_2 + H_3$$

式中，H_1为料液层高度，按经验值取1~1.5 m；H_2是汽化分离空间高度，按经验值取2~2.5 m；H_3为安全高度，按经验值取0.5~1.0 m。

所以，$H=1.5+2.5+1.0=5$ m。

除了加热室和蒸发室之外，在蒸发器的计算中，还需要确定一些辅助装置。例如，需要选择蒸发室的辅助装置汽—液分离器（捕沫器）型式。二次蒸汽从沸腾液体中溢出时，带有大量不同大小的液滴，在蒸发室中由于气体通道截面的扩大，使得蒸汽速度下降，部分液滴借重力而沉降，但离开蒸发室时仍夹带着相当量的液沫，如果不进行分离回收，将会造成产品损失、污染冷凝液、腐蚀设备和堵塞管道。因此，汽液分离是蒸发操作中的重要组成部分。汽液分离器的作用有两点，一是将浓缩溶液与二次蒸汽分离，二是将雾沫中的液滴聚集并与二次蒸汽分离。依据捕沫降雾的机理和结构特点，可以将汽液分离器分为离心型、惯性型、汽滤型和洗涤型等。在本例中，采用球形除沫器。

在蒸发器的选型过程中，还需要确定沸腾段的高度。由于强制循环蒸发器的循环速度较大，过热度较小，所以普遍认为采用节流的方法就能防止加热管内沸腾，但管内还是有结垢的现象。根据国内外生产情况，有些学者认为强制罐也应有沸腾段，在采用节流方法的过程中，只有在传热温差较小、过热度较小时，才能起到一定作用。为了防止加热管内料液沸腾结垢，加热管上方的压强必须大于加热管出口处料液所对应的饱和蒸汽压；由于管壁处边界层的温度高于料液的主体温度，所以在计算沸腾段时管内料液温度应取边界层温度，边介质的温度可以近似地取管内壁的温度。目前我国盐化行业使用的强制循环蒸发器沸腾段的高度一般在4~5 m，按经验，本例中的沸腾段高度直接取4 m。

下面计算循环管的直径，计算方式如下：

$$D_{循} = (4F_2/\pi)^{1/2}$$

式中，F_2 为循环管横截面积（流通截面积），m^2；$D_{循}$为循环管直径，m。

加热管的流通面积为$f=n\pi d^2/4$。对于强制循环外加热式蒸发罐，其循环管流通截面积与加热管流通截面积f之比一般为 $F_2/f=1.0\sim1.5$，现取 $F_2/f=1.3$。将上述等式编入附录1的C语言程序，结果为 $D_{循}=800$ mm。

强制循环蒸发器的循环泵一般为轴流泵，由于上循环管与蒸发室内料液基本平衡，故所需扬程仅为克服流体阻力，即直管摩擦力和局部摩擦力。在循环系统中流体阻力的影响因素有很多，计算也往往不太准确，根据实际经验，可以取2~3 m液柱计算，该数值一般可以满足实际要求。

设循环泵流量 $Q=\pi nd^2u$，式中，Q 为流量，m^3/s；d 为加热管内径，m；n 为加热管根数；u 为循环流速，取2 m/s。

泵的轴功率可按 $N=QH\rho/(102\eta)$计算，式中，N 为电机功率，kW；Q 为流量，m^3/s；H 为压头，可取3 m；ρ 为料液密度，取1737 kg/m^3。功率的计算结果可见附录1，算得 $N=63.6$ kW。

假设查《制盐工艺手册》[4]，可选 Acp-Ⅱ-600 系列泵，其主要性能如下：流量为 3762 m^3/h（1.045 m^3/s），扬程为3.5 m，转速为750 r/min，效率为70%，电机功率需要90 kW。在此基础上，假设查《中小型电机产品样本》[5]，可选用J2-91-2型电机，其功率为100 kW，转速为3000 r/min，效率为92%，安装尺寸为885 mm×740 mm×630 mm。

蒸发器的盐腿，按经验值取2 m。

对于蒸发器的接管，包括蒸汽管、冷凝水管、卤水进料管、盐浆管等。其中，在蒸汽管中，设蒸汽流速为 v m/s，D 为每秒耗蒸汽量，ρ_s为蒸汽密度，d 为蒸汽管内径，则 $D=\pi d^2 v\rho_s/4$，所以 $d=(4D/(\pi v\rho_s))^{1/2}$。在附录1中，编制蒸汽密度-蒸汽温度、蒸汽耗量-效数的计算机函数程序库，由于饱和蒸汽在管道中常用流速范围为20~40 m/s，因此取Ⅰ效加热室蒸汽流速 $v_1=20$ m/s，Ⅱ效加热室蒸汽流速 $v_2=25$ m/s，Ⅲ效加热室蒸汽流速 $v_3=30$ m/s，Ⅳ效加热室蒸汽流速 $v_4=35$ m/s，Ⅳ效蒸发室蒸汽流速 $v_5=40$ m/s，代入附录1的计算机程序进行试算，结果如下：

$d_1=340$ mm，取 $d_1=450$ mm

$d_2=400.3$ mm，取 $d_2=500$ mm

$d_3=521$ mm，取 $d_3=600$ mm

$d_4=686$ mm，取 $d_4=800$ mm

$d_5=1086$ mm，取 $d_5=1200$ mm

对于各效冷凝水管径，因为冷凝水流速一般为0.5~1 m/s，本例中取 $v=1$ m/s，代入附录1计算机程序进行计算，得到结果如下：

Ⅰ效冷凝水管径：$d_1=65.81$ mm，选 $\phi 68$ mm×3.0 mm 热轧无缝钢管；

Ⅱ效冷凝水管径：$d_2=56.51$ mm，选 $\phi 60$ mm×3.0 mm 热轧无缝钢管；

Ⅲ效冷凝水管径：$d_3=54.11$ mm，选 $\phi 60$ mm×3.0 mm 热轧无缝钢管；

Ⅳ效冷凝水管径：$d_4=57.75$ mm，选 $\phi 60$ mm×3.0 mm 热轧无缝钢管。

对于卤水进料管径，由于一般卤水的流速为1.5~2 m/s，本例中取卤水流速为1.5 m/s，代入附录1计算机程序进行计算，得到结果如下：

Ⅰ效进卤管径：$d_1=51.86$ mm，选 $\phi 60$ mm×3.0 mm 热轧无缝钢管；

Ⅱ效进卤管径：$d_2=50.37$ mm，选 $\phi 57$ mm×3.0 mm 热轧无缝钢管

Ⅲ效进卤管径：$d_3=48.78$ mm，选 $\phi 57$ mm×3.0 mm 热轧无缝钢管；

Ⅳ效进卤管径：$d_4=48.67$ mm，选 $\phi 57$ mm×3.0 mm 热轧无缝钢管。

对于盐浆管管径，假设盐浆流速 u 为1 m/s，代入附录1计算机程序进行计算，得到结果如下：

Ⅰ效盐浆管径：$d_1=46.63$ mm，选 $\phi 50$ mm×3.0 mm 热轧无缝钢管；

Ⅱ效盐浆管径：$d_2=45.50$ mm，选 $\phi 50$ mm×3.0 mm 热轧无缝钢管；

Ⅲ效盐浆管径：$d_3=43.05$ mm，选 $\phi 50$ mm×3.0 mm 热轧无缝钢管；

Ⅳ效盐浆管径：$d_4=42.96$ mm，选 $\phi 50$ mm×3.0 mm 热轧无缝钢管。

（4）预热器。在预热器中，卤水流经管内、蒸汽流经管间。由附录1程序试算可知，四个预热器的面积 S 分别为123.6 m^2、89 m^2、68 m^2、40 m^2。假设预热器管长度 L 为6 m，换热管选用 $\phi 38$ mm×3.0 mm 热轧无缝钢管，根据公式 $S=n\pi dL$，得换热管根数 $n=S/(\pi dL)$，式中，d 为换热管直径。将此式代入计算机程序，可得到各个预热器的换热管根数。

壳体内径可以根据公式 $D=t(n_c-1)+2b$ 计算，式中，D 为壳体内径；t 为管中心距，$t=(1.3\sim1.4)d$；n_c 为横过管束中心线的管数，正三角排列时，$n_c=1.1n^{1/2}$；b 为管束中心线上最外层管的中心至壳体内壁的距离，取 $b=1.4d$；壳体壁厚取10 mm，按《钢制封头》（GB/T 25198—2010），选标准椭圆封头，其曲面高度为175 mm，直边高40 mm。

接管直径按公式 $d=(4v/(\pi u))^{1/2}$ 计算，式中，d 为接管直径，m；v 为流体的体积流量，m^3/s；u 为流体在接管中的流速，取2.0 m/s。

按照上述公式，把数据代入附录1程序进行试算，可得到附录1末尾所示的结果。

（5）蒸汽冷凝器。蒸汽冷凝器的作用是用冷却水将二次蒸汽冷凝。如果二次蒸汽是需要回收的溶剂，则必须采用间接式冷凝器。由于本设计中的二次蒸汽为水蒸汽，无需回收，因此采用直接式冷凝器（也称大气式冷凝器、气压冷凝器、混合式冷凝器），它是由二次蒸汽与冷却水直接接触来进行热交换的，冷凝效果好，结构简单，操作方便，造价低廉。

本例采用自排不凝性气体的多层多孔板式混合冷凝器。

首先，计算冷却水消耗量 W_L。冷却水进口温度设为25 ℃，冷凝器入口蒸汽压力为11.50 kPa，查手册得1 m^3/h 冷却水可以冷却的蒸汽量为26 kg/h（经验值），则冷却水耗

量为 $W_L=1.25W/X$，式中，W 为所需冷凝蒸汽量。经过附录 1 的试算，得 $W=496.93$ kg/h。

冷却水贮槽按 2 h 储量计算。冷凝器直径按经验式 $D=(W/(0.785u))^{1/2}$ 计算，式中，W 为二次蒸汽体积流量。根据附录 1 的程序试算结果，可得冷却水进口温度为 25 ℃，冷却水量为 496.93 t/h，蒸汽体积流量为 37.09 m³/s，流速为 20 m/s，冷凝器直径为 1536.92 mm，圆整至 1600 mm。查国家标准，选用椭圆封头，封头高 450 mm，直边高 50 mm。

对于蒸汽冷凝器的淋水板，选择淋水板为 7 块，块间距根据经验的等板间距公式 $L=0.6D$ 计算，即 $L=0.6D=0.6\times1600=960$ mm。所以，总高度 $H=8\times960=7680$ mm。

计算淋水板的宽度。假设第一块与第七块为圆形淋水板，其余五块为弓形淋水板，其宽度为 $B=D/2+0.05=0.8+0.05=0.85$ m，取 $B=1$ m。淋水板堰高 H 取 60 mm，淋水板孔径取 8 mm。

淋水的孔数可根据淋水孔冷却水流速 $u_0=\eta\varphi(2gh)^{1/2}$ 计算，式中，u_0 为冷水速度；η 为淋水孔阻力系数，取 0.96；φ 是水流收缩系数，取 0.81；h 为淋水板堰高。在此情况下，可得 $u_0=0.96\times0.81\times(2\times9.81\times0.06)^{1/2}=0.8436$ m/s。

由于单孔淋水量 $W_0=3600\times0.785\times d^2\times u_0=3600\times0.785\times0.008^2\times0.8436=0.1526$ m³/h，则最上面一块板的淋水孔数 $n=1.15W_L/W_0=1.15\times496.932/0.1526=3744.3$ 个，取淋水孔数的圆整值为 3745 个。

其余各块淋水板的淋水孔数，假设 $N=1.05W_L/(2W_0)=1.05\times496.932/(2\times0.1526)=1709.6$ 个，取淋水孔数的圆整值为 1710 个。

下面计算冷凝器各管口尺寸。蒸汽进口管径 D_1 与四效蒸发室出口蒸汽管径相同，取 1200 mm。不凝气出口管径 $D_2=0.1225$ m。设冷却水流速 $u=1.5$ m/s，则冷却水进口管径 $D_3=W_L^{1/2}/66=496.932^{1/2}/66=0.3378$ m，取 $D_3=420$ mm。对于冷却水出口管径 D_4，根据经验，冷却水在大气腿管内的流速取 1 m/s，因此 $D_4=(W_L/(0.785\times3600))^{1/2}=(496.932/(0.785\times3600))^{1/2}=0.4193$ m，取冷却水出口管径 $D_4=420$ mm。

对于气压管长度 H，假设混合冷凝器内操作真空度为 690 mmHg，本地大气压按一个大气压计算，则 $H_0=B\times10.33/760=690\times10.33/760=9.3786$ m，进而 $H=H_0+0.6=9.98$ m，取圆整值 $H=10$ m。

（6）离心机。假设经沉降器沉降后，固液比为 2∶1，所以湿盐量为 $13.89\times3/2=20.83$ t/h。查手册选用 IW650-N 型离心机，即 WI-650 型卧式锥篮离心机。该型离心机转速为 1460 r/min，生产能力为 9～12 t/h，电机功率为 15 kW，外形尺寸为 2325 mm×1185 mm×1500 mm。

（7）增稠器。设流量 $Q=12.38$ m³/h，流速 $u=3\sim15$ m/s，取 $u=10$ m/s，按 $Q=\pi D^2u\times3600/4$ 估算，其底部出口直径 $D=(12.38\times4/(10\times3.14\times1000))^{1/2}=0.0209$ m。假设增稠器的上下口径之比为 $D_c/D=7$，则 $D_c=0.1465$ m。取圆整值 $D=21$ mm，$D_c=150$ mm。

（8）干燥器。根据题意，被干燥物料为精盐，干燥前水分含量 $W_1=3\%$，干燥后水分含量 $W_2=0.3\%$，并且生产能力需要达到 $Q=13.89$ t/h。

假设干燥器为振动流化床类型，选择 GIRY15×75 型振动流化床干燥机，其加热温度可达 140～150 ℃。

下面对干燥过程进行物料衡算和热量衡算。已知干燥前湿盐含水量 $X_1=0.3$，干燥后成品盐含水量 $X_2=0.003$；干燥前湿盐温度 $\theta_1=20$ ℃，干燥后成品盐温度 $\theta_2=60$ ℃；空气进入预热器前相对湿度 $\varphi=60\%$，空气进入预热器时的温度 $t_0=20$ ℃，空气离开预热器时的温度 $t_1=60$ ℃。根据这些参数，可知干燥时水分蒸发量 $W=G(X_1-X_2)=20.83\times10^3\times(0.3-0.003)=562.5$ kg/h。

在此情况下，蒸发水分耗热量 $Q_1=W(I_1-C_{水}\theta_1)$，式中，I_1 为干燥器中水汽的热焓量，kJ/kg；θ_1 为湿物料的初温；$C_{水}$为水的比热。由此可得 $Q_1=562.5\times(2677.0-4.187\times20)=1.458720\times10^6$ kJ/kg。湿盐温度由 θ_1 加热到 θ_2 耗热量为 $Q_2=GC_{盐}(\theta_1-\theta_2)=20.8335\times10^3\times0.938\times(60-20)=7.8165\times10^5$ kJ/h。因为干燥为连续操作，故干燥设备温度升高所需热量可忽略不计。假设损失于外界的热量为 Q_4，并假设 Q_4 为 10% 的有效热量，则 $Q_4=0.1\times(Q_1+Q_2)=0.1\times(1.4587+0.78165)\times10^6=2.24\times10^5$ kJ/h。当 $t_0=20$ ℃、$\varphi=60\%$时，空气的 $H_0=0.009$，因为在预热器中空气的温度不变，故 $H_1=H_0=0.009$ $kg_{水}/kg_{干空气}$。根据经验式 $(t_1-t_2)/(H_2-H_1)=Q/W(1+1.97H_1)$，可得 $(140-t_2)/(H_2-0.009)=1.1(Q_1+Q_2)/[562.5\times(1+1.97\times0.009)]$，整理得 $4304.8H_2+t_2=178.74$；对于该经验式，可以采用试差法，先假定 t_2 的值，查阅一些化工手册中的湿度-焓（H-I）算图，找出对应的 H_2 值代入计算，可得 $t_2=85$ ℃、$H_2=0.028$ $kg_{水}/kg_{干空气}$。

在干燥器中，沸腾床所需干空气量 $L=W/(H_2-H_1)=562.5/(0.028-0.009)=29605.26$ kg/h＝24885.38 m³/h。干燥时所需加热空气的热量 $Q_{空}=L(I_1-I_0)$，由 H-I 图查得 $I_0=43$ $kg/kg_{干空气}$，$I_1=163$ $kg/kg_{干空气}$，因此 $Q_{空}=29605.26\times(163-43)=3352631.58$ kJ/h。加热蒸汽消耗量通过 $Q_{空}=D_{蒸汽}r\eta$ 估算，即 $3352631.58=D_{蒸汽}\times2093.62\times0.96$，得 $D_{蒸汽}=1649.75$ kg/h。

假定加热蒸汽流速 $u=15$ m/s，则蒸汽管径 $d=(4D_{蒸汽}r/(3600\times15\times3.14))^{1/2}=(4\times1668.08/(3600\times15\times3.14))^{1/2}=0.11246$ m，取蒸汽管径 $d=112.5$ mm，圆整后选用 $\phi121$ mm×4.0 mm 的热轧无缝钢管。

对于冷凝水管，设定冷凝水流速 $u_0=1.5$ m/s，则 $d_0=(1668.08\times4/(1000\times1.5\times3600\times4))^{1/2}=0.0198$ m，据此选用 $\phi32$ mm×4.0 mm 的热轧无缝钢管。

干燥器还包括一些辅助设备，如散热器、旋风分离器、湿式除尘器、鼓风机、引风机等，可根据物料衡算、热量衡算的结果，通过查阅手册或供应商信息来确定其型式，在此不再赘述。

（9）闪发器。闪发器的作用是利用相邻两效加热室的冷凝水存在压力差，从而存在温度差，令上一效冷凝水桶与下一效加热室二者之间连通，使冷凝水减压蒸发而降温，回收部分蒸汽供下效加热室使用。闪发器的部分已知数据见表 5-8。

表 5-8 闪光器的部分已知数据

项目	$W_{Ⅰ}$	$W_{Ⅱ}$	$W_{Ⅲ}$	$W_{Ⅳ}$
比容 v/m³·h⁻¹	0.9515	1.9976	5.0176	14.6843
闪发蒸汽量/kg·h⁻¹	480.82	495.24	426.83	841.41
蒸汽流速 u/m·s⁻¹	25	30	35	40

设闪发器的高径比为2∶1，表示运行时容纳水体积与容器真实容积之比的容积系数为0.5(末效为0.6)，停留时间为6 s。经过附录1程序的计算，可以得到附录1末尾所示的结果，据此统一选用闪发器直径为2 m，闪发器高度统一选用4 m。

闪发器的接管统一选用 ϕ102 mm×4 mm 热轧无缝钢管。Ⅰ效平衡桶接管选用 ϕ102 mm×4 mm 热轧无缝钢管。闪发器封头选用标准椭圆封头，闪发器Ⅰ、闪发器Ⅱ的封头曲边高为400 mm，直边高度为40 mm，壁厚为10 mm；闪发器Ⅲ、闪发器Ⅳ的封头曲边高为500 mm，直边高为50 mm，壁厚为12 mm。Ⅰ效平衡桶的选用与闪发器Ⅰ规格相同。

(10) 槽的计算与选用。对于卤水储槽，假设卤水停留4 h、卤水流量63.23 m³/h，取槽高为3.5 m，则储槽直径 $D=[4\times252.937/(3.5\times3.14)]^{1/2}=9.59$ m，取圆整值 $D=10$ m。因此，卤水储槽选用 ϕ10 m×3.5 m 槽。

对于盐浆槽，储存盐浆量按4 h计算，计算方法同上，见附录1计算机程序的结果，可得流量74.60 m³/h，因此选盐浆槽高为3.5 m，直径为5.21 m，圆整到6 m。

事故槽的储量按四个蒸发罐体积计算，$V=3.14\times4^2\times5\times4=251.33$ m³，取高为3.5 m，则 $D=[4\times251.327/(3.14\times3.5)]^{1/2}=9.56$ m，取 $D=10$ m。

冷凝水槽的储量按4 h的冷凝水计算，$V=(W_1+W_2+W_3+W_{\mathrm{I}})\times4/\rho$，由附录1计算打印结果可知 $V=190.94$ m³。取槽高为3.5 m，则 $D=[4\times190.942/(3.14\times3.5)]^{1/2}=8.33$ m，取 $D=9$ m。

(11) 泵的选型。在泵的选择过程中，通过确定输送系统的流量及压头，根据被输送液体的性质和操作条件确定泵的类型，并校核泵的轴功率。

如下计算省略了物料衡算过程，仅按计算结果进行选型。

已知卤水泵所需要的处理流量为63.23 m³/h，查手册或供应商信息可选择F100-23离心耐腐蚀泵，扬程为26.4 m，转数为2960 r/min，流量为68.4 m³/h。

冷凝水泵按流量需求为14.8 m³/h计，Ⅲ效冷凝水泵的流量约为20.8 m³/h，循环水泵和Ⅳ效冷凝水泵流量应达到30 m³/h左右，查阅产品信息后可选NB-A型冷凝水泵，该泵扬程为60~90 m，流量为95~185 m³/h，功率为30 kW。

盐浆泵流量应达到11.5~18.6 m³/h，查产品手册选用PNJA衬胶泥浆泵，流量为27 m³/h，扬程为40 m，转速为1900 r/min，效率为28%。

湿式除尘器循环水泵耗水0.45 L/s，扬程需要达到8 m。查产品手册选用IS-50-32-20单级单吸离心泵，该泵流量为37.5 m³/h，扬程为13.1 m，转速为1450 r/min，必须气蚀余量为2.0 m。

例5-3 试编制例5-2的设备一览表。

解： 设备一览表见表5-9。

表5-9 设备一览表

序号	设备名称	设备位号	规格型号/mm	材料	数量		重量		备注
					总数	备用	单重	总重	
1	卤水槽	V0101	ϕ10×3.5	A3钢	1				非标准设备
2	闪发器	V0201	ϕ2×4	A3钢	1				非标准设备
3	平衡桶	V0202	ϕ2×4	A3钢	1				非标准设备

续表 5-9

序号	设备名称	设备位号	规格型号/mm	材料	数量		重量		备注
					总数	备用	单重	总重	
4	闪发器	V0203	ϕ2×4	A3 钢	1				非标准设备
5	闪发器	V0204	ϕ2×4	A3 钢	1				非标准设备
6	闪发器	V0205	ϕ2×4	A3 钢	1				非标准设备
7	储水池	V0206	ϕ8		1				非标准设备
8	盐浆槽	V0207	ϕ6×3.5	A3 钢	1				非标准设备
9	离心液桶	V0301	ϕ5×3	A3 钢	1				非标准设备
10	盐浆槽	V0302	ϕ5×3	A3 钢	1				非标准设备
11	疏水桶	V0401	ϕ2×2	A3 钢	1				非标准设备
12	冷凝水槽	V0208	ϕ9×3.5	A3 钢	1				非标准设备
13	事故槽	V0209	ϕ10×3.5	A3 钢	1				非标准设备
14	卤水泵	P0101	IS80-65-160		2	1			标准设备
15	卤水泵	P0102	IS80-65-160		2	1			标准设备
16	冷凝水泵	P0203	IS80-65-160		2	1			标准设备
17	冷凝水泵	P0204	IS80-65-160		2	1			标准设备
18	盐浆泵	P0201	25PN21		2	1			标准设备
19	盐浆泵	P0202	25PN21		2	1			标准设备
20	循环水泵	P0205	ZH100-65-315		2	1			标准设备
21	盐浆泵	P0301	25PN21		2	1			标准设备
22	卤水泵	P0302	IS80-65-160		2	1			标准设备
23	冷凝水泵	P0401	IS80-65-160		2	1			标准设备
24	循环水泵	P0205	900×450×540		2	1			标准设备
25	预热器	E0201	ϕ1.0×6.0	A3 钢	1				标准设备
26	预热器	E0202	ϕ0.8×6.0	A3 钢	1				标准设备
27	预热器	E0203	ϕ0.7×6.0	A3 钢	1				标准设备
28	预热器	E0204	ϕ0.6×6.0	A3 钢	1				标准设备
29	散热器	E0401	SRI-20×110D						标准设备
30	蒸发器	EV0201	ϕ4000	A3 钢	1				非标准设备
31	蒸发器	EV0202	ϕ4000	A3 钢	1				非标准设备
32	蒸发器	EV0203	ϕ4000	A3 钢	1				非标准设备
33	蒸发器	EV0201	ϕ4000	A3 钢	1				非标准设备
34	脱氧器	X0101	5040×2840×1600	A3 钢	1				非标准设备
35	混合冷凝器	X0201	ϕ1200	A3 钢	1				非标准设备
36	旋流器	X0301	ϕ150×500		3				标准设备
37	旋流器	X0304	ϕ150×500		3				标准设备
38	洗盐器	X0305	ϕ1500	A3 钢					非标准设备

续表 5-9

序号	设备名称	设备位号	规格型号/mm	材料	数量		重量		备注
					总数	备用	单重	总重	
39	离心机	X0306	WZ650	A3 钢	3				标准设备
40	传送带	X0401	CYQ1125		1				标准设备
41	流化床	X0402	GZRY18×80		1				标准设备
42	旋风分离器	X0403	CLT/A-6×7.5Ⅱ	A3 钢					标准设备
43	传送带	X0404	CYQ1125		1				标准设备
44	包装机	X0405	BZ1539		1				标准设备
45	湿式除尘器	X0406	XLP/G-20		1				标准设备
46	鼓风机	C0201	2021.5×1931×2475		1				标准设备
47	冷风机	C0202	5913×2250×5566		1				标准设备
48	引风机	C0203	Y5-48		1				标准设备

本章小结

本章介绍了设备选型的原则和要求，以及非标准设备的设计程序。根据物料衡算和热量衡算的结果，在确定了设备的处理或生产能力之后，就可以确定设备的尺寸，作为标准设备选型或非标准设备设计的依据。全部设备的型号或规格确定以后，需要作出设备一览表。

本章讲述了泵及其他常用设备的设计与选型方法。在泵的选型过程中，需要计算泵的扬程、流量、汽蚀余量、功率与效率等参数，并与实际应用需求做出比较。其他常用设备也需要做出必要的校核和计算，例如在设计换热设备时，需要核对换热面积等参数。

习　题

5-1 除了本章介绍的工程设备之外，在资源循环和环境工程中还有很多专业性的设备，试举例分析，并说明其选型要点。

5-2 试归纳设备选型的原则与步骤。

5-3 试分析选泵的原则。

5-4 列举一个固体废弃物的资源化利用工艺，说明其工艺路线，并分析其可能用到哪些设备，应该如何选型？

5-5 固体废弃物的转化利用过程往往需要接触腐蚀性流体，例如强酸或强碱溶剂等，试讨论此类情况下的设备选型需要注意哪些问题。

5-6 根据例 4-2，以电石渣固废为原料，通过氯化铵浸取和 CO_2 矿化方法生产纳米碳酸钙。试针对例 4-2 的工艺，做出简要的设备选型。

6 车间与管道布置

本章课件

本章提要：

（1）掌握车间布置设计的依据、内容、程序及布置方案，了解建筑物的基本特征。

（2）掌握设备布置的内容和要求，掌握常用设备的布置原则。

（3）掌握管道设计与布置的内容、计算方法、布置原则。

在物料和能量衡算之后，可以确定设备的形式；而在设备形式确定了之后，就可以开始车间、设备与管道的布置工作了。通常地，车间布置设计包括工厂布置和车间设备布置两方面的内容。工厂布置一般是指该车间所在的工厂与周围环境的布局，以及不同车间之间的布局。车间设备布置一般是指车间内部设备等的布置情况。本章的车间布置设计将主要讲述车间设备布置。

管道布置设计是指根据工艺流程和设备布局，同时参考管道和仪表流程图，充分考虑仪表、电气等情况，依据标准规范而布置管道走向，在布置设计过程中还要合理选用设计管道材料，从而利用管道将各个设备连接起来。

6.1 车间布置设计

生产车间通常由生产设施、生产辅助设施、生活行政福利设施、其他特殊用室等组成。其中，生产设施包括生产工段、原料和产品仓库、控制室、露天堆场或储罐区等；生产辅助设施包括除尘通风室、变电配电室、机修维修室、消防应急设施、化验室和储藏室；生活行政福利设施包括车间办公室、工人休息室、更衣室、浴室、厕所等；其他特殊用室包括劳动保护室、保健室等。车间平面布置是指将上述车间（含装置）在平面上进行规范组合和布置。

6.1.1 车间布置设计的依据

车间布置设计的基础资料包括如下部分，即设计需要带控制点工艺流程图和管道仪表流程图、物料衡算数据及物料性质、设备一览表、公用系统耗用量、车间定员表、厂区总平面布置图等。

在设计过程中，车间布置还应遵守企业安全卫生设计规定、建筑设计防火规范、装置设备设计规定、企业厂房噪声标准、爆炸和火灾危险环境电力装置设计规定、爆炸危险场所电气安全规程等各项国家、行业和地方的设计规范，符合相应的标准和规定。这些标准或规范包括但不限于如下文件，例如《建筑设计防火规范》（GB 50016—2014）、《精细化工企业工程设计防火标准》（GB 51283—2020）、《工业企业厂界环境噪声排放标准》（GB 12348—2008）、《化工企业安全卫生设计规范》（HG 20571—2014）、《化工装置设备布置设计规定》（HG/T 20546—2009）、《爆炸和火灾危险环境电力装置设计规范》（GB 50058—2014）等。

6.1.2 车间布置设计的内容及程序

车间布置设计实际上包括了车间布置和管道布置的内容，又分为初步设计（基础工程设计）和施工图设计（详细工程设计）两个阶段。

6.1.2.1 初步设计阶段的车间布置设计内容及程序

在初步设计阶段，需要结合设计规范和规定，依据带控制点的工艺流程图、设备一览表等基础设计资料，以及物料储存运输、辅助生产和行政生活等进行布置。初步设计阶段的布置设计的任务是确定生产、辅助生产及行政生活等区域的布局；确定车间场地及建（构）筑物的平面尺寸和立面尺寸；确定工艺设备的平面布置图和立面布置图；确定人流及物流通道；安排管道及电气仪表管线等；编制初步设计布置设计说明书。对于初步设计阶段，主要成果是初步设计阶段的车间平面布置图和立面布置图。

6.1.2.2 施工图设计阶段的车间布置设计内容及程序

施工图设计阶段的车间布置设计阶段的任务是确定设备管口、操作台、支架及仪表等的空间位置，设备的安装方案，与设备安装有关的建筑结构尺寸，确定管道及电气仪表管线的走向等。在施工图设计中，工艺专业人员需绘出施工图阶段车间设备的平面及立面布置，设备安装专业人员需完成设备安装图的设计。对于施工图设计阶段，主要成果是施工图阶段的车间平面布置图和立面布置图。

6.1.3 装置（车间）平面布置方案

装置（车间）的平面形式主要有直通管廊长条布置、L 形布置、T 形布置等。直通管廊长条布置占地面积小，适用于小型车间。L 形、T 形等特殊布置形式常用于较长厂房或受工艺地形等条件限制的厂房。

6.1.3.1 直通管廊长条布置

直通管廊长条布置方案是指在厂区中间设置管廊，在管廊两侧布置工艺设备和储罐，装置中心位置有控制室和配电室，操作控制方便，节省建筑费用。在设备区外设置通道，便于安装维修及观察操作。这种布置方案是露天布置的基本方案（图 6-1）。

6.1.3.2 L 形、T 形管廊布置

L 形、T 形的管廊布置适用于较为复杂的车间，其特征为管道可由两个或三个方向进出车间，如图 6-2 所示。

中间储罐布置在设备或厂房附近，原料、成品储罐分类集中在储罐区。易燃物料储罐外设围堤以防止液体泄漏蔓延，为操作安全，泵布置在围堤外。槽车的卸料泵靠近道路布置，储罐的出料泵靠近管廊，既方便，又节约管道。

厂房与各分区的周围都应通行道路，道路布置成环网状，除方便检修外，还利于消防安全。管廊与道路重叠，在架空管廊下方或边侧布置道路，既节约用地，又方便安装维修。

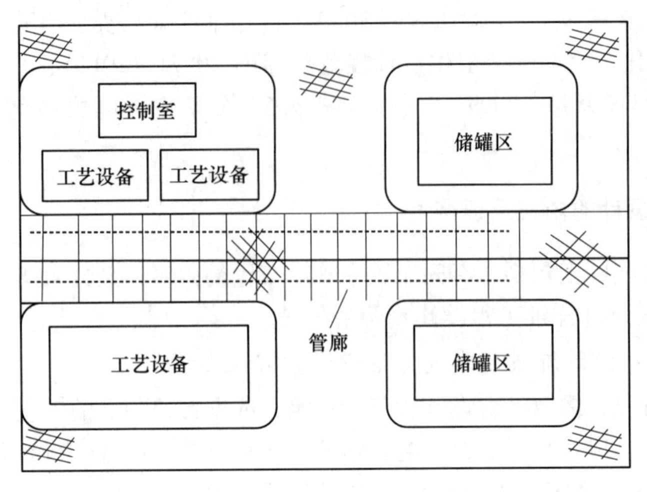

图 6-1 直通管廊长条布置方案

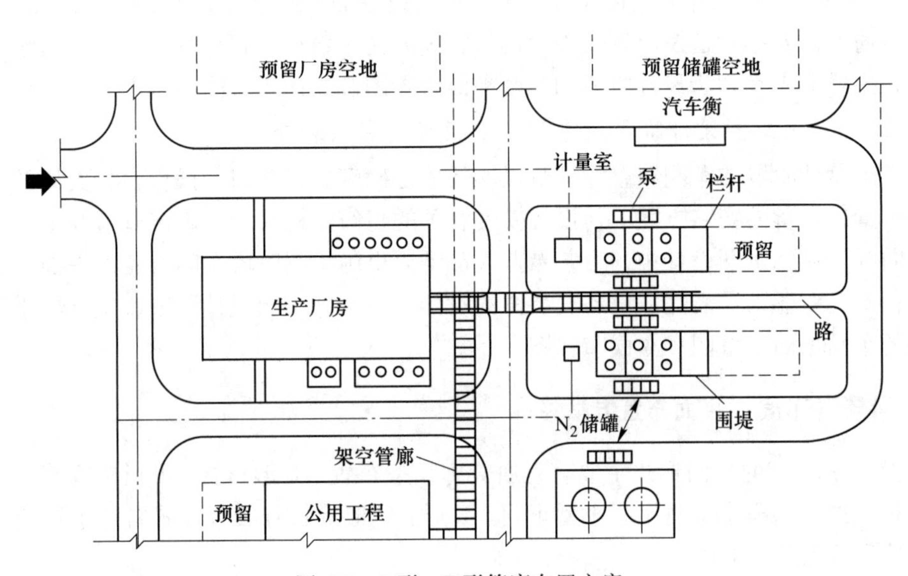

图 6-2 L 形、T 形管廊布置方案

6.1.3.3 其他布置原则

除此之外，有些车间或装置的组成比较复杂，故其平面布置也比较复杂。复杂车间在布置设计时，可以采用直通形、L 形和 T 形的组合，以保证经济、合理、实用。综合来看，在进行车间布置时，需要全面考虑车间各厂房、露天场地和各建筑物的相对位置，并且综合各种设计条件，经过不断优化以后得到合理可行的布置方案。

在进行车间布置时，还需要考虑室内布置和露天布置的要求。多数情况下，在布置设备时可以优先考虑露天布置，但在气温较低或有特殊要求的情况下，设备也应当布置在室内。小型装置、间歇操作或操作频繁的设备宜布置在室内，受气候影响小，劳动条件好。一方面，设备露天布置时，既可以节约建筑面积，还可以节约土地，减少土建施工工程量，节省基建投资，加快基建进度。另一方面，露天布置有利于生产的防火、防爆和防毒，使厂房的扩建、改建具有较大的灵活性，但其受气候影响大，操作环境差，自控要求也比较高。

室内布置、露天布置和半露天布置可以相互结合。不需要频繁操作或可自动控制的设备均可露天布置或半露天布置，如塔、换热器、液体储罐、气柜等，以及凉水塔、空气冷却器等需要进行大气温湿度调节的设备。与此相反，不允许发生显著温度变化或不能受大气影响的设备，应该布置在室内或有顶棚的框架上，如反应罐、机械传动设备、高精密度仪表控制设备，或者泵、压缩机、造粒机和包装设备等。生活、行政、控制和化验实验室等设施应该集中在一幢建筑物内，并布置在生产设施附近。

6.1.4 建筑物

厂区内的建筑物包括室内操作厂房、辅助生产厂房和非生产厂房。其中，辅助生产厂房包括控制室、变电房、化验室、维修间和仓库等，非生产厂房包括办公室、值班室、更衣室、浴室、厕所等。

6.1.4.1 建筑物模数

建筑物的跨度、柱距和层高等均应符合建筑物模数的要求。所谓建筑模数，是指建筑设计中的标准尺寸单位，是建筑物、建筑构配件、设备尺寸之间协调的基础。建筑模数需要符合《建筑模数协调标准》（GB 50002—2013）。

本节省略了建筑物模数的详细介绍，但需要提醒的是，建筑物尺寸需要符合相应的规范，例如图 2-65 所示的柱网和标高等。与图 2-65 类似，部分建筑物尺寸规范如下：

（1）跨度：6.0 m，7.5 m，9.0 m，10.5 m，12.0 m，15.0 m，18.0 m。

（2）柱距：4.0 m，6.0 m，9.0 m，12.0 m；其中，钢筋混凝土结构厂房的柱距多采用6.0 m。

（3）开间：3.0 m，3.3 m，3.6 m，4.0 m。

（4）进深：4.2 m，4.8 m，5.4 m，6.0 m，6.6 m，7.2 m。

（5）层高：（2.4+0.3）m 的倍数。

（6）走廊宽度：单面为 1.2 m，1.5 m；双面为 2.4 m，3.0 m。

（7）吊车轨顶：600 mm 的倍数（±200 m）。

（8）吊车跨度：电动梁式和桥式吊车的跨度为 1.5 m；手动吊车的跨度为 1 m。

6.1.4.2 敞开构筑物的结构尺寸

（1）框架：框架的结构尺寸取决于设备的要求，其跨度随架空设备要求的不同而不同，层高按最大设备的要求而定，布置时应尽可能将尺寸相近的设备安排在同一层框架上。同时，层高度应满足设备安装检修、工艺操作及管道敷设的要求。

（2）平台：当设备因工艺布置而需要支撑在高位时，应根据位于高位的设备的需要配备操作和检修设置平台，相邻塔器的平台标高保持一致，并布置成联合平台。平台设计时，宽度一般不应小于0.8 m，平台上净空不应小于2.2 m。为人孔、手孔设置的平台，与人孔底部的距离宜为 0.6~1.2 m。为设备加料口设置的平台，距加料口顶高度不宜大于 1.0 m。可拆卸式的平台防护栏杆高度为 1.0 m，标高 20 m 以上的平台的防护栏杆高度应为 1.2 m。

（3）梯子的主要尺寸：斜梯的角度一般为 45°或 55°，每段斜梯的高度不宜大于 5 m，斜梯的宽度不宜小于 0.7 m，且不宜大于 1.0 m。当设备上的直梯超过 2 m 时，需设安全护笼，当其高度超过 8 m 时，需设梯间平台，并分段设梯子。另外，甲类、乙类、丙类防火的塔区联合平台及其他工艺设备和大型容器或容器组的平台，均应设置不少于两个通往地面的梯子作为安全出口，各安全出口的距离不得大于25 m，但平台长度不大于8 m的甲类防火平台和平台长度不大于15 m的乙类、丙类平台，可只设一个梯子。

所谓甲类、乙类、丙类防火的建筑防火等级，是指能够防止火灾发生、减少火灾损失的建筑级别。甲类建筑是指具有很高耐火能力的建筑，如钢筋混凝土或砖混结构的建筑等。乙类建筑是指需要采取安装自动喷水灭火系统、设立疏散通道等一定防火措施的建筑，如木结构建筑等。丙类建筑是指不具有耐火等级要求的建筑，如木板房、简易活动房等，必须采取设置火灾报警器、禁止使用明火等措施。

6.2　设备布置设计

6.2.1　设备布置设计的内容

对于车间设备布置，主要是需要确定各个工艺设备在车间平面与立面上的位置，还需确定场地与建（构）筑物尺寸，以及确定管道、电气仪表管线、采暖通风管道的走向和位置等。具体而言，需要确定各个工艺设备在车间平面和立面的位置；一些在工艺流程图中未能表达的辅助设备或公用设备，也需要设计其位置；另外，应该确定可供安装、操作与维修的通道系统位置及尺寸；在上述各项布置设计的基础上，还应确定建（构）筑物与场地的尺寸，以及其他附属设施的位置。

在设备布置设计结束时，应提供设备布置图。

6.2.2　车间设备布置的要求

在开展车间设备布置时，应满足若干相应的设计要求，具体包括生产工艺、安装检修、土建、安全卫生环保等方面，举例如下。

6.2.2.1　满足生产工艺要求

首先，在布置车间设备时，应注意设备的排列顺序。对于设备排列顺序的设计，应尽可能按照工艺流程的顺序进行安排，以保证在水平方向和垂直方向上设备排列的连续性，从而避免物料的交叉往返。一般情况下，计量罐、高位槽、回流冷凝器等设备可以布置在较高层，反应设备可以布置在较低层，过滤和存储设备可以布置在最底层。如果是在多层厂房之内，那么设备布置还要注意减少操作人员在不同楼层之间的往返。另外，在工艺设备的竖面布置中，对于不要求架高的设备应予以落地布置，特别是重型设备。

对于设备的排列，应根据厂房宽度和设备尺寸等因素来确定。对于宽度不超过9 m的车间，可以如图6-3（a）所示，将设备布置在厂房一侧，另一侧留作操作和通道的空间。如果是12~15 m的中等宽度的车间，可以在厂房内布置两排设备，中间保留操作和通道空间，如图6-3（b）所示；或者，采用中间布置设备、两侧布置操作及通道空间的布局，如图6-3（c）所示。如果车间宽度超过18 m，则还可以在厂房中央保留约3 m的通道，分别沿着两侧布置两排设备，每排设备留出1.5~2 m的操作空间。对于设备的操作间距，有时还需要考虑原材料、半成品、成品和包装材料等物料的储存空间需求。另外，相同设备、同类型设备以及性质相似的设备应尽可能集中布置在一起。

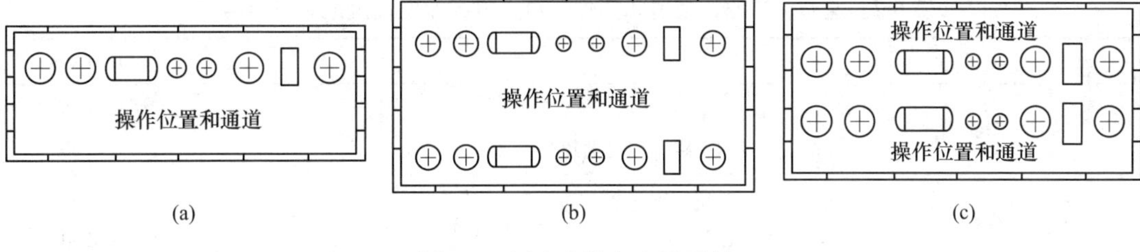

图 6-3 厂房内设备布置示例

安全距离是车间与设备布置时需要重点考虑的因素。设备、建（构）筑物的防火间距应符合《建筑设计防火规范》（GB 50016—2014）、《爆炸和火灾危险环境电力装置设计规范》（GB 50058—2014）等要求；另外，设备与设备之间，以及设备与建筑物、构筑物之间也都应留有一定的安全距离。从生产操作的角度来看，在满足防火间距最低标准的基础上，实际生产中安全距离除了与设备的占地面积有关，还与设备连接管线数量、管径、检修频率等因素有关。表 6-1 所示为部分设备布置时的安全距离，表 6-2 所示为道路、铁路、通道和操作平台上方的净空高度或垂直距离数据，这些都是生产中积累的经验值，可供设计时的参考[10,11]。

表 6-1 设备与其他设备、建筑物、构筑物、障碍物之间的最小间距

区域	内 容	最小间距/mm
生产控制区	控制室、配电室至加热炉	15000
管廊下或两侧	两塔之间（考虑设置平台，未考虑基础大小）	2500
	塔类设备的外壁至管廊［或建（构）筑物］的柱子	3000
	容器壁或换热器端部至管廊［或建（构）筑物］的柱子	2000
	两排泵之间的维修通道	3000
	相邻两排泵之间（考虑基础及管道）	800
建筑物内部	两排泵之间或单排泵至墙的维修通道	2000
	泵的端面或基础至墙或柱子	1000
任意区	操作、维修及逃生通道	800
	两个卧式换热器之间维修净距	600
	两个卧式换热器之间有操作时净距（考虑阀门、管道）	750
	卧式换热器外壳（侧面）至墙或柱（通行时）	1000
	卧式换执器外壳（侧面）至墙或柱（维修时）	600
	卧式换热器封头前面（轴向）的净距	1000
	卧式换热器法兰边周围的净距	450
	两个卧式容器（平行、无操作）	750
	换热器管束抽出净距（L：管束长）	L+1000
	两个容器之间	1500
	立式容器基础至墙	1000
	立式容器人孔至平台边（三侧面）距离	750
	立式换热器法兰至平台边（维修净距）	600
	立式压缩机周围（维修及操作）	2000
	压缩机	2400
	反应器与提供反应热的加热炉	4500

表 6-2 道路、铁路、通道和操作平台上方的净空高度或垂直距离

项目		说明	尺寸/mm
道路		厂内主干道	5000
		装置内道路（消防通道）	4500
铁路		从铁路轨顶算起	6000
		终端或侧线	5200
道路、走道和检修所需净空高度		操作通道、平台	2200
		管廊下泵区检修通道	3500
		两层管廊之间	1500（最小）
		管廊下检修通道	3000（最小）
		斜梯：一个梯段之间休息平台的垂直间距	5100（最大）
		直梯：一个梯段之间休息平台的垂直间距	9000（最大）
		重叠布置的换热器或其他设备法兰之间的维修空间	450（最小）
		管墩	300
		卧式换热器下方操作通道	2200
		反应器卸料口下方至地面（运输车进出）	3000
		反应器卸料口下方至地面（人工卸料）	1200
炉子		炉子下面用于维修的净空	750
平台	立式、卧式容器 立式、卧式换热器 塔类	人孔中心线与下面平台之间的距离	600~1000
		人孔法兰面与下面平台之间的距离	180~1200
		法兰边缘至平台之间的距离	450
		设备或盖的顶法兰面与下面平台之间的距离	1500（最大）

6.2.2.2 满足安装检修要求

生产过程中的设备检修是必备的工作任务，通常每年会有一次大修和多次小修，因此在布置设备时应满足安装检修的各项要求。

根据设备的大小、结构和安装方式，应该预留设备安装、检修和拆卸所需的面积和空间；为了进出车间及安装，应预留水平和垂直的运输通道，如果此时还需要通过楼层进行运输，则应在楼面设置吊装孔。当厂房长度较短时，可将吊装孔设在厂房的一端；当厂房长度较长（>36 m）时，则应将吊装孔设在厂房的中央位置。为提高效率，多层楼面的吊装孔应在每一楼层相同的平面位置进行设置，并在底层吊装孔的附近设置大门，以方便需要吊装的设备顺利进出。图 6-4 所示为设备运输通道情况。

釜式反应器、塔器和蒸发器等设备可以直接悬挂在楼面或操作台上。在楼面或操作台的相应位置预留出正方形或圆形的设备孔。

在布置设备时，需要考虑设备安装、检修、拆卸以及运送物料所需的永久性起重运输设备，或者为临时起重设备预埋吊钩和操作空间。

6.2.2.3 满足土建要求

一般情况下，厂房底层应优先布置笨重或振动较大的设备，如压缩机、真空泵、离心

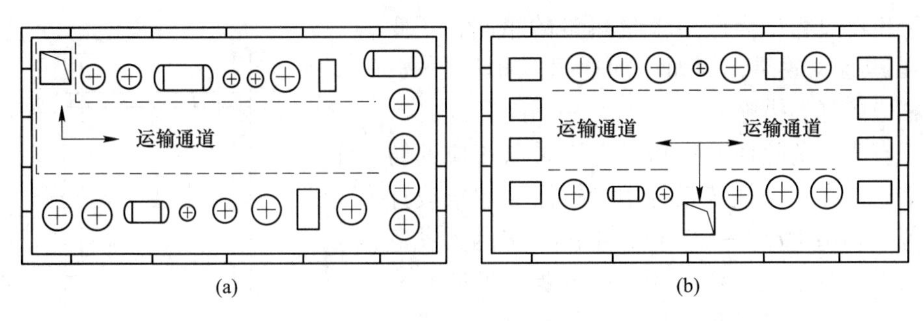

图 6-4 设备运输通道

机、大型通风机、粉碎机等。如果此类设备无法布置在底层，则应由土建人员采取有效的防震设计。对于剧烈振动的设备，其操作台和基础等不得与建筑物的柱、墙产生连接。

操作台应尽量采取同样的标高，并避免平台支柱的重复或布局混乱。

对于穿过楼面的设备孔、吊装孔、管道孔等孔道，应该尽量避开厂房的柱梁构造。

在厂房的沉降缝或伸缩缝处，不应布置设备。

较高的设备应尽量集中布置，并可以利用天窗来安装较高的设备。采用这样的布置方式，如果后期需要增加厂房高度，则只需要提高局部标高即可。

6.2.2.4 满足安全、卫生和环保要求

厂房建筑应最大限度地提高自然采光和通风效果，可以采用不同形式的屋顶结构设计，如图 6-5 所示。尽量使操作人员位于设备和窗之间，以便于操作人员背光操作、读取仪表数据，如图 6-6 所示。

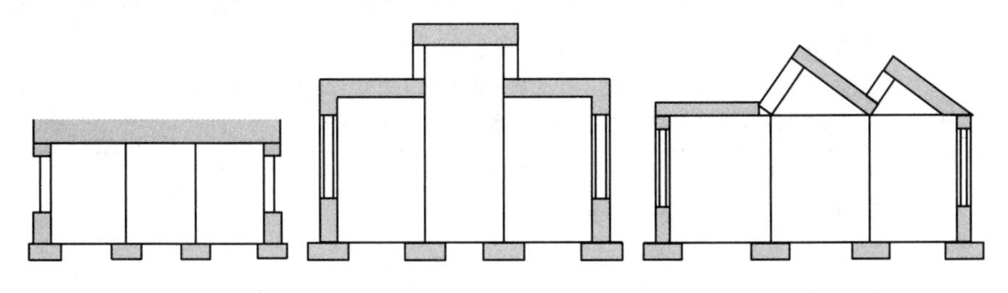

图 6-5 厂房的屋顶结构

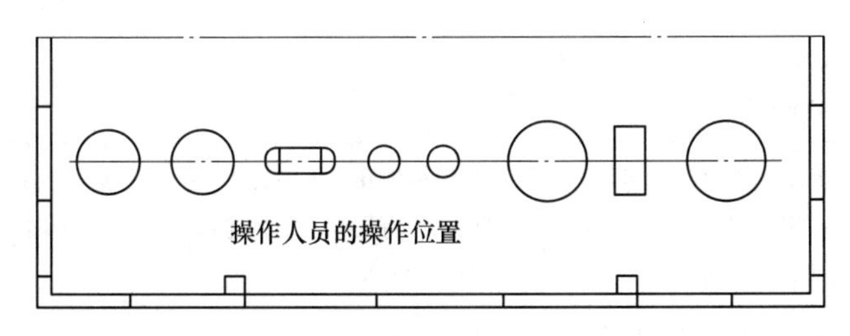

图 6-6 背光操作示意图

另外，在通风方面，应优先采用自然对流通风的方案，其次才考虑机械送风和排风。如图 6-7 所示，通过在厂房楼板上设置中央通风孔、在房顶上设置天窗，可以有效地提高自然通风的效果。

对于生产过程中会产生大量热量的车间，还要设法增强其通风效果，例如增加通风或排风频次，并采取相应的降温措施。

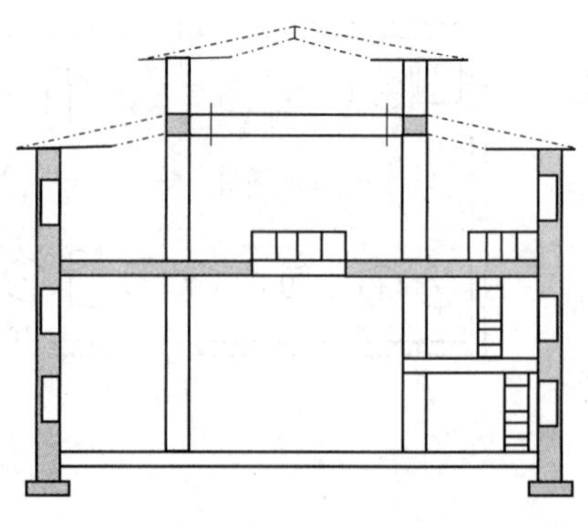

图 6-7 有中央通风孔的厂房

对于有火灾危险性的厂房，应该采取相应的防火防爆措施。在工业建筑设计中，根据《建筑设计防火规范》（GB 50016—2014），生产厂房的火灾危险性等级分为甲、乙、丙、丁、戊五类，见表 6-3。甲类、乙类厂房通常被称为防爆车间，这些厂房通常采用单层的建筑结构，避免车间内部存在死角，以防止爆炸性气体或粉尘的积累。当防爆车间厂房与其他厂房相连时，中间应设置防火墙。车间内的防火防爆区域与其他区域也必须用防火墙进行分隔，并采取措施防止静电和起火。厂房的通风效果要保证易燃易爆气体或粉尘的浓度低于规定限度。

表 6-3 生产火灾危险性等级

生产火灾危险性等级	火灾危险性特征
甲	1. 闪点小于 28 ℃的液体； 2. 爆炸下限小于 10%的气体； 3. 常温下能自行分解或在空气中氧化能导致迅速自燃或爆炸的物质； 4. 常温下受到水或空气中水蒸汽的作用，能产生可燃气体并引起燃烧或爆炸的物质； 5. 遇酸、受热、撞击、摩擦、催化以及遇有机物或硫磺等易燃的无机物，极易引起燃烧或爆炸的强氧化剂； 6. 受撞击、摩擦或与氧化剂、有机物接触时能引起燃烧或爆炸的物质； 7. 在密闭设备内操作温度不小于物质本身自燃点的生产
乙	1. 闪点不小于 28 ℃，但小于 60 ℃的液体； 2. 爆炸下限不小于 10%的气体； 3. 不属于甲类的氧化剂； 4. 不属于甲类的易燃固体； 5. 助燃气体； 6. 能与空气形成爆炸性混合物的浮游状态的粉尘、纤维，闪点不小于 60 ℃的液体雾滴
丙	1. 闪点不小于 60 ℃的液体； 2. 可燃固体
丁	1. 对不燃烧物质进行加工，并在高温或熔化状态下经常产生强辐射热火花或火焰的生产； 2. 利用气体、液体、固体作为燃料，或将气体、液体进行燃烧作其他用的各种生产； 3. 常温下使用或加工难燃烧物质的生产
戊	常温下使用或加工不燃烧物质的生产

环境保护也是设备布置的重要环节。在设计时要考虑设置相应的环保设施，以免污染物对环境造成影响。会接触腐蚀性介质的设备需要采取防护措施，包括设备基础以及周围的墙、梁、柱等建筑物的防护，还可以加大设备与墙、梁、柱等建筑物的间距，并铺设防腐蚀地面。在接触油品、腐蚀性介质或有毒物质的操作检修区域，需要设置隔离围堰。对

于剧烈振动和产生噪声的设备，应采取相应的减震降噪措施。

6.2.3 常用设备的布置原则

设备布置需要遵循一定的原则和要求，简述如下。

6.2.3.1 立式容器和反应器

立式容器和反应器的布置原则如下：首先，在大型反应器的维修侧应留有一定面积的运输场地；对于装填催化剂的反应器，应留有装卸催化剂的场地。当反应器支座或支耳与钢筋混凝土构件和基础接触时，要考虑是否做隔热处理。对于成组的反应器，其中心线应对齐成排布置在同一构架内。在反应器与提供反应热的加热炉之间，净间距应满足管道应力计算的要求，且不宜小于4.5 m。当容器位于泵前时，其安装高度应符合泵的NPSH要求。另外，布置在厂房内的反应器，应设置吊车；对于内部装有搅拌或输送机械的反应器，应在顶部或侧面预留作业检修所需的空间。对于高压、超高压、有爆炸危险的反应设备，应布置在防爆构筑物内。布置在地坑内的容器，应妥善处理坑内积水和其他介质的积累。

所谓泵的NPSH，是指泵的净正吸入水头，为入口压力与泵内最低压力水平之间的差值。如果入口压力太低，则会使泵内的最低压力降低到泵送液体的蒸发压力以下，导致泵内产生气蚀。在市售的各类泵中，其资料均包含有NPSSR（所需的净正吸入高度）等数据，表示在特定流量下所需的最低入口压力。

在布置立式容器和反应器时，一般要求如下：

立式容器和反应器应保留足够的操作空间，一般应和建筑物或障碍物保持一定的净间距，操作通道、平台的宽度也应予以保证。净间距的经验值可参考表6-1和表6-2。

对于楼面或平台的高度，应注意检查穿楼板安装的容器、反应器的液面计和液位控制器、压力表、温度计、人孔、手孔等的标高，确保其不位于楼板或梁处。在容器和反应器顶部人工加料的操作点处，应设有楼面或平台，加料点不应高出楼面1 m；另外，当容器顶部有阀门时，应加局部平台或直梯。

在管廊侧，两台以上的容器或反应器，应尽量将中心线对齐、成行布置。

在装卸触媒时，若大型釜式反应器底部有固体触媒卸料，那么为了方便车辆进出，反应器底部需留有不小于3 m的净空。

立式容器宜从地面设置支撑，以减少设备的振动和楼面的荷载。

容器内带有加热或冷却管束时，在抽出管束的一侧应留有管束长度加0.5 m的净间距，并与配管专业协商管束抽出的方位。

当设备底部需设隔冷层时，基础面应高于地面100 mm以上，并按此核算设备支撑点的标高。

6.2.3.2 塔

反应塔在布置时，要保证流程顺畅、管线短、占地少、操作维修方便，塔的配管侧应靠近管廊；维修侧布置在有人孔之处，并应靠近通道和吊装空地，爬梯一般位于两者之间，且与仪表协调布置。

布置塔的一般要求如下：

大直径塔宜采用裙座式落地安装，当邻近有框架时，应根据框架和塔的既定间距来考虑两者的施工顺序。塔和管廊之间的宽度应不小于 1.8 m，作为安装检修通道。管廊柱中心与塔外壁的距离不应小于 3 m。塔基础与管廊柱基础间的净距不应小于 300 mm。

塔的相关构筑物可在框架上与塔一起联合布置，也可间隔一管廊和塔分开布置。

成组布置的塔，以一直线排成行，也可成双排或三角形布置，并设置联合平台。当成排布置时，各塔人孔应位于检修侧。当单塔有多个人孔时，应尽量使人孔的方位一致。

塔平台应设置在便于作业和人孔出入的部位。当塔顶装有吊柱、防空网、安全网、控制阀时，应设置塔顶平台。当塔和框架联合布置时，框架和塔平台之间应尽量设置联系通道。

塔底标高会受到塔高度、管线阻力、再沸器的结构形式和操作要求、配管后需要通行的最小净空高度、塔基础高出地面的高度等因素的影响，因此在设计时需要予以注意。

在框架上安装的分节塔，应在塔顶框架上设置吊装用吊梁。再沸器通常安装在单独的支架或框架上。

6.2.3.3 换热器

换热器的布置原则如下：首先，换热器除工艺特殊要求外，一般不宜重叠布置，与精馏塔等关联的管壳式换热设备可以按工艺流程顺序布置在塔的附近；其次，重质油品或污染环境的物料的换热设备不宜布置在构架上；另外，一种物料与几种不同物料进行热交换的管壳式换热器，以及用水或冷剂来冷却几组不同物料的冷却器，均宜成组布置。

换热器在布置时还有一些一般性的要求。对于卧式换热器，换热器中心线不能正对管架或框架柱的中心线，成组布置的换热设备，宜取支座基础中心线对齐。对于换热器安装高度，应保证其底部连接管道的最低净空不小于 150 mm。当浮头式换热器在地面上布置时，浮头和管箱的两侧空地宽度不小于 600 mm，浮头端前方空地宽度不小于 1.2 m。

对于立式换热器，立式浮头式换热器上方应留有抽管束的空间，当其顶部有液相中的小排气网时，应设直梯或临时梯子。当换热器的介质为气体并在操作过程中有冷凝液生成时，换热器的标高应与受槽有关，并且在设备布置时还应予以校对。

6.2.3.4 卧式容器

卧式容器的布置原则如下：首先，尽量成组布置，按支座基础中心线对齐，或按封头顶端对齐。对于地面上的容器，以封头顶端对齐的方式布置为宜。其次，当容器位于泵前时，应满足泵的净正吸入压头的要求。另外，当底部带集液包时，卧式容器的安装高度应为操作和检测仪表留出足够的空间，底部排液管线最低点与地面或平台的距离不小于 150 mm。

卧式容器在布置时也有一些一般性的要求。首先，当卧式容器支撑高度在 2.5 m 以下时，可将支座放在基础上；当支撑高度大于 2.5 m 时，则应将支座放在支架、框架或楼板上。单独支撑容器的框架，柱间中心距应比容器的直径至少大 0.8 m。

其次，卧式容器一般布置在框架内。当容器内带加热或冷却管束时，在抽出管束的一侧应留有管束长度加 0.5 m 的净空。当容器下方需设操作通道时，其底部及配管与地面净空不应小于 2.2 m。

当集中布置的卧式容器设置联合平台时，设备管口法兰宜高出平台面 150 mm。

当容器支座或鞍座用地脚螺栓直接连接到基础上，且其操作温度低于冻结温度时，应在支座与基础之间垫 150~200 mm 的隔冷层。对于卧式容器支座的滑动侧和固定侧，应按有利于容器上所连接主要管线的柔性计算来确定。

6.2.3.5 泵

泵的布置原则如下：首先，泵的布置方式有露天布置、半露天布置和室内布置等。当泵露天布置时，可集中布置在管廊的下方或侧面，也可分散布置在被吸入设备或吸入侧设备的附近。半露天布置适用于多雨地区，寒冷或多风沙地区可将泵布置在室内。

泵还可以采用集中或分散布置。当采用集中布置时，泵可安装在泵房或露天、半露天的管廊或框架下，通常呈单排或双排布置形式。当采用分散布置时，根据工艺流程将泵直接布置在塔或容器附近。

其次，在进行泵的布置时，应优先考虑操作和检修的便利性，其次要注意布置的整齐。当离心泵出口可以取齐时，并列布置；当离心泵出口不能取齐时，采用泵的一端基础取齐。

当移动式起动设施无法接近质量较大的泵及其驱动机时，应设置检修用固定式起重设施，并在建（构）筑物内留有足够的操作空间。

在泵的前沿基础边，应设置带盖板的排水沟，或者使用带水封的排水漏斗、埋地管来取代排水沟。

输送高温介质的热油泵和输送特殊介质的泵，应布置在通风的环境下。

对于泵在布置时的一般要求，大致有如下几点：首先，对于管廊下泵的布置，其方位为泵头朝向管廊外侧，驱动机朝向管廊下的通道一侧。成排布置的泵应按防火要求、操作条件和物料特性分别布置。当采用露天、半露天布置时，操作温度等于或高于自燃点的可燃液体泵需要集中布置；低于自燃点的可燃液体之间应有不小于4.5 m的防火间距，与液体烃泵之间应有不小于7.5 m的防火间距。

其次，对于泵的维修与操作通道，构筑物内泵的布置净距可参照建筑物内部泵的布置净距进行设计。泵前方的检修通道可考虑用小型叉车搬运零件时所需的宽度。两台相同的小泵可布置在同一基础上，相邻泵的突出部位之间的最小间距为400 mm。

再次，对于布置泵房内的泵，当泵房靠管廊时，柱距宜与管廊的柱距相同，可采用单排布置或双排布置。泵房的层高应由进出口管线和设备检修用起重设施所需的高度来确定。罐区泵房一般设置在防火堤外，距防火堤外侧的距离不应小于5 m。

最后，对于泵的标高，泵的基础面宜高出地面300 mm，最小也不得小于150 mm。泵的吸入口标高与贮槽、塔类设备标高的关系应满足NPSH的要求。

6.3 管道设计与布置

管道的主要作用是输送各种流体，在工业生产中是极其重要的组成部分。管道设计与管道布置设计又称配管设计，是工程设计中非常复杂的工作。据统计，管道布置设计工作量约占工艺设计工作总量的40%，管道安装工作量约占工程安装工作总量的35%，管道的费用约占工程总投资的20%[2]。合理的管道设计有助于减少工程投资、节能节材、降耗增效。

6.3.1 管道设计与布置的内容

管道设计与布置的内容包括管道设计计算和管道布置设计两部分。其中，管道设计计算包括管径计算、管道压降计算、管道保温绝热工程、管道应力分析、热补偿计算管件选择、管道支吊架计算等。管道设计计算还需要进行管道材料、介质流速、管径、管壁厚度等参数的确定。

与之相比，管道布置设计主要是设计绘制相应的图样，清晰地表示管道在空间位置的连接，以及阀件、管件及控制仪表的安装等。具体地，车间管道布置设计的任务包括如下方面，即需要确定车间中各个设备的管口方位及与之相连接的管段的接口位置，确定管道的安装连接和铺设、支撑方式，确定各管段（包括管道、管件、阀门及控制仪表）在空间的位置；在此基础上，需要画出管道布置图，明确车间各管道的空间位置，作为管道安装的依据；另外，还需要制作管道综合材料表，包括管道、管件、网门、型钢等的材质、规格和数量等。

在管道设计计算中，有若干概念需要明确。首先，公称直径 DN 是管道设计中的一个重要概念。公称直径是容器和管道的标准化直径，容器的公称直径一般是指内径。对于管道而言，公称直径既不是其内径，也不是其外径，而是管道的名义直径。总体来看，当管道公称直径相等时，可以粗略认为其外径相等，其内径则受壁厚影响而有所差异。另一个概念是管道的公称压力 PN，是指管道、管件、阀门在一定温度环境中的最大允许工作压力。

6.3.2 管道设计计算

在管道设计过程中，首先需要确定的是采用什么材质的管道。管道的材质包括金属和非金属两大类，其中，金属类材质耐高温、耐高压，而非金属类材质则耐腐蚀、品种多。在此情况下，管道材料的选择需要根据输送介质的温度、压力、酸碱性、毒性、腐蚀性、可燃性等因素进行综合选择。

常用的管道包括有缝钢管和无缝钢管、铜铅铝及其合金等有色金属管、非金属管等。其中，非金属管包括硬聚氯乙烯、软聚氯乙烯、聚丙烯、聚乙烯、聚四氟乙烯、搪玻璃、耐酸酚醛塑料、玻璃钢、耐酸陶瓷、不透性石墨、胶管等多种类型材质。一般而言，中压、低压用无缝钢管可输送各类流体；铸铁管适合用于输送低压酸碱液体；裂化用钢管适合用作炉管、热交换器管、管道等；中压、低压锅炉用无缝钢管可用作锅炉的过热蒸汽管、沸水管等；高压无缝钢管多作化肥生产用，可输送合成氨原料气、氨、甲醇、尿素等；不锈钢无缝钢管可输送强腐蚀性介质；一些低压流体输送用焊接钢管，可输送水、压缩空气、煤气、蒸汽、冷凝水等，也可用于采暖；螺旋电焊钢管可输送蒸汽、水、空气、油、油气；黄铜管用于机器和真空设备管道；铝和铝合金管能够输送脂肪酸、硫化氢等；铅和铅合金管多用作耐酸管道；玻璃钢管可用于输送腐蚀性介质。除此之外，不同材质的管道还包括自制加工的钢板卷管、增强聚丙烯管、硬聚氯乙烯管、耐酸陶瓷管、聚四氟乙烯直管、高压排水胶管等[2]。需要注意的是，上述选择的标准并非绝对化，例如对于强腐蚀性物料，可以选用耐酸不锈钢，但也可以使用其他非金属材料，具体还需要结合管道价格等方面做出权衡。

对于流体温度，管道设计中，一般在-40~350 ℃时使用碳钢，而在-196~-40 ℃时使用耐低温的合金钢、铜、铝及铝镁合金，当温度高于 350 ℃时则用合金钢。对于流体压力，当压力低于 9.8 MPa（表压）时可用碳钢，当压力为 9.8~31.4 MPa（表压）时可用碳钢或低合金钢，当压力大于 31.4 MPa（表压）时用高强度合金钢。不同规格、不同材质管道与允许工作压力存在对应的关系，在设计时可查阅相关手册。

在实际设计工作中，管道的管径有两种算法。首先，一种算法是经验性地计算最经济管径。管道投资费用与克服管道阻力所消耗的动力费用有关。管径与管道投资成粗略的正比关系，但与动力消耗则成粗略的反比关系，当管道投资与动力消耗的费用之和最低时，即得到最经济的管径。最经济管径可以按照经验式（6-1）和经验式（6-2）计算。

碳钢管：
$$D_{最佳} = 282G^{0.52}\rho^{-0.37} \tag{6-1}$$

不锈钢管：
$$D_{最佳} = 226G^{0.50}\rho^{-0.35} \tag{6-2}$$

式中，$D_{最佳}$为最经济管径，mm；G 代表流量，kg/s；ρ 为密度，kg/m^3。

另一种算法是根据介质流速来计算管径，此时既可根据公式计算，也可采用算图对管径进行确定。用于计算管径的公式如式（6-3）所示。

$$d = [V_s/(\pi w/4)]^{0.5} \tag{6-3}$$

式中，d 为管道直径，m；V_s为通过管道的流体流量，m^3/s；w 为流体的常用流速，m/s。管内流体的常用流速见表 6-4[2]。

表 6-4　常用流体流速范围

介质	条件	流速/m·s^{-1}
过热蒸汽	DN<100	20~40
	DN=100~200	30~50
	DN>200	40~60
饱和蒸汽	DN<100	15~30
	DN=100~200	25~35
	DN>200	30~40
低压气体（$P_{绝}$<0.1 MPa）	DN≤100	2~4
	DN=125~300	4~6
	DN=350~600	6~8
	DN=700~1200	8~12
气体	鼓风机吸入管 鼓风机排出管	10~15 15~20
	压缩机吸入管 压缩机排出管 $P_{绝}$<1.0 MPa $P_{绝}$<1.0~10 MPa	10~15 8~10 10~20
	往复真空泵 吸入管 排出管	 13~16 25~30
苯乙烯、氯乙烯		2
乙醚、苯、二硫化碳	安全许可值	<1

介质	条件	流速/m·s^{-1}
甲醇、乙醇、汽油	安全许可值	<2~3
水及黏度相似液体	$P_{表}$=0.1~0.3 MPa	0.5~2
	$P_{表}$<1.0 MPa	0.5~3
	压力回水 无压回水	0.5~2 0.5~1.2
	往复泵吸入管 往复泵排出管	0.5~1.5 1~2
	离心泵吸入管 离心泵排出管	1.5~2 1.5~3
油及黏度大的液体	油及相似液体	0.5~2
	黏度 0.05 Pa·s DN≤25 DN=50 DN=100	 0.5~0.9 0.7~1.0 1.0~1.6
	黏度 0.1 Pa·s DN≤25 DN=50 DN=100 DN=200	 0.3~0.6 0.5~0.7 0.7~1.0 1.2~1.6
	黏度 1.0 Pa·s DN≤25 DN=50 DN=100 DN=200	 0.1~0.2 0.16~0.25 0.25~0.35 0.35~0.55

当采用算图确定管径时，可参考图 6-8，根据管径、流量、流速之间的关系估算得到[2]。

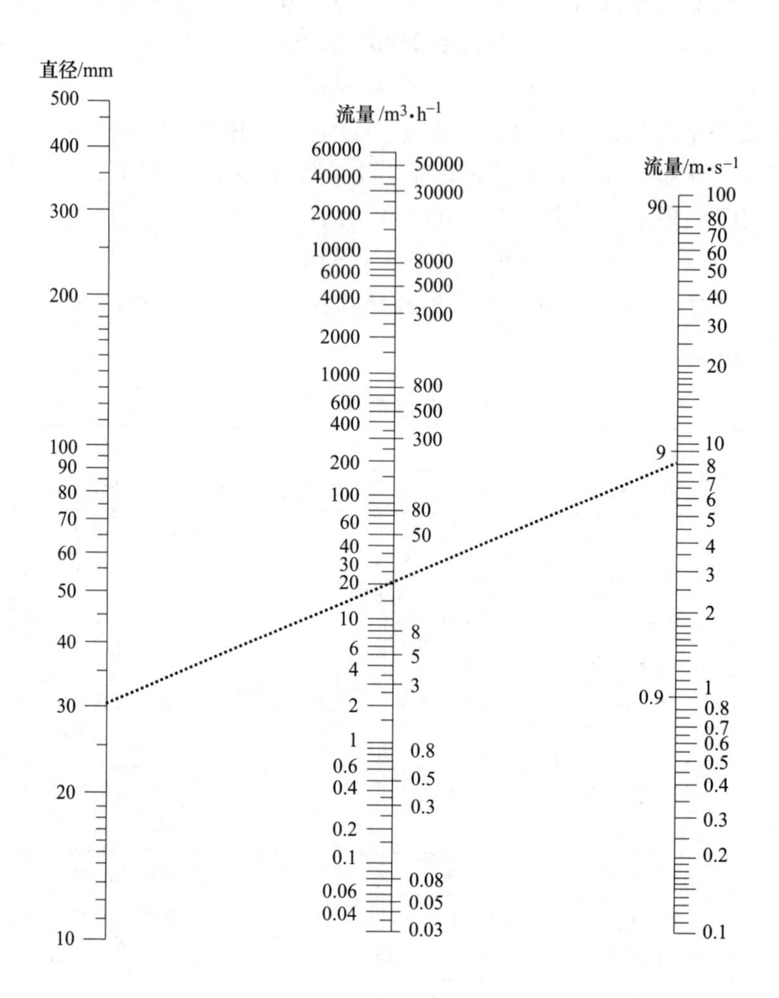

图 6-8 流速、流量、直径计算图

在选定了管道工作压力、公称直径以后，可以依据《化工工艺设计手册》等资料，查找常用公称压力下管道壁厚选用表[2]，也可以查找其他行业资料中的管道壁厚与公称压力对照表，进一步确定管壁厚度。

管道连接的方法包括焊接、螺纹连接、法兰连接、承插连接、卡套连接、卡箍连接等多种，其连接形式已在图 2-71 中进行了介绍。对于管道上的管件和阀门，也已在图 2-75 中进行了介绍。

流体在管道中流动时，由于存在阻力，因此会产生压力降。此时，流体流动的总阻力 H 可视为直管阻力 H_1 和局部阻力 H_2 之和。当直管阻力为流体经过直管时，因摩擦而产生的阻力，又称为沿程阻力，其计算可使用式（6-4）或式（6-5），对于层流与湍流状态下的计算均可适用。

$$\Delta p = \lambda \frac{l}{d} \cdot \frac{\gamma u^2}{2g} \tag{6-4}$$

$$H_1 = \lambda \frac{l}{d} \cdot \frac{u^2}{2g} \tag{6-5}$$

式中，Δp 为直管压力降，kPa；H_1 为直管阻力（m 流体柱）；λ 为摩擦系数，是雷诺数与管壁粗糙度的函数，可以查相关手册；l 为管道总长度，m；d 为管道内径，m；γ 为流体重力密度，9.80665 Nm^3；u 为流体流速，m/s；g 为重力加速度，取 9.81 m/s^2。

局部阻力是指当流体遇到管件、阀门、弯头、流量计、管道出入口等局部障碍时所产生的阻力。局部阻力可采用当量长度法计算，也可以采用阻力系数法计算。所述的当量长度法，是指当流体通过管件或阀门时，因局部阻力而造成的压力损失，相当于流体通过与其具有相同管径的、特定长度直管的压力损失，这个特定的虚拟直管长度称为当量长度 l_e，由此可以将局部阻力转化为计算直管阻力，并且可将管件及阀门视为当量长度进行下一步的计算。设管道中直管长度为 l，各种局部阻力的当量长度之和为 $\sum l_e$，则流体的总阻力或总压力损失 H（单位：m 流体柱）可按式（6-6）估算。各种管件、阀门及流量计的当量长度值由实验测定，一般以管径的倍数表示，见表 6-5[2]。

$$H = H_1 + H_2 = \lambda \frac{l}{d} \cdot \frac{u^2}{2g} + \lambda \frac{\sum l_e}{d} \cdot \frac{u^2}{2g} = \lambda \frac{l + \sum l_e}{d} \cdot \frac{u^2}{2g} \tag{6-6}$$

表 6-5 以管径倍数计的当量长度

名称		l_e/d
45°标准弯头		15
90°标准弯头		30~40
90°方形弯头		60
180°回弯头		50~75
三通管，流向为（标准）	→↑→	40
	←↑→	60
	→↓←	90

名称	l_e/d
截止阀（即球心阀）（标准式）（全开）	300
角阀（标准式）（全开）	145
闸阀（全开）	7
$\left(\frac{3}{4}\text{开}\right)$	40
$\left(\frac{1}{2}\text{开}\right)$	200
$\left(\frac{1}{4}\text{开}\right)$	800
单向阀（摇板式）（全开）	135
带有滤水器的底阀（全开）	420
蝶阀（6 in 以上，1 in=0.0254 m）（全开）	20
吸入阀或盘形阀	70
盘式流量计（水表）	400
文氏流量计	12
转子流量计	200~300
由容器入管口	20

对于流体通过管件或阀门的压头损失，如果采用流体在管道中的速度头（动压头）倍

数来表示，并计算局部阻力，这就称为阻力系数法，如式（6-7）所示。

$$h_1 = \zeta \frac{u^2}{2g} \tag{6-7}$$

式中，h_1 为因局部阻力而损失的压头，m 流体柱；ζ 为实验测定的阻力系数，见表 6-6。

流体因克服各类局部阻力而引起的能量损失之和可按下式估算：

$$H_2 = \sum\zeta \frac{u^2}{2g} \tag{6-8}$$

式中，$\sum\zeta$ 为局部阻力系数之和。

在以上计算式中，还存在式（6-9），该式也说明了当量长度法与阻力系数法的关系。

$$\zeta = \lambda\left(\frac{\sum l_e}{d}\right) \tag{6-9}$$

表 6-6 湍流流体的阻力系数

<table>
<tr><th>名称</th><th colspan="6">阻力系数 ζ</th></tr>
<tr><td rowspan="2">标准弯头</td><td colspan="6">45° ζ=0. 35</td></tr>
<tr><td colspan="6">90° ζ=0. 75</td></tr>
<tr><td>90°方形弯头</td><td colspan="6">ζ=1. 3</td></tr>
<tr><td>180°回弯头</td><td colspan="6">ζ=1. 5</td></tr>
<tr><td>标准三通管</td><td colspan="2">ζ=0. 4</td><td>ζ=1. 3</td><td colspan="2">ζ=1. 5</td><td>ζ=1. 0</td></tr>
<tr><td>活管接</td><td colspan="6">ζ=0. 4</td></tr>
<tr><td rowspan="2">闸阀</td><td colspan="2">全开</td><td>3/4 开</td><td colspan="2">1/2 开</td><td>1/4 开</td></tr>
<tr><td colspan="2">0. 17</td><td>0. 9</td><td colspan="2">4. 5</td><td>24</td></tr>
<tr><td rowspan="2">隔膜阀</td><td colspan="2">全开</td><td>3/4 开</td><td colspan="2">1/2 开</td><td>1/4 开</td></tr>
<tr><td colspan="2">2. 3</td><td>2. 6</td><td colspan="2">4. 3</td><td>21</td></tr>
<tr><td rowspan="2">截止阀（标准式）（球心阀）</td><td colspan="3">全开</td><td colspan="3">1/2 开</td></tr>
<tr><td colspan="3">6. 4</td><td colspan="3">9. 5</td></tr>
<tr><td rowspan="2">旋塞</td><td>θ/(°)</td><td>5</td><td>10</td><td>20</td><td>40</td><td>60</td></tr>
<tr><td>ζ</td><td>0. 05</td><td>0. 29</td><td>1. 56</td><td>17. 3</td><td>206</td></tr>
<tr><td rowspan="2">蝶阀</td><td>θ/(°)</td><td>5</td><td>10</td><td>20</td><td>40</td><td>60</td></tr>
<tr><td>ζ</td><td>0. 24</td><td>0. 52</td><td>1. 54</td><td>10. 8</td><td>118</td></tr>
<tr><td rowspan="2">单向阀（止逆阀）</td><td colspan="3">摇板式</td><td colspan="3">球形式</td></tr>
<tr><td colspan="3">ζ=2</td><td colspan="3">ζ=70</td></tr>
<tr><td>水表（盘形）</td><td colspan="6">ζ=7</td></tr>
<tr><td>角阀 90°</td><td colspan="6">ζ=5</td></tr>
<tr><td>底阀</td><td colspan="6">ζ=1. 5</td></tr>
<tr><td>滤水器（或滤水网）</td><td colspan="6">ζ=2</td></tr>
</table>

在实际设计工作中，由于局部阻力的计算较为复杂，且很难做到准确，因此可以对阻力进行粗略的估算。在计算流体总阻力 H 时，视管道弯头数量、管径、管件数量等因素，可以酌情取 $l+\sum l_e$ 为 l 的 1.3~2.0 倍，如式（6-10）所示。

$$l + \sum l_e = (1.3 \sim 2.0)l \tag{6-10}$$

需要注意的是，在计算管道阻力或压力降时，应预留 15%左右的裕量。

为了避免热胀冷缩引起管道变形损坏，需要对管道进行热补偿处理，采取有效手段解决热形变对管道和设备的破坏问题。对于长度 l 的管道，假设管道材质的线膨胀系数为 α，那么在温度变化 Δt 时，其长度变化量 ΔL 可表示如式（6-11）所示。此时，如果弹性模数为 E 的管道两端被固定，那么因热胀冷缩会引起热应力 σ，由此在截面积 A(m^2) 的管道上可产生轴向推力 P，其计算式如式（6-12）所示。

$$\Delta L = l\alpha\Delta t \tag{6-11}$$

$$P = \sigma A = E\alpha\Delta t A \tag{6-12}$$

一般情况下，温度低于 100 ℃、直径小于 DN50 的管道可不进行热应力计算。

管道的热补偿可以采用自然补偿和补偿器补偿两种方式。自然补偿是指在管道敷设时设置弯管段的构造，包括 L 形补偿和 Z 形补偿两类，其管道的弯曲形状如图 6-9（a）（b）所示。自然补偿的弯曲段管道尺寸设计可以查阅相关算图，也可以采用公式计算方法。

L 形补偿的计算式如下所示：

$$L_1 = 1.1\sqrt{\frac{\Delta L_2 D_w}{300}} \tag{6-13}$$

式中，L_1 为短臂长度，m，ΔL_2 为长臂（L_2）的膨胀长度，mm；D_w为管道外径，mm。

Z 形补偿的计算式如式（6-14）或式（6-15），以及式（6-16）所示。

$$\sigma = \frac{6\Delta LED_w}{L^2(1 + 12K)} \tag{6-14}$$

$$L = \sqrt{\frac{6\Delta LED_w}{\sigma(1 + 12K)}} \tag{6-15}$$

$$K = \frac{\Delta LED_w}{2\sigma L^2} - \frac{1}{12} \tag{6-16}$$

式中，σ 为管道弯曲许用应力，一般取 100×10^5 Pa；ΔL 为热膨胀率，等于 ΔL_1 与 ΔL_2 之和；E 为材料的弹性模数；D_w为管道外径，cm；L 为垂直臂长度，cm；K 为短臂与垂直臂之比，$K=L_1/L$。

在 Z 形补偿的计算中，垂直臂长度 L 一般是根据实际情况确定的，首先假设 L_1 与 L_2 之和而算得 ΔL，再算出 K，然后通过 $L_1 = KL$ 求出短臂长度，再从假设的 L_1 与 L_2 之和中减去 L_1，得到 L_2。

当自然补偿还达不到要求时，可采用补偿器补偿。常用的补偿器有门（[）形补偿器和波纹形补偿器两种形式。如图 6-9 所示，由于门形补偿器耐压可靠，制造方便，补偿能力大，所以在化工管道中使用较多，特别是在蒸汽管道中，采用更为普遍。波纹形补偿器是用钢板压制出 1~4 个波形而成，其特点是体积小，安装方便，但耐压低，补偿能力小，远不如门形补偿器。一般用于管径大于 100 mm、管长度不大于 20 m 的气体或蒸汽管道。

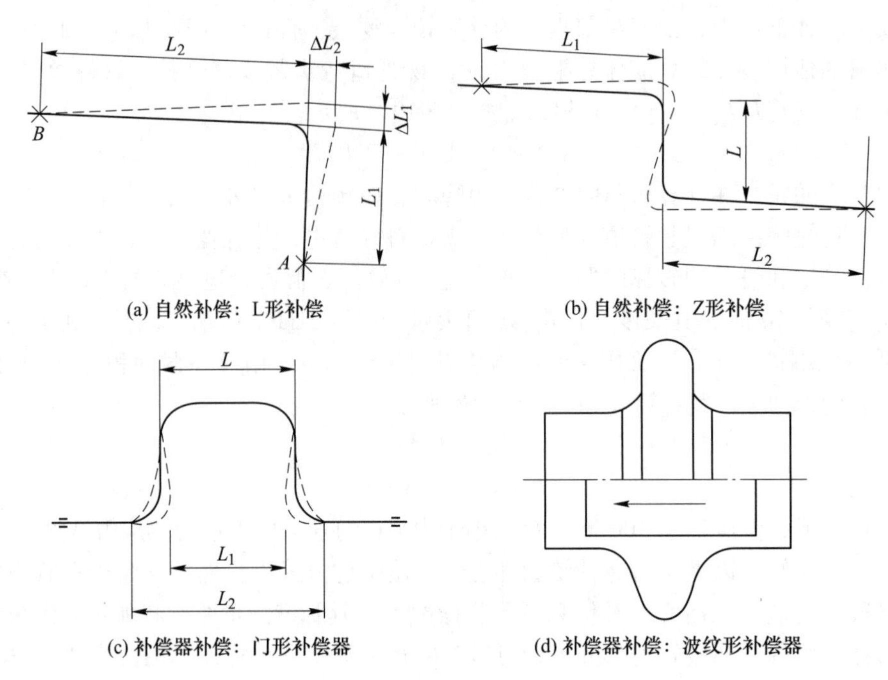

(a) 自然补偿：L形补偿

(b) 自然补偿：Z形补偿

(c) 补偿器补偿：门形补偿器

(d) 补偿器补偿：波纹形补偿器

图 6-9 管道的热补偿

工业生产往往还需要对管道和设备进行保温、保冷处理，这一步的设计工作称为绝热设计。在绝热设计中，一般是在管道和设备表面覆盖绝热材料，将绝热物质和辅助支承件作为一个整体的绝热结构。具体而言，绝热结构包括绝热层、防潮层、保护层三部分。相应地，管道热力计算包括如下基本任务：如果已知绝热层厚度，需要计算其热损失；或者，如果已知允许的热损失，推算其绝热层厚度；已知绝热层厚度及热损失，计算绝热层表面温度；根据规定的绝热结构表面温度，计算绝热层厚度。普遍地，对于外径 $D_0 \leqslant 1$ m 的管道或圆筒形设备，其绝热层厚度可按式（6-17）和式（6-18）计算[2]。

$$D_1 \ln \frac{D_1}{D_0} = 3.795 \times 10^{-3} \sqrt{\frac{P_R \lambda t (T_0 - T_a)}{P_T S}} - \frac{2\lambda}{\alpha_s} \tag{6-17}$$

$$\delta = \frac{1}{2}(D_1 - D_2) \tag{6-18}$$

式中，D_1 为绝热层外径，m；P_R为能价，元/GJ，在保温计算中 P_R也被视为等于热价 P_H；P_T为绝热材料造价，元/m^3；λ 为绝热材料在平均温度下的热导率，W/(m · ℃)；α_s为绝热层最外表面向周围空气的放热系数 ，W/(m^2 · ℃)；t 为年运行时间，h，常年运行则按 8000 h 计；T_0 为管道或设备的外表面温度,℃；δ 为管道保温的经济厚度，mm；T_a为运行期间的平均环境温度或平均气温,℃；S 为绝热投资年分摊率,%，如式（6-19）所示。

$$S = [i(1 + i)^n]/[(1 + i)^n - 1] \tag{6-19}$$

式中，i 为年利率或复利率,%；n 为计息年数，a。

工厂中的流体普遍具有一定的腐蚀性，尤其是废弃物循环利用过程中的酸浸液、碱浸液等流体。另外，电化学因素也会导致金属管道的腐蚀，阳光中的紫外线照射会使塑料管道老化。因此，管道的防腐也应是管道设计中的一个重要环节。常用的防腐办法包括管道内的衬里防腐、电化学防腐、使用防腐剂等；对于管道外侧，一般采用涂层防腐的方案。在涂层防腐中，使用的涂料大致包括油性漆、酯胶漆、酚醛漆、沥青漆、醇酸漆、过氯乙烯漆、乙烯漆、环氧漆、聚氨酯漆、有机硅漆等。

此外，在实践中普遍采用不同的颜色来标识各类型管道，例如，绿色表示工业用水、循环水、软化水等；暗红色表示热循环水、过热蒸汽、蒸汽回水冷凝液等；红色表示蒸汽。另外，绿色和红色也分别是消防水和消防泡沫的表示色。蓝色普遍用于空气的表示，黄色往往代表氮气，黑色是指二氧化碳，白色表示真空，紫色表示可燃气体。管道涂色标志尚无统一规定，在涂色的管道上还需要用白色、红色、绿色、黑色等颜色的字体进行标注，写出“上水”“压缩空气”等字样进行标识。在颜色标识方面，可参考《工业管道的基本识别色、识别符号和安全标识》(GB 7231—2003)。

6.3.3 管道布置设计

管道的布置设计可参考《工业金属管道设计规范》(GB 50316—2000)、《泵站设计规定》(GB/T 50265—2010)、《化工建设项目环境保护设计规定》(HG/T 20667—2005)、《工业设备及管道绝热工程设计规范》(GB 50264—2013)、《化工装置管道布置设计规定》(HG/T 20549—1998) 和《石油化工管道布置设计通则》(SH 3012—2000) 等规定。在进行管道布置时，其原则性要求为应能满足工艺流程及生产要求，便于操作管理及安全生产，整齐美观且节约投资，符合管道及仪表流程图的要求。

管道布置图已在 2.3.2.2 节中进行了论述，本节仅介绍管道布置设计的一些通用原则。

此外，管道布置设计还应该考虑物料因素。当管道输送易燃、易爆、有毒或有腐蚀性的物料时，应注意避免在住宅区、走廊、门口等人流密集的区域铺设管道，同时还需要设置安全间、防爆膜、阻火器和水封等防火防爆装置来确保安全，管道的放空管也应引导至指定地点或高过屋顶 2 m 以上。布置腐蚀性、有毒性或高压的介质管道时，应注意避免法兰、螺纹和填料密封等部位的泄漏，尽量避免易泄漏部位位于人行通道或机泵上方，并设置必要的安全防护措施。管道的坡度应尽可能与地面坡度一致。真空管线应尽量缩短长度，以及减少弯头和阀门。

管道布置还应该考虑施工、操作及维修的因素。永久性的工艺、热力管道不应穿越工厂的发展用地，以确保工厂的可持续发展。管道应与厂区内的装置、道路、建筑物、构筑物等进行协调。管架或管墩上（包括穿越涵洞）应留有 10%~30%的空位，装置主管廊管架应留有 10%~20%的空位，同时考虑负荷的影响。管道系统应具有必要的柔性，尽量集中布置在公用管架上。当多条管道并列时，阀门应尽量错开排列。管道布置应逐步升高或逐步降低，以减少形成气袋或液袋的概率。在管道布置过程中，管道焊缝应符合一定的要求，例如管道对接焊缝的中心与弯管起弯点的距离不应小于管子外径，且不小于 100 mm；对于管道上两相邻对接焊缝的中心间距，当公称直径小于 150 mm 时，该中心间距不应小于管道外径，且不小于 50 mm，当公称直径不小于 150 mm 时，该中心间距不应小于 150 mm。当管道需要穿过建筑物时，应该加装套管，并且管道与套管之间的空隙应该密封，套管应该距离管道端部至少 150 mm，并且应该高出楼板、屋顶面 50 mm。需要注意的是，管道不应穿过防火墙或防爆墙。

安全生产也是管道布置的重要因素之一。当管道需要以埋地或经由管沟的方式穿过公路时，应该采取一定的保护措施。在易燃易爆介质的管道系统中，为防止介质流动时产生静电聚集，应采取接地措施。对于长距高输送蒸汽或其他热物料的管道，以及存在热位移的埋地管道，应考虑管道的热补偿问题。对于跨越或穿越厂区内铁路和道路的管道，在其跨越段或穿越段上不得装设阀门、金属波纹管补偿器及其他管道组成件。对于玻璃管等脆性材料的管道，可在管道外部包裹塑料薄膜等包装材料。当不锈钢管道与碳钢管道直接接触时容易发生电化学腐蚀，可在不锈钢管道与碳钢管道接触的部位采用胶垫隔离措施。

在进行管道布置时，还应该考虑其他非工艺管道布置方面的需求，如电缆、照明、仪表以及采暖通风等。

在管道布置设计中，管架和管道的安装布置是一个重要环节。管架是支撑、固定和约束管道的装置，可分为室内管架和室外管架。室外管架多架设在管廊或管桥上，室内管架则可利用厂房内的梁、墙面、楼板或设备进行支撑和吊挂。管架设计和施工需要遵循标准规范，例如《管架标准图》（HG/T 21629—2021）等。按照管道支架的作用，可分为固定支架、滑动支架、导向支架、弹簧吊架等类型。其中，固定支架通常用于对管道进行固定和支撑的场合；滑动支架只起支撑作用，允许管道有一定位移；导向支架允许管道做轴向位移；弹簧吊架在管道垂直位移时可提供一定的支吊力，通常用于管道存在位移或线性伸缩的情况。

当管道在管架上布置时，其平面布置和立面布置都有一定的规范或经验。对于管道的平面布置而言，大直径管道、液体管道等较重的管道应尽量靠近支柱处，以减小承载物体所受的弯矩。公用工程管道应将其布置在管架内，并尽可能将支管引向上方。一般情况下，热管道、大直径管道都应尽量布置在管道组的外侧。在连接管廊同侧设备的管道布置中，应将管道布置在设备同侧的外侧，以保证其布置有序、便于维护。对于连接管架两侧的设备的管道，应将其布置在公用工程管线的左右两侧。当采用双层管架时，一般会将公用工程管道布置在上层，而将工艺管道布置在下层，以便管道的维护和检修。对于高温或低温的管道，在管架上布置时应使用管托将其升高 0.1 m，以便进行保温处理。在管道安装时，管道支架的间距应适当，可参考相关规定和国家标准。

对于管道和管架的立面布置，当管架下方为通道时，管道的底部距离车行道路面的高度应该大于 4.5 m，距离主干道路的高度应该大于 6 m，遇人行道时距路面的高度应该大于 2.2 m；当管廊下方有泵时，底部管道到泵设备地面的高度应该大于 4 m，管道标高应符合设备布置和维护时的净空要求。同一方向上的两层管道标高通常需要相差 1.0~1.6 m；如果是从总管上引出的支管，其高度可比总管高或低 0.5~0.8 m。当管道改变方向时，需要同时改变标高，以确保管道的连通性和流动性。

本章小结

在工程设计中，车间与管道布置是工作量较大的部分。本章介绍了车间、设备、管道布置设计的内容和步骤，讲述了常用的设计方案或原则。

在车间布置设计中，需要考虑直通管廊长条布置、L 形布置、T 形布置等不同的布置方案，并作出车间平面布置图和立面布置图。对于设备布置，需要确定工艺设备的平面位置与立面位置，并确定场地与建（构）筑物、管道、电气仪表管线、采暖通风管道等的走向和位置等，最后提供设备布置图。管道设计与布置包括管道设计计算和管道布置设计两部分工作，首先需要计算确定管道的材质、管径、压头损失等，确定热补偿方式，然后按照规范布置管道及管架等。

习　题

6-1 车间布置设计、设备布置设计和管道布置设计是车间布局的设计基础，试分别阐述这些布置设计的依据、内容，以及可能进行哪些计算。

6-2 论述直通管廊长条布置、L 形管廊布置和 T 形管廊布置的异同、适用场合。

6-3 车间设备布置需要满足哪些方面的要求？参考某废弃物循环回用的工艺流程，试分析如何满足这些要求。

7 非工艺设计

本章课件

本章提要：

（1）理解非工艺设计的概念，以及非工艺设计与工艺设计之间的关系。

（2）掌握土建、非标设备、电气、自动控制、给排水及暖通、供热及冷冻等非工艺设计的方法。

（3）了解智能工厂设计的特点。

生产车间需要工艺专业人员和其他非工艺人员共同参与设计，非工艺专业的数目应根据实际情况而定。非工艺设计主要围绕设备、电气、建筑、自控和卫生工程进行。

在生产中必须由专业的设计人员进行非工艺设计，在此过程中，要及时将关键信息通知相关专业人员，为其他专业开展工作提供新的设计条件。事后进行汇总，并与各专业人员进行会签工作，以确保工程项目的设计如期高质量地完成。

在环境工程项目的设计中，工艺设计人员需完成以下工作：首先要对工艺进行设计。在有了初步的思路后，不但要关注和推进项目进展，还要处理好本工艺专业设计与其他设计之间的关系，并整理设计资料。最后向其他专业的设计提供翔实的设计依据及完备的工艺条件。

非环境工程设计项目一般包括建筑、电力、设备、仪表自控、给排水、采暖通风等。

在初步设计阶段，各专业设计方案的确定需要由工艺专业提供一次设计条件，并以此为依据如期完成设计工作。在施工图设计阶段，由工艺专业提出进一步深化的条件，并反馈与其他专业设计沟通后的结果，以此完善各专业设计。

7.1 土建设计

土建设计包括全厂所有建筑物和构筑物的设计。

7.1.1 环境与资源工程建筑

环境与资源工程建筑大致分为封闭式厂房、敞开式厂房和露天框架等类型。组成建筑物的构件有地基、基础、墙、柱、梁、楼板、屋顶、楼梯、门和窗户等。

地基是指建筑物的地下土壤部分，用于支承建筑物的重量，要求具有足够的强度和稳定性，并可应对土壤冻胀和地下水位变化的影响。如果地基强度不够，则需要采取换土法、桩基法、水泥灌浆法等进行加固。

基础是指建筑物或设备支架的下部结构，一般埋在地下，采用砖、毛石、混凝土、钢筋混凝土等材料砌制，以支撑建筑物和设备，并将载荷传到地基。如果是作为设备的基础，则常选用混凝土或钢筋混凝土砌制。

墙可以按照承重墙、填充墙、防火防爆墙等进行分类。承重墙可以承受屋顶楼板等上部载荷，并传递给基础，可使用砖砌体作为材料；填充墙不需要承重，主要起到围护、保温、隔声等作用，可用空心砖或轻质混凝土等制成；防火防爆墙将危险区同一般生产部分隔开，有独立的基础，可用砖或钢筋混凝土砌制，不允许开设门窗孔洞。

对于门、窗和楼梯，除了人员流通、物质设备输送等功能之外，还要特别注意其安全疏散的功能。在此情况下，厂房的门一般不少于 2 个，门宽不小于 0.9 m。为了便于泄压，门、窗应向外开。多层厂房应设置 2 个楼梯，且其宽度不小于 1.1 m，坡度一般为 30°，通常不大于 38°。

厂房结构尺寸一般按照模数进行计量，如 6.1.4.1 节所述。

工业建筑模数制是指按多数工业建筑的情况，将工业建筑平立面布置的有关尺寸做统一规定，使其按照相应的基数进行布局，工业建筑尺寸是相应基数的倍数。一般设定基本模数为 100 mm，门、窗、洞口和墙板的尺寸在墙的水平方向和垂直方向均为 300 mm 的倍数，而厂房柱距采用 6 m 或 6 m 的倍数，多层厂房的层高为 0.3 m 的倍数。

需要重申的是，工业建筑设计应满足《建筑设计防火规范》（GB 50016—2014）的要求，可参考表 6-3。

7.1.2 土建设计条件

工厂建设需要厂房、道路等各方面的土建施工，但是资源、环境、化工、矿冶等工艺专业人员可能未必精通土建方面的设计工作。在此情况下，工艺专业人员需要向土建专业人员提供土建设计条件，以便土建专业人员能够据此开展建筑、基础建设等方面的设计。土建设计条件一般分两次集中提出，第一次在管道及仪表流程图和设备布置图基本完成、各专业布局布置方案基本落实后提出；第二次在土建专业设计人员基本完成建筑及结构设计，工艺专业人员据此绘出管道布置图后提交。

在一次条件中，需要介绍工艺生产过程、物料特性、物料出入、管路等情况，并提出防火、防爆、防腐、防毒等要求。在这一阶段，工艺专业应向土建设计提供设计条件要求，至少需要包括六项设计条件，即工艺流程简图、厂房布置、设备情况、车间人员表等，以及安全生产和劳动保护情况，最后是安装运输条件[1]。具体的设计条件要求，如厂房的分层、大小等，主要是建议性的条件，土建专业将根据这些设计条件，按照土建方面的规范来进行相应的建筑设计。

其中，对于厂房布置，主要是工艺设备的平面和立面布置图，在图中需要说明对土建的各项要求，如厂房的高度、层数、跨度、地面或楼面的材料、坡度、负荷、门窗的位置、楼面和墙面的预留孔、预埋件的条件、地面的地沟、落地设备的基础条件，以及其他要求等。

设备情况方面，主要是提出设备一览表，包括设备位号、设备名称、规格、重量（设备重量、操作物料荷重、保温及填料的重量等），以及装卸方法及支承形式等。

在提出车间人员表时，应说明人员总数、每班最多人数、男女工人比例等。

安全生产、劳动保护情况方面，应注明防火等级、卫生等级、有毒气体最高允许浓度、爆炸介质的爆炸范围等；如果存在其他特殊要求，也应提出相应的设计条件，如放射性工作区应与其他区域隔离，并设计出专用通道等。

安装运输条件方面，应考虑大型设备进入厂房的安装门、安装孔、设备安装吊装点、每层楼面的安装载荷、安装场地要求等，以及设备维修或更换时对土建的要求。

在二次条件中，应更加明确地指出预埋件、开孔条件、设备基础、地脚螺栓条件图、全部管架基础、管沟等信息[2]。其中，需要明确所有室内外设备的基础位置尺寸、基础螺栓孔位置和大小，以及预埋螺栓和预埋钢板的规格、位置及伸出地面长度等。应该指出梁、柱和墙上的管架支承方式、荷重，以及预埋件规格和位置等要求。还需要明确管沟位置尺寸、深度、坡度、预埋支架等问题，以及对沟盖材料、下水箅子等方面的要求。进一步明确管架、管沟及基础条件，说明楼板及地坪上下水箅子的结构信息。对于楼板上管径小于 500 mm 的穿孔，需要说明其位置和尺寸；对于墙上管径大于 200 mm 的穿管，以及长方孔大于 200 mm×100 mm 的穿管，均应预留准确的位置及尺寸。

7.2 非标设备设计

设备设计包括标准设备选用及非标准设备设计两个方面。标准设备一般由工艺设计人员根据生产厂家的资料和工艺要求选用和交付订货。对于大型环保公司和设计院而言，首先需要由工艺专业设计人员提供非标准设备的设计条件，然后由设备专业设计人员进行设备的设计，并交付给厂家进行设备的制造。

工艺专业提供的设计条件主要包括设备一览表，以及非标设备条件表和附图。其中，非标设备条件表及附图包括如下几个方面的内容，即操作温度与压力、溶液组成、搅拌转速、间歇或连续操作等工艺参数；处理量或生产能力，以及物料的密度、黏度、腐蚀性、易燃易爆性、毒性等设备内物料及物性参数；设备的外形与容积尺寸、主要部件尺寸，以及传热面积、绝热结构、设备材质等；管口方位图等。

7.3 电气设计条件

对于电气设计，大致需要说明设备用电、照明与避雷、弱电等方面的条件。工艺专业向电气专业提供的设计条件应包括以下几点：动力部分的设计需要提供生产或处理特点、用电方面要求、车间的防爆等级、大功率的电机等条件，还需要提供设备平面设计图，以及用电设备条件表（表 7-1），提出用电设备的自控要求以及其他用电量。另外，需要在工艺设备布置图上标明照明的位置及强度，以及照明地区的面积、体积及照度，指出防爆和避雷等级，还需要说明特殊条件下的要求等条件。最后，需要在工艺布置图上标明弱电设备位置，设置火警与警卫信号，设置行政电话、扬声器、调度电话、电视监视器等。

表 7-1 用电设备条件表

用电设备名称	负荷等级	用电设备台数	控制连锁要求	计算轴功率/kW	控制方法	开关控制点	电力设备				工作制	年运转时间/h
							型号	容量/kW	电压/V	相数		

7.4 自动控制设计

首先，需要明确控制方法的类型，例如是集中控制还是分散控制，或为两者的结合；其次，提出带控制点工艺流程图，应该标明控制点、控制对象、控制参数、介质特性、测量方式及管径等；再次，提出设备布置图，标明控制室位置和面积及信号安装地点，然后提出控制要求；最后，给出仪表、自控条件表（表7-2）、调节阀条件表（表7-3）[1]。

表7-2 仪表、自控条件表

仪表位号	数量	仪表用途	工艺参数			流量（最大、正常、最小）/$m^3 \cdot h^{-1}$	液位（最大、正常、最小）/m	I—指示 N—记录 Q—累计 C—调节 K—遥控 A—报警 S—连锁	P—集中 L—就地 PL—集中、就地	所在管道设备的规格及材质	仪表插入深度/mm
			密度/$kg \cdot m^{-3}$	温度/℃	表压/MPa						

表7-3 调节阀条件表

仪表位号	控制点用途	数量	介质及成分	流量（最大、正常、最小）/$m^3 \cdot h^{-1}$	三个流量的调节阀前后绝压/MPa	调节阀承受的最大压差/MPa	密度/$kg \cdot m^{-3}$	工作温度/℃	介质黏度	管道材质与规格

表7-2和表7-3可作为环境与资源工程领域的自控、调节阀条件表，在化工等行业的设计中还可以使用表7-4的形式[2]。

表7-4 自控设计条件表

序号	仪表名称	物料名称及组分	物料或混合物密度/$kg \cdot m^{-3}$	自动分析			温度/℃
				黏度	密度	pH值	

序号	压力/MPa	流量/$m^3 \cdot h^{-1}$或液面/m			指示、遥控记录，调节或累计	控制情况			管道及设备规格	备注
		最大	正常	最小		就地集中	控制室	就地		

7.5 给排水及暖通设计

给排水及暖通设计包括了供水、排水、采暖、通风、排风等方面。

7.5.1 供水设计条件

对于生产用水，工艺专业需提供工艺设备布置图并标明用水设备名称；最大和平均用水量；用水种类、水温、规格、水压；用水情况及进口标高、位置等。对于生活消防用水，需提供工艺设备布置图，并标明厕所、淋浴室、洗涤间、消防用水点等位置；用水总人数和高峰用水量；提供生产特性要求及消防用水的要求；采用的消防种类。对于化验分析用水，需提供设备平面布置图，并标明化验分析点、用水种类与条件。

7.5.2 排水设计条件

对于生产排水，工艺专业需提供工艺设备布置图，并标明排水设备名称和排水点、排水条件。在生活排水的设计中，需提供设备布置图，并标明厕所、沐浴室、洗涤间位置；总人数、使用沐浴总人数、最大班使用沐浴人数；排水情况，包括排水方式、处理与否、排水口位置及标高。

供排水条件可按照表 7-5 的样式进行列表[2]。

表 7-5 供排水条件

<table>
<tr><th rowspan="3">序号</th><th rowspan="3">车间编号</th><th rowspan="3">车间名称</th><th rowspan="3">主要设备名称</th><th rowspan="3">水的主要用途</th><th colspan="4">用水（排水）量/m^3·h^{-1}</th><th colspan="2" rowspan="2">水质（污水）技术数据</th><th colspan="2" rowspan="2">需水（排水）量</th><th colspan="2" rowspan="2">管子</th><th rowspan="3">备注</th></tr>
<tr><th colspan="2">经常</th><th colspan="2">最大</th></tr>
<tr><th>1 期</th><th>2 期</th><th>1 期</th><th>2 期</th><th>水温/℃</th><th>物理化学成分</th><th>进口、出口压力/MPa</th><th>连续或间断</th><th>管材</th><th>管径</th></tr>
<tr><td></td><td></td><td></td><td></td><td></td><td></td><td></td><td></td><td></td><td></td><td></td><td></td><td></td><td></td><td></td><td></td></tr>
<tr><td></td><td></td><td></td><td></td><td></td><td></td><td></td><td></td><td></td><td></td><td></td><td></td><td></td><td></td><td></td><td></td></tr>
<tr><td></td><td></td><td></td><td></td><td></td><td></td><td></td><td></td><td></td><td></td><td></td><td></td><td></td><td></td><td></td><td></td></tr>
</table>

7.5.3 采暖通风设计条件

工艺专业提供的采暖通风设计条件包括如下几点：首先是工艺流程图，图中标明需采暖通风的设备和地域；其次是设备一览表；然后，需要提出采暖方式是集中采暖还是分散采暖；另外，需列出采暖设计条件；最后，需提出采用的通风方式是自然通风还是机械排风，以及设备的散热量，还需要指出产生的有毒物质的名称、数量和产生的粉尘情况。

采暖通风条件可按表 7-6 填写[2]。

例 7-1 在例 3-1 中，简要说明其土建、供排水、供电、采暖通风等方面的非工艺设计要求。

解：(1) 土建。土建的强度应可以承受其设备的重量，门窗一般朝外开，蒸发楼要留有装孔。

(2) 供排水。冷却水用冷凝水池的水，冷凝水池还可以蓄积一些雨水或生产弃水，涮罐水用冷凝水。所有冷却水去采卤。

(3) 供电。电力由电网送至厂内变压器，变压后使用。蒸发楼一楼设有配电室，配电室要求有防火和防潮措施。

（4）采暖通风。操作室要求冬天保暖、夏天防暑，并加隔音装置，地阀加盖，保证工人安全和身体健康。

（5）其他。蒸发器采取防锈、保温措施，蒸汽管道保温。

表 7-6　采暖通风条件

序号	车间	防爆等级	生产类别	工作人数	每班操作人员	要求室温/℃		要求湿度/%		设备发热情况		
						冬	夏	冬	夏	发热设备		同时运转电机总功率/kW
										表面积/m^2	表面温度/℃	
1	2	3	4	5	6	7	8	9	10	11	12	13

散出有害气体或灰尘		散湿量/$kg \cdot h^{-1}$	事故排风设备位号	其他要求		备注
名称	量/$kg \cdot h^{-1}$			正负压要求/Pa	洁净级别	
14	15	16	17	18	19	20

7.6　供热及冷冻设计

7.6.1　供热系统设计条件

对于利用蒸汽的冷凝热进行热量传递的化工生产装置，工艺专业应提供下述设计条件：首先，供汽方式是间断供汽还是连续供汽；其次，需提供管道及仪表流程图，并标明供汽工段和设备；然后，提供设备布置平面图，并标明接管地点、管材和管径等；再次，提供供汽的工艺条件；最后，提供供热及工艺外管条件表，并按工艺管、动力管、工艺用水管等顺序填写。

7.6.2　冷冻系统设计条件

工艺专业需提供如下设计条件：首先，需提供管道及仪表流程图、设备布置图，以及冷冻条件，见表 7-7；其次，提供操作温度、冷冻量及冷冻负荷调节范围；然后，提供冷冻方式及载冷剂要求；最后，说明冷冻时间的限值以及在发生故障时停止供冷对生产的影响。

上述工艺专业中有关专业所提出的条件与要求，是其开展设计工作的依据，在正常生产的前提下，应尽量满足对某个专业的特殊要求。与工艺专业相关的部分条件表的名称见表 7-8[2]。

表 7-7 冷冻条件

序号	车间或工段名称	冷冻量			用冷情况		冷冻介质						备注
		最大	正常	最小	连续或间歇	年操作小时数	名称	温度/℃		压力/Pa		最大流量/$t\cdot h^{-1}$	
								进入	返回	进入	返回		
1	2	3	4	5	6	7	8	9	10	11	12	13	14

表 7-8 与工艺专业相关的部分条件表名称

序号	名称	序号	名称
1	建（构）筑物特征条件表	26	设备及机泵荷载条件表
2	货物及排渣运输条件表	27	采暖通风及空调条件表
3	超限设备条件表	28	局部通风条件表
4	危险场所划分条件表	29	外管条件表
5	电加热条件表	30	冷冻条件表
6	用电设备条件表	31	压缩气体条件表
7	弱电设备条件表	32	化验分析条件表
8	仪表条件表	33	产品单位成本表
9	调节阀条件表	34	设备基础条件表
10	大型动力设备土建条件表	35	消防条件表
11	流量条件表	36	安全和工业卫生状况表
12	节流装置安装要求条件表	37	照明条件表
13	调节阀安装条件图	38	循环冷却水工况表
14	液位计安装条件表	39	管道条件表
15	温度计扩大管条件表	40	粉体工程条件表
16	管道上取压口条件表	41	管壳式换热器条件表
17	车间人员生活用水条件表	42	防雷条件表
18	用水及排水条件表	43	热力设计条件表
19	软水及脱盐水条件表	44	料仓（斗）设计条件表
20	副产蒸汽数据表	45	离心泵条件表
21	工艺余热数据表	46	板式换热器条件表
22	汽动机泵特性数据表	47	塔类条件表
23	工艺蒸汽负荷及参数表	48	贮槽、反应器、搅拌器条件表
24	凝结水回收数据表	49	其他设备条件表
25	“三废”排放条件表	50	机修车间（工段）条件表

例 7-2 简要作出例 3-1 的电气、仪表、自动化设计要求。

解： 仪表不仅可以让操作人员了解设备的运转情况，还可以起到自动控制的作用。仪表包括一些温度、压力、流量等仪表以及其他一些特殊仪表。自动仪表记录的数据是重要的科学资料，可为科学研究、技术改造、合理生产提供准确的数据。

各效蒸发罐的进料、排料用仪表自动控制。蒸发器的加热室、蒸发室的操作由仪表自动测量、记录，并设有报警装置。阀的开关、闪发器、平衡筒设有下限闪光信号及报警装置。蒸发器设有液位调节器，其余设有液位自动控制阀。

（1）压力测量仪表。由于目的是在主控室集中显示自动控制，所以选用远传压力真空表，见表 7-9。

表 7-9　远传压力真空表

检测参数	压力点	测压范围/9.80665 $N \cdot cm^{-2}$
蒸汽主管压力	蒸汽主管	0~10
Ⅰ效加热室	加热室上方	0~6
Ⅰ效蒸发室	蒸发室上方	0~4
Ⅱ效加热室	加热室上方	0~4
Ⅱ效蒸发室	蒸发室上方	0~2
Ⅲ效加热室	加热室上方	0~2
Ⅲ效蒸发室	蒸发室上方	0~1
Ⅳ效加热室	加热室上方	0~1
Ⅳ效蒸发室	蒸发室上方	0~0.5

注：上述真空压力表被测介质均为蒸汽。

（2）温度测量仪表。选用结果见表 7-10。

表 7-10　温度测量仪表

检测参数	测样点	被测介质	测定范围/℃
蒸发罐料液温度	罐内料液	盐浆	0~150
蒸发罐料液温度	罐内料液	盐浆	0~130
蒸发罐料液温度	罐内料液	盐浆	0~110
蒸发罐料液温度	罐内料液	盐浆	0~90
卤水预热温度	卤水出口	卤水	0~80

（3）流量测量仪表。选用结果见表 7-11。

表 7-11　流量测量仪表

测量介质	测量点
加热蒸汽	加热室蒸汽总管
进卤	进卤总管
冷凝器进冷却水	冷却水管道
冷凝水	各效冷凝水管道

（4）液位测量仪表。当测量蒸发室液位高度时，引出液位计远传送到主控室，自动调节液位稳定。对于平衡桶、闪发器液位的控制，是在出口管处安装液位自动控制阀。对于各种贮液桶的液位测定，按具体情况选择液位计。

（5）电器。泵、干燥设备配备电机等电器，可参见例5-2。

7.7 智能工厂设计要求简述

智能工厂是新兴的设计理念，也是未来工程设计的重点考虑对象。智能工厂往往实行自动化实时监控，最大限度地降低人为干预，例如数字化车间实现不同生产环节互连、云系统改善工作流程、智能物流提供现代化运输支撑等[6]。目前，对于智能工厂的设计原则和方法有很多设想，尚未形成统一的思路。工艺专业人员可以在设计中对智能工厂提出设计要求，交由相关专业人员进行详细的设计。本节尝试对智能工厂的设计要素做出探索性的简要介绍，供在设计工作中参考与探讨。

7.7.1 智能工厂概况

在进行智能工厂的规划时，可以利用实际的生产数据，建立生产过程模型，并对工厂进行数字化模拟与规划。这些工厂模拟规划包括布局规划、工艺规划等部分，其规划内容包括厂房和建筑基础设施的规划、车间和生产线的设备布局规划、生产线设备和物流设备的参数规划、人员和物流规划等[7]。借助于数据采集传感设备、智能化控制系统、智慧化决策系统等工业互联网系统模块[6]，智能化工厂的设计过程中应包括数字化车间、自动检测设备、工业互联网管理数据、人机协同操作模式等关键环节。对于工艺专业设计人员而言，可以在这些方面提出非工艺设计要求。

数字化车间将生产系统与执行系统相连接，以保证生产信息始终保持同步。当某产品的原材料发生变化时，生产系统中的其余信息会同步变化，执行系统将自动实施解决方案，从而减少误工损失。自动检测设备或质检云系统可以综合利用人工智能、大数据、云计算等，通过机器检测技术、机器视觉技术和深度学习技术，实现产品和生产过程的即时检测，以及生产过程的精准调控。工业互联网管理模块能够以云计算、大数据等技术为基础，对生产过程做出快速决策。在人机协同操作模式中，工人负责承担部分最为重要的检测和控制环节，实现人力与机器的互动与平衡，综合性地提升生产效率。

另外，云系统包括云计算和云存储两部分，其中，云计算通过数据中心服务器群，以网络传输的方式提供各类应用，云存储则通过信息的跨区存储，为数据安全和运营敏捷性提供技术支持。

7.7.2 工业互联网的关键要素

智能工厂的一个重要环节是工业互联网，与传统工厂相比，工业互联网为工厂带来了很多新的元素，其中包括机器人生产、自动化工艺控制、智能调度、自动化运输等。在这种情况下，智能工厂可体现出标准化生产线、智能物流、小批量/单品定制等诸多优越性[6]。

在建立工业互联网的设计中[6]，需要考虑工业互联网的若干关键要素，例如工业互联网体系架构模型。工业互联网体系架构模型包括三部分内容，首先是工业互联网网络体系架构，含有网络互联体系、地址与标识解析体系、应用支撑体系等要素；其次是工业互联网数据体系架构，含有大数据功能架构、大数据应用场景等要素；另外，还有工业互联网安全体系架构等。

工业互联网设备感知通信技术也属于工业互联网的关键要素之一，包括以下类别：首先是物体标识技术，包括条码技术、IC 卡技术、RFID 射频识别、光学符号识别、语音识别技术等，在工程设计中可以按照实际需求来选择。其次是位置定位技术，包括 GPS 定位、TOA 定位、北斗定位技术等。GPS 是全球定位系统（global positioning system）的简称，借助于人造地球卫星，实现高精度的无线电导航与定位。所谓 TOA 定位，也称时间到达定位（time of arrival），通过测量发射和接收信号之间的时间差，从而算出接收器和发射器之间的距离。目前，我国已经发展出北斗定位技术，并在采矿、电力等多个领域得到了应用。例如，在矿山搭建 5G 网络，借助北斗定位实现了矿车的自动驾驶和多台设备的一人操控，使得设备作业效率显著提升。另外，在传感通信技术的选择上，工艺专业人员可以根据工程实际特点，选择不同形式的传感方案，并向非工艺专业提出相应的要求，其传感方案可以包括有线、无线、5G 移动网络、蓝牙、红外传感等。

工业互联网的作用之一是为智能工厂提供大数据与云计算的基础。因此，工业互联网需要具备提供数据的功能，这些数据包括企业相关经营业务数据、机器设备互联数据、企业外部数据等。在此基础上，大数据与云计算技术可以帮助工厂提高研发效率与质量，并且系统性地优化生产过程，预测产品新需求、新方向，以及深化供应链协同能力[6]。工业互联网还要使用一些智能算法，从属性筛选、分类预测、回归分析、聚类分析、关联规则分析、时间序列等方面进行分析计算。

值得注意的是，使用工业互联网、大数据、云计算等智能工厂技术时，需要尤其注意信息安全和操作问题。除了关键生产商业信息泄密的预防之外，由于自动控制等环节的特殊性，生产系统容易遭受到各类隐蔽的攻击或操作失误，实践中的安全隐患也比较突出。在少量人员值守甚至无人化管理的背景下，采用摄像头监控和回溯的方案已经不能有效地预防事故的发生。通过平台视频能力，应将分散区域的监控摄像头进行统一汇总，采用云端视频监控直播、智能识别告警、云台控制等办法，结合智能分析算法、人脸识别、烟火识别、危险区域检测、设备运转状态检测等措施，对风险隐患进行实时预警。总之，需要在全面感知、信息传输、智能处理、综合应用等方面提出非工艺的安全风险设计要求。

7.7.3 智慧工业园区建设要点

在智能工厂的基础上，可构建智慧工业园区。智慧工业园区可在若干方面进行建设，包括信息基础设施、支撑平台、安全生产、环境管理、应急管理、封闭化/开放管理、运输管理、能源管理、办公管理、公共体系、保障体系等。

智慧工业园区和广义的数字化工厂有类似之处。在此之前，先介绍狭义的数字化工厂的概念。狭义的数字化或智能工厂是指以制造资源、生产操作和产品为核心，利用数字化的产品设计数据，在实际制造系统中，对生产过程进行仿真优化和控制[7]。而在更广泛的意义上，广义的数字化工厂可以定义为以制造产品和提供服务的企业为核心，由核心企业以及供应商、软件系统服务商合作伙伴、协作厂家、客户、分销商等构成，是一切信息数字化的动态组织方式。核心企业对产品设计、生产线规划、物流仿真、工艺规划、生产调度和优化等方面进行仿真优化和管理，通过电子信息化的手段增强企业同外部的联系，形成大规模、敏捷的制造系统[7]。这种广义的数字化工厂，可以视为智慧工业园区的认识基础之一。

本章小结

非工艺设计是指环境与资源专业设计之外的部分，包括土建、非标设备、电气、自动控制、给排水及暖通、供热及冷冻等方面的设计，环境与资源专业人员需要将这些设计的条件和要求提供给非工艺设计人员。

对于土建的非工艺设计，需要提供工艺流程简图、厂房布置、设备情况、车间人员表、安全生产和劳动保护情况、安装运输条件等。对于非标设备，需要提供设备一览表、设备条件表和必要的附图。另外，需要说明设备用电、照明与避雷、弱电等电气设计条件，提供自动控制方法、带控制点工艺流程图、控制要求、自控条件表等自动控制条件，提供供水、排水、采暖、通风、排风等给排水及暖通条件，以及相应的供热方式、冷冻条件等。

习　题

7-1 什么是非工艺设计，工艺专业设计人员需要提出哪些非工艺设计要求？

7-2 试针对例4-2，简要说明其非工艺设计要求。

7-3 本章仅简要介绍了智能工厂的概况和建设要点，实际上智能工厂的设计理念和方法都呈现出多样化的特点，并处于不断发展之中。试查阅文献，并举例分析智能工厂的设计内容有哪些。

8 设计概算和技术经济

本章课件

本章提要：

(1) 掌握工程设计概算的分类、编制依据，以及单位工程概算、综合概算、其他工程费用概算和总概算的编制办法。

(2) 掌握技术经济的评价方法，能够进行工程投资估算、产品生产成本估算和经济评价。

8.1 设计概算

在进行工程设计时，不仅要在技术层面保证前沿性和实用性，还需要在经济方面满足合理性的要求。设计概算（以下简称概算）或预算是对工程设计项目整个施工阶段中所应发生费用的概略计算，其任务主要是通过计算对拟建工程装置从筹建至验收所需要的总花费进行测算，并撰写设计概算的有关文档。采用概算可以预测项目所在企业及厂房的设置是否经济合理有效，并便于与同类企业进行对比研究，综合判断其设计装置、工艺措施以及全厂工程设计的经济效益、工艺经济特点。在工程设计初步阶段，由工程设计单位编制概算。在施工阶段，由施工单位负责编制预算。在工程施工结束后，由建设单位进行决算。

8.1.1 概算内容

概算的核心内容主要涵盖以下几点：首先，必须考虑单位工程概算，单位工程概算是指在一个独立车间或装置中，计算其中每个专业工程所需的工程费用。独立车间或装置被视为单项工程，而单位工程则是单项工程的组成部分，是指可以单独设计、单独组织、单独建设，但不能单独运转或产生收益的工程。单位工程概算包括建筑工程概算和设备及安置预算。其次，还应考虑单项工程综合概算，单项工程是指在一个建设单位中具有独立的设计文件，建成后能独立发挥生产能力和经济效益的工程项目。单项工程综合概算由建筑工程费用，设备安装工程费用和设备、工器具购置费用组成，它是由各单位工程概算和设备、工器具购置费用概算汇总而成的，是工程总概算的组成部分和依据。最后，概算内容还应包括总概算，总概算是反映全部建设计划投资规模和投资构造的文件，应根据全部建设计划的广度进行编制。它是确定整个建设项目从筹建到竣工验收所需全部费用的文件，是由各单项工程综合概算、工程建设其他费用概算、预备费、建设期贷款利息和固定资产投资方向调节税概算汇总编制而成的。总概算文件应包括编制说明和总概算表，并对投资进行分析。

8.1.2 概算费用分类

概算费用分为设备购置费、安装工程费、建筑工程费和其他基本建设费用。设备购置费是指购置或自制的达到固定资产标准的设备、工具和生产用品等所需的总开支，其中包括设备本身的价格和转运等额外费用。另外，安装工程费与完成工厂的各种安装任务所需的费用有关，一般包括各种需要安装的机械设备和电气设备等工程的安装费用。至于建筑工程费，主要包含以下几项：一般的建筑工程成本；大规模的土石方工程和平整场地，以及大型临时建设设施的费用；特定建筑工程的成本；以及室内供水排水暖通风工程的费用等。除上述费用以外的有关费用称为其他基本建设费用。

8.1.3 概算编制依据

在构建概算时，务必要严格把控投资，提高投资回报率，积极实施预防性的控制策略，原则上不得突破可研报告范围及批复的投资额。概算编制首先要考虑相关法规、文件，应遵守国家和所在地区的相关法规以及拟建项目的主管部门批文，立项文件各类合同、协议。其次，基于说明书和设计图的内容，逐项计算、编制，不得漏项。在设备价格信息方面，定型设备的初始价格应以市场上最新产品的出厂价格为基准，各类标准设备的出厂价格可依据产品样本或咨询制造商确定；对于非标准设备，可依据同类型设备的价格来估算，设备购买费用应包含设备的运输和杂费，设备运杂费率[2]见表 8-1。最后，在概算指标（概算定额）方面，要以《化工建设概算定额》（HG 20238—2003）规定的概算指标为依据，不足部分可按各有关公司和建厂所在省、自治区、直辖市的概算指标进行编制。概算价格水平应按编制年度水平控制。

表 8-1 设备运杂费率

序号	建厂所在地区	费率/%
1	辽宁、吉林、河北、北京、天津、山西、上海、江苏、浙江、山东、安徽	6.5~7
2	河南、陕西、湖北、江西、黑龙江、广东、四川、福建	7.5~8
3	内蒙古、甘肃、宁夏、广西、海南	8.5~9
4	贵州、云南、青海、新疆	10~11

8.1.4 概算编制办法

按照编制顺序，工程项目设计概算依次分为单位工程概算、单项工程综合概算、其他工程费用概算及总概算等部分。

8.1.4.1 单位工程概算

独立建筑（构建物）或生产工厂（工区）应作为编制单位工程预算的基础，单位工程概算组成部分包括直接工程费、间接费、计划利润和税金。单位工程预算可进一步分为建筑工程支出和设备及安装工程支出两大部分。其中，建筑工程费用是依据主要建筑项目的设计工程量，按照建筑工程概算标准或定额来编制的，包括直接工程费、间接费、计划利润和税金，采用表 8-2 的格式编制。设备和安装工程费用的计算分为两部分，即设备购买费用的预估以及安装工程费用的预估。设备购买费用是由设备的原价加上运输和杂项费用形成的；而安装工程费用则是设备安装费以及材料及其安装费用的总和，这些都是根据概算指标和预算定额进行编制的。设备及安装工程费采用表 8-3 的格式编制。

表 8-2 单位工程概算

价格依据	名称及规格	单位	数量	单价/元		总价/元	
				合计	其中工资	合计	其中工资
审核	核对		编制		年　月　日		

表 8-3 设备及安装工程费

序号	编制依据	设备及安装工程名称	单位	数量	质量/t		概算价值/元					
					单位质量	总质量	单价			总价		
							设备	安装工程		设备	安装工程	
								合计	其中工资		合计	其中工资
1	2	3	4	5	6	7	8	9	10	11	12	13
审核		核对			编制				年　月　日			

8.1.4.2 综合概算

综合概算以单项工程为单位，在单位工程概算的基础上编制而成。一个建设项目通常包括主要生产项目、辅助生产项目、公用工程、服务工程、生活福利工程以及厂外的工程等各种类型的单独工程项目。综合概算是将每个车间（单位工程）按照以上分类，将其各项信息录入在表 8-4 综合概算[2]的第 2 栏中，然后将每个车间中的设备费、安装成本、管线及土建工程的各项花费等各种类型的支出汇集到总预算表中。

表 8-4 综合概算

主项号	工程项目名称	概算价值/万元	单位工程概算价值/万元												
			工艺			电器			自控			土建	室内	照明	采暖
			设备	安装	管路	设备	安装	管路	设备	安装	管路	构筑物	供排水	避雷	避风
1	2	3	4	5	6	7	8	9	10	11	12	13	14	15	16
	一、主要生产项目														
	(一) ××装置(或系统)														
	(二) ××装置(或系统)														
	……														
	二、辅助生产项目														
	……														
	三、公用工程														
	(一) 供排水														
	(二) 供电及电讯														
	(三) 供汽														
	(四) 总图运输														
	四、服务性工程														
	五、生活福利工程														
	六、厂外工程														
	总计														

审核　　　　核对　　　　编制　　　　年　月　日

填表说明

1. 各栏填写内容。第 1 栏填写设计主项(或单元代号);第 2 栏填写主项(或单元名称);第 4、5 栏填写主要生产项目、辅助生产项目和公用工程的供排水、供汽、总图运输以及相应的厂外工程的设备和设备安装费;第 6 栏填写上述各项目的室内外管路及安装费;第 7~16 栏分别填写电动、变配电、电讯、自控等设备和设备安装费及其内外部线路、厂区照明、土建、室内给排水、采暖通风等费用;第 3 栏为第 4~16 栏之和。

2. 工程项目名称栏内第一至第六项每项均列合计数。总计为合计之和。第一项主要生产项目除列合计数外,其中各生产装置(或系统)还应分别列小数计。第三项公用工程中供排水、供电及电讯、供汽、总图运输均应分别列小计。

3. 本表金额以万元为单位,取两位小数。

8.1.4.3 其他工程费用概算

关于没有包含在单项工程预算之内,但与建设项目相关的其他工程和费用的概算,主要是基于设计资料以及国家、当地和主管部门的收费标准制订的。

其他工程费用涵盖了建设单位管理费、征用土地及迁移补偿费、工器具和备品备件购置费、办公和生活用具采购费、生产工人进厂和培训费、基本建设试车费、建设场地完工清理费、施工企业的法定利润、不可预见工程费等。

其中,工程项目的建设方所需支付的管理成本是指筹备、建设、联合试运转、竣工验收、交付使用及后评估等环节所发生的管理性费用,包括费用包括人员工资、工资附加费、差旅交通费、办公经费、工具用具使用费、固定资产使用费、劳动保护费、招收工人费用和其他管理费用等,这些开支可以根据总预算的一部分比例进行计算,也可以根据每个员工的工资和费用标准进行计算。

依据相关法律规定,预估征用土地及迁移补偿费、采购工器具和备品备件费、购买办公和生活用具费，以及工厂进厂工人及培训费。

基本建设试车费一般不列，先由流动资金或银行贷款解决，再由试车产品相抵。

建设场地完工清理费可参照建筑安装工作量的0.1%计算。

施工企业的法定利润可按建筑安装工作量及住房和城乡建设部、财政部规定的施工利润率计算。

不可预见工程费是指在初步设计和概算中无法预估的工程成本，通常可视为工程成本和其他工程费用之和的5%。

8.1.4.4 总概算

总概算是全面反映建设项目全部建设费用的文件，包括从项目启动到建设安装完成，以及试运行投产的全部建筑成本。该预算由综合预算以及其他工程费用预算构成，通常按照表8-5的格式编制。

表8-5 总概算

序号	工程或费用名称	概算价值/万元					占总概算价值/%	技术经济指标		
		设备购置费	安装工程费	建筑工程费	其他基建费	合计		单位	数量	指标/元
1	2	3	4	5	6	7	8	9	10	11
	第一部分：工程费用 一、主要生产项目 （一）××装置（或系统） …… 二、辅助生产项目 三、公用工程 （一）供排水 （二）供电及电讯 …… 四、服务性工程 五、生活福利工程 六、厂外工程 合计 第二部分：其他费用 其他工程和费用 第一、二部分合计 未可预见工程和费用 总概算价值									
审核	核对		编制			年 月 日				

填表说明：

1. 各栏填写说明。第2栏按本表规定项目填写，除主要生产项目列出生产装置、集中控制室、工艺外管等项目外，其他不列细目；第3栏填写综合概算表的第4、7、10栏之和及其他费用中的生产工具购置费；第4栏填写综合概算表中的第5、8、11栏之和及其他大型临时设施相应费用；第5栏填写综合概算表中的第6、9、12~16栏之和及其他工程和费用中，大型土石方、场地平整、大型临时设施的相应费用；第9、10栏填写生产规模或主要工程量；第11栏等于第7栏。

2. 本表金额以万元为单位，取两位小数。

例 8-1 针对例 3-1、例 4-6 和例 5-1，试简要计算其概算情况。

解：设计的吨盐耗卤量 = 63.23/13.89×1.19 = 3.8259（m^3 卤/t 盐），总耗蒸汽费用取 500 万元/a。

燃料消耗主要指供用燃料，以吨盐燃料消耗计。燃料消耗量一般以标准煤计（规定每千克煤燃烧热值为 29309 kJ，即为 7000 kcal），燃料消耗（kg 标煤/t 盐）= 燃料热值×消耗量/产盐量。

蒸发经济是蒸发系统加入 I 效加热室生蒸汽量与各效产生的二次蒸汽的比值（产盐量×吨盐蒸发水量/生蒸汽量）。

蒸发强度 = 盐产量×吨盐蒸发水量/总加热面积［kg 水/（m^3·h）］。

工作人员按当地实际情况估算，在此假设需要支出 75 万元/a。

假设该工厂属于在原有车间基础上的改建，假设工厂新增占地等费用为 80 万元，并且仅新增少量建筑费用为 150 万元。假设除工程费用外的其他费用为 85 万元，不可预见费用设定为 200 万元。

在此情况下，各种费用情况见表 8-6~表 8-9。

表 8-6 各种设备价格一览表 （万元）

设备名称	价格	设备名称	价格
离心机	45	混合冷凝器	8
事故槽	2	液封槽	0.1
泵	14	离心液桶	1.5
卤水桶	1.6	传送带	0.5
脱氧器	2.5	鼓风机	1.6
盐浆槽	6	冷风机	1.4
预热器	3	散热器	0.8
冷凝水槽	4	平衡桶	0.4
闪发器	8	流化床	25
蒸发罐	80	旋风分离器	4
旋流器	0.5	包装机	15
洗盐器	5	引风机	1.5
沉降器	12	湿式除尘器	5
沉降器	10	机修设备	10
母液桶	1.5		

表 8-7 单位工程设备概算表

建设单位：	概算价值：	270 万元	技术经济指标
概算书编号：001	其中：设备费用	260 万元	数量：1
工程名称：碘盐车间	安装费用	8 万元	单位：1
工程项目：车间设计	购置费用	2 万元	

表 8-8 单位工程综合概算表 （万元）

<table>
<tr><th rowspan="2">主项号</th><th rowspan="2">项目名称</th><th rowspan="2">概算价值</th><th colspan="5">单位工程概算价值</th></tr>
<tr><th>工艺</th><th>电气</th><th>自控</th><th>土建</th><th>其他</th></tr>
<tr><td>1</td><td>蒸发车间</td><td>280</td><td>260</td><td>5</td><td>5</td><td>5</td><td>5</td></tr>
<tr><td>2</td><td>蒸汽部门</td><td>550</td><td>500</td><td>10</td><td>10</td><td>20</td><td>10</td></tr>
<tr><td>3</td><td>存储部门</td><td>80</td><td>50</td><td>5</td><td>5</td><td>15</td><td>5</td></tr>
</table>

表 8-9 总概算表

<table>
<tr><th rowspan="2">序号</th><th rowspan="2" colspan="2">费用名称</th><th rowspan="2">概算价值/万元</th><th colspan="5">概算价值/万元</th><th rowspan="2">占总概算价值/%</th><th rowspan="2">技术经济指标/元</th></tr>
<tr><th>设备购置</th><th>安装工程</th><th>建筑费用</th><th>其他</th><th>合计</th></tr>
<tr><td rowspan="4">1</td><td rowspan="4">工程费用</td><td>蒸发车间</td><td>305</td><td>280</td><td>10</td><td>15</td><td></td><td>305</td><td>20.3</td><td></td></tr>
<tr><td>辅助车间</td><td>605</td><td>550</td><td>20</td><td>35</td><td></td><td>605</td><td>40.3</td><td></td></tr>
<tr><td>工资</td><td>75</td><td></td><td></td><td></td><td></td><td></td><td>5.0</td><td></td></tr>
<tr><td>其他（公用工程、占地费用等）</td><td>230</td><td></td><td></td><td>150</td><td>80</td><td>230</td><td>15.3</td><td></td></tr>
<tr><td>2</td><td colspan="2">其他费用</td><td>85</td><td></td><td></td><td></td><td></td><td></td><td>5.7</td><td></td></tr>
<tr><td>3</td><td colspan="2">不可预见费用</td><td>200</td><td></td><td></td><td></td><td></td><td></td><td>13.3</td><td></td></tr>
<tr><td>4</td><td colspan="2">总概算价值</td><td>1500</td><td></td><td></td><td></td><td></td><td></td><td>100</td><td></td></tr>
</table>

综上，估算建厂费用需要 1500 万元。但是需要指出的是，上述概算是参考 20 世纪 90 年代的价格基准；本例只是借此简要介绍概算的大致情况，在具体设计过程中需要根据市场情况，做出符合实际情况的概算。

8.2 技术经济

技术经济关注的是与生产技术有关的经济问题，也就是在特定的自然环境以及经济环境中，选择何种生产技术在经济层面最为合理，有助于产生最高的经济收益。在进行技术经济分析时，需对各类技术政策、技术规划和技术手段进行经济成果的评估、证明和预测，以便找到在技术与经济两方面均高效合理的解决方案，为确定对生产发展最有益的技术提供科学依据以及最优选择。

8.2.1 投资估算

国内工程项目投资估算包括基础建设投资、流动资金、建设期贷款利息和总投资。工程项目基建投资按国内习惯由工程费用、其他费用、不可预见费用三部分组成。流动资金对于公司的生产和经营活动至关重要，它包括储备资金、生产资金和成品资金三部分。通常依据数月生产全部成本进行估算。建设期贷款利率是指基础建设投资所借贷出的利率，通过利息资本化进入总投资。该部分利息在建设项目的设计概算中并未计入，也不纳入投资规模，一般作为评估项目投资效益的一个要素输入到成本中。总投资则作为评价基础建设项目投资回报效益的基础，是基本建设投资、流动资金和建设期贷款利息的总和。

8.2.1.1　涉外工程项目建设投资估算

涉外工程项目建设投资估算包括国外部分、国内部分和国内配套工程。其中，国外部分包括硬件费和软件费。硬件费是指设备、备品备件、材料、化学药品、催化剂等费用；软件费是指设计、技术资料、专利、商标、技术服务等费用。国内部分包括贸易从属费、国内运杂费和国内保险费、国内安装费和其他费用。国内配套工程与国内项目一样估算费用。总投资=国外部分+国内部分+国内配套工程。

8.2.1.2　工艺装置（工艺界区）建设投资估算

在国内，主要生产装置费用只计算装置的直接投资，将装置的间接投资归结为“其他费用”。国外的做法则有所不同，间接投资也计入装置的总价中。下面就常用的界区投资的估算方法做简单介绍。

首先，可以采用规模指数法进行计算，如式（8-1）所示。

$$C_1 = C_2(S_1/S_2)^n \tag{8-1}$$

式中，C_1，C_2 分别为拟建工艺装置的界区建设投资、已建成工艺装置的界区建设投资；S_1，S_2 分别为拟建工艺装置的建设规模、已建成工艺装置的建设规模；n 为装置的规模指数，通常取0.6，当增加了装置设备大小，并达到扩大生产规模时，n 值取0.6~0.7，当增加了装置设备数量，并达到扩大生产规模时，n 值取0.8~1.0，对于试验性生产装置和高温高压的工业性生产装置，n 值为0.3~0.5。对于生产规模扩大50倍以上的装置，因计算误差较大而一般不适用。

其次，还可以采用价格指数法，即依据各类机械设备的价位，同时考虑新安装物料和人工成本，加上部分间接费用，按照一定比例根据物价变化情况制定的价格指数，计算式如下：

$$C_1 = C_2F_1/F_2 \tag{8-2}$$

式中，C_1，C_2 分别为拟建工艺装置的界区建设投资、已建成工艺装置的界区建设投资；F_1，F_2 分别为拟建工艺装置建设时的价格指数、已建成工艺装置建设时的价格指数。

8.2.2　产品生产成本估算

产品生产成本是指在制造某种商品的过程中，工业公司花费的实体化和实际的劳动。它不仅是决定产品定价的主要因素之一，也是测量公司生产经营管理能力的全面指标。生产成本包含以下方面：

首先是原材料费，包括原料及主要材料以及辅助材料费用。

$$\text{原材料费} = \text{消耗定额} \times \text{该种材料价格} \tag{8-3}$$

$$\text{入库价} = \text{采购价} + \text{运费} + \text{途耗} + \text{库耗} \tag{8-4}$$

式中，材料价格为材料的入库价；途耗为原材料采购后，在运进企业仓库前的运输途中的损耗；库耗为企业所需原材料入库至出库间的损耗。

其次是燃料费，燃料费计算方法与原材料费相同。

动力费用的计算式如下：

$$\text{动力费用} = \text{消耗定额} \times \text{动力单价} \tag{8-5}$$

企业动力获取途径主要分为自行生产与外部采购两种方式。外采动力意味着企业从其他供应商那里购买动力以满足企业内部需求，然而这时的动力成本除了购买的单价外，还需加上为此动力投入的所有支出；而如果是自己生产动力，诸如搭设自有的水源地、独立电站、蒸汽锅炉房等方式，各类动力的消费均需要基于成本评估法来计算其单位成本，这也将被纳入产品的动力成本中。

另一部分费用来自于直接参与制造商品的操作员工的薪资和额外费用。生产工人是指直接从事生产产品的操作工人。薪资的附加费用是指按照国家法规，从工资总数中划出一部分百分比作为员工福利的一部分，并不包含在工资总额里。

$$\text{生产工人工资及附加费} = \frac{\text{某产品生产工人平均工资} + \text{附加费}}{\text{某产品年参量}} \times \text{某产品生产工人人数} \tag{8-6}$$

车间经费是指管理及运营车间生产所需的开销。在工程项目的初始阶段，车间经费的预测通常会以车间的固定资产为参照，经常将车间的固定资产折旧费，大型、中型和小型维修费，以及车间的管理费用三个方面结合起来进行计算。而折旧包括实质性折旧和功能性折旧。前者是指由于资产的实体发生变化，导致价值的减少；后者则是由于需求发生变化、居民点迁移、能力不足、企业关闭等而造成的。计算公式如下：

$$\text{车间固定资产折旧费} = \frac{\text{计提折旧的车间固定资产原值}}{\text{产品年产量}} \times \text{折旧费} \tag{8-7}$$

$$\text{折旧率} = \frac{1}{\text{项目寿命年限}} \times 100\% \tag{8-8}$$

$$\text{大型、中型、小型修理费} = \frac{\text{计提折旧的车间固定资产原值}}{\text{产品年产量}} \times \text{修理费百分率} \tag{8-9}$$

$$\text{车间管理费} = \frac{\text{计提折旧的车间固定资产原值}}{\text{产品年产量}} \times \text{车间管理费率} \tag{8-10}$$

$$\text{车间经费} = \text{车间折旧费} + \text{大型、中型、小型修理费} + \text{车间管理费} \tag{8-11}$$

在技术经济分析中，也要考虑联产和副产品成本。生产中常有联产品、副产品与主产品按一定的分离系数产生出来。通常运用“系数法”来核算联产品的成本。系数是指折算各项实物产品为统一标准的比例数，可选择一项起主导作用的比例数作为制定系数的基础。副产品费用通常可用副产品的固定价格乘以副产品的数量从整产品的成本中扣除。

公司的管理费包括管理和生产组织过程中产生的所有工厂性质的各种开销。普遍的计算方式是根据物品、产品、工厂总成本的比例将其分配到产品成本中。公司内部的半成品或中间产品不包含在公司管理费中。

$$\text{企业管理费} = \text{车间成本} \times \text{企业管理费百分率} \tag{8-12}$$

$$\begin{aligned}\text{车间成本} = {} & \text{原材料费} + \text{燃料费} + \text{动力费} + \text{生产工人工资及附加费} + \\ & \text{车间经费} - \text{联产品费} + \text{副产品费}\end{aligned} \tag{8-13}$$

销售成本是指商品销售相关的支出，主要涵括广告、推广以及销售管理等费用。此类支出可以按照销售收入的特定比例计算，或者常根据生产成本的规定比例来进行核算。

$$\text{销售费用} = \text{产品销售额} \times \text{销售费用百分率} \tag{8-14}$$

8.2.3 经济评价

8.2.3.1 经济评价方法的分类

对技术方案的经济性评价主要基于对投资效益的判定。评价方法主要涉及投资收益的估算和技术评估。投资效果的计算和评价方法按是否计算时间因素（资金的时间价值）分为静态分析法和动态分析法；按求取的目标分为所得法和所费法。所得法通过对比各个方案的盈利水平来判定其投资效益，而所费法则是通过对比各方案的成本水平来进行投资的效益评估。投资效果的计算和评价方法见表 8-10。

表 8-10 投资效果计算和评价方法

求取目标 \ 评价方法 \ 时间因素		静态	动态	
			按各年经营费用计算	按逐年现金流量计算
所得法	投资回收期（τ）	总投资回收期法 追加投资回收期法 财务平衡法	逐年利润贴现偿还法 定额返本法	
	投资收益率（i）	简单投资收益率法（ROI 法）	投资报酬率比较法	现金流量贴现法（IRR 法） 净现值法（NPV 法） 净现值率法（NPVR 法） 现值指数法
所费法	总费用（S）	总算法（静）	总算法（动） 现值比较法（PW 法）	
	年计算费用法（C）	年计算费用法	年成本比较法（AC 法） 年两项费用法	

8.2.3.2 投资效果的静态分析法

静态分析法包括投资回收期法和计算费用法。

投资回收期法又名返本期法或偿还年限法，它是一种通过对比投资项目的成本和从项目开始执行后每一年所得的盈利，从而计算投资的回收时间或投资回收率的计算方法。投资回收期法是一种被广泛运用的静态分析策略，然而由于它不考虑时间元素，所以与动态分析方法相较，其准确性存在一定的欠缺。根据目标以及采用何种方法进行计算的不同，投资回收期法还可以进一步细分为图 8-1 所示的几种方法。

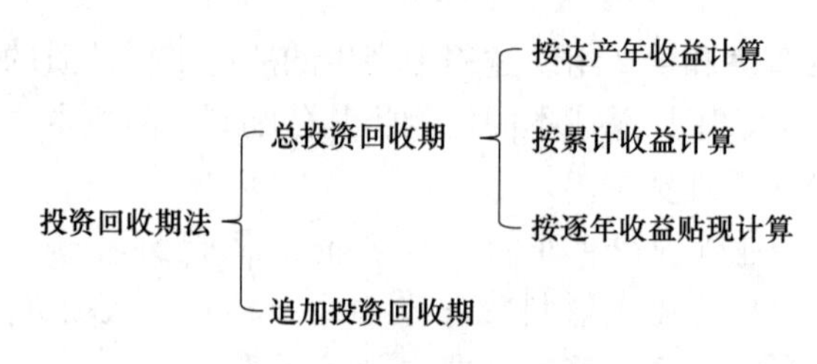

图 8-1 投资回收期法的分类

总投资回收期作为一个专业名词，实质上是一个衡量投资效益的绝对指标，主要可分为三种不同的计算方式。

首先，可以根据产量全面增长后的年度收益进行计算。也就是在投资项目运行之后，其能在第一年达到设计的产量而产生的收益，这些收益可以用来估算回收所有投资所需要的时间。以下展示的是具体的计算公式。

$$投资回收期(年) = \frac{总投资}{年净利润 + 年折旧费} \tag{8-15}$$

$$年净利润 = 销售收入 - 销售成本 - 税金 \tag{8-16}$$

其次，可以按累计收益进行计算。累计收益是指工程项目从开始运作那天起，累计提供的总收益额。投资回收期即为该收益额达到投资总额时所需的年数。

最后，还可以按逐年收益贴现进行计算。这种投资回收期计算方式考虑了时间因素（但与动态分析法不完全相同），鉴于收益是在投入后每年逐渐得到的，因此应计算其现值并利用它来弥补投资，计算公式如下：

$$投资回收期(\tau) = \frac{\lg\left(1 - \frac{K_i}{m}\right)}{\lg(1 + i)} \tag{8-17}$$

式中，K_i 为年投资额；m 为年利润额与年折旧费之和；i 为年利率。

图 8-1 中的追加投资回收期代表了一个有关投资效益的相对指标。追加投资回收期是指一个计划相对于另一个计划所额外投入的（增加的）投资，需要用两个计划的年度成本费用节省金额来抵消额外投资所需的年份，其计算公式如下：

$$追加投资回收期\ \tau_a = \frac{\Delta K(投资差额)}{\Delta C(年成本差额)} = \frac{K_1 - K_2}{C_2 - C_1} \tag{8-18}$$

式中，K_1，K_2 分别为甲、乙两方案的年投资额；C_1，C_2 分别为甲、乙两方案的成本额。

所求追加投资回收期年数须与国家或部门规定的标准投资回收期 τ_n 作比较。若所求得的 $\tau_a \ll \tau_n$，则投资大的方案是合理的，选取投资大的方案；反之，若 $\tau_a > \tau_n$，则应选取投资小的方案。

8.2.3.3 投资效果的动态分析法

动态分析法考虑了项目的经济使用年限和资金的时间价值。动态分析方法包括现金流量贴现法（IRR 法）、净现值法（NPV 法）、净现值率法（NPVR 法）、年成本比较法（AC 法）、现值比较法（PW 法）等。最广泛使用的两种方法是净现值法和现金流折现法，这两种方法在国内和国际上都有使用。

首先是净现值法。净现值法（NPV 法）是指以一个项目的整个服务年限为基准，将每一年的净现金流量（即现金流入量和流出量的差额），根据既定的标准投资获利率，每年分别进行折算到基准年份（也就是项目的起始日期）。然后根据计算所得的每年净现值的总额，通过其正负和数值大小来判断哪个方案更优。净现值的计算公式如下：

$$\mathrm{NPV} = \sum_{t=1}^{n} C_t (1 + i)^{-t} \tag{8-19}$$

式中，C_t 为第 t 年的净现金流量；t 为年数（$t=1, 2, \cdots, n$）；i 为年折现率（或标准投资收益率）；n 为工程项目的经济活动期。

当 NPV>0 时，意味着投资不仅可以获取与预先定制的标准投资收益率相对应的收益，还能获取一个正数的现值收益，即该项目为可取；当 NPV<0 时，表示投资不能实现与预

定的标准投资收益率相等的盈利，即该项目不可取；当 NPV = 0 时，表示投资正好能得到预定的标准投资收益率的利益，即该项目也是可行的。

其次是现金流量贴现法。现金流量贴现法（discount cash flow method，简称 DCF 法）也称内部收益率法（即 IRR 法），是指项目在使用期间，所产生的现金流入量的现值累计数，与现金流出量的现值累计数相当时的贴现率（即内部收益率），即净现值与零点折现率相等的情况。计算方法如下：首先，通过项目年净现金流量除以项目的总投资额，所求得的比率为初步的贴现率。其次，利用此初步的贴现率，算得项目的总净现值。如总净现值出现正值，则认为代表贴现率过低，需提高；反之，若出现负值，则理解为贴现率偏高，应降低。最终，如果在某期的贴现率净现值为正值，而按相邻的一个贴现率所求得的净现值为负值，则可以判定内部收益率位于这两期的贴现率之间。最后用线性插值法求得精确的内部收益率，公式如式（8-20）所示。

$$\mathrm{IRR} = i_1 + \frac{\mathrm{NPV}_1(i_2 - i_1)}{|\mathrm{NPV}_1| + |\mathrm{NPV}_2|} \tag{8-20}$$

式中，IRR 为内部收益率,%；i_1，i_2 分别为略低的折现率、略高的折现率,%；NPV_1，NPV_2 分别为在低折现率 i_1时总净现值（正数）、在高折现率 i_2时总净现值（负数）。

8.2.3.4 不确定性分析

在项目的经济评价过程中，考虑到主要利用的数据大都源于预测或估值，其中难免涵盖了不可预测的元素和风险。为了让评估结果更接近真实情况，提高经济评价的可靠性，降低项目执行过程中的风险，有必要进行盈亏分析和敏感性分析。这是为了分析这些不定因素对工程项目投资效益的影响。

首先是盈亏分析。盈亏分析或盈亏平衡点分析，其目的是通过研究销售收入、可变成本、固定成本以及利润四者间的相互作用，找出销售收入与生产成本相等，也就是盈亏达到平衡的产量。这样就能在售价、销售量以及成本这三个因素中确定最理想的盈利策略。盈亏平衡点有三种不同表示方法，具体如下：

以 BEP_1 表示盈亏平衡点的生产（销售）量。BEP_1 值小，说明项目适应市场需求变化的能力大，抗风险能力强。计算公式如式（8-21）所示。

$$\mathrm{BEP}_1 = \frac{f}{P(1 - T_r) - V} \tag{8-21}$$

式中，f 为年总固定成本（包括基本折旧）；P 为单位产品价格；T_r 为产品销售税金；V 为单位产品可变成本。

以 BEP_2 表示盈亏平衡点的总销售收入，计算式如式（8-22）所示。

$$\mathrm{BEP}_2 = Y = PX \tag{8-22}$$

式中，Y 为年总销售收入；P 为销售单价；X 为产品产量（所求的盈亏平衡点的生产量）。

以 BEP_3 表示盈亏平衡点的生产能力利用率，计算式如式（8-23）所示。

$$\mathrm{BEP}_3 = \frac{f}{r - V'} \tag{8-23}$$

式中，f 为年总固定成本（包括基本折旧）；r 为达到计算能力时的销售收入（不包括销售税金）；V'为年总可变成本。

某项目盈亏分析图如图 8-2 所示[2]。

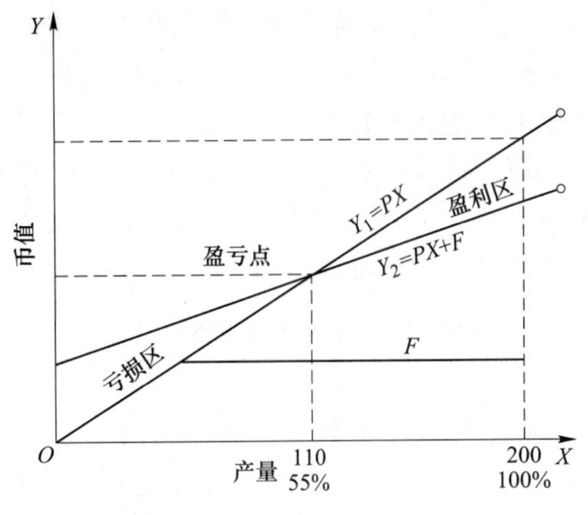

图 8-2 某项目盈亏分析图

其次是敏感度分析。敏感度分析主要是预测和分析项目销售额、单价、成本等受影响最大的因素，对可能出现的不同情况下的数值进行多种方案对比，从而确定符合实际的参数，用以评估项目的投资回报，减少分析偏差，增强分析的可信度。具体的敏感度分析计算示例见表 8-11，敏感度分析图如图 8-3 所示[2]。

表 8-11 敏感度分析计算举例 （万元）

序号	项目	基本方案	销售价格		可变成本	固定成本	投资	产量
			−10%	+10%	+10%	+10%	+10%	−10%
1	销售收入	12500	11360	13750	12500	12500	12500	11360
2	总成本	9780	9780	9780	10430	10030	9858	9190
3	税金	1360	790	1985	1035	1235	1321	1085
4	年净利润	1360	790	1985	1035	1235	1321	1085
5	投资	10300	10300	10300	10300	10300	11330	10300
6	投资收益率/%	13.2	7.7	19.3	10.0	12.0	11.7	10.5
7	每增加 1%时		−0.55	+0.61	−0.32	−0.12	−0.15	−0.27

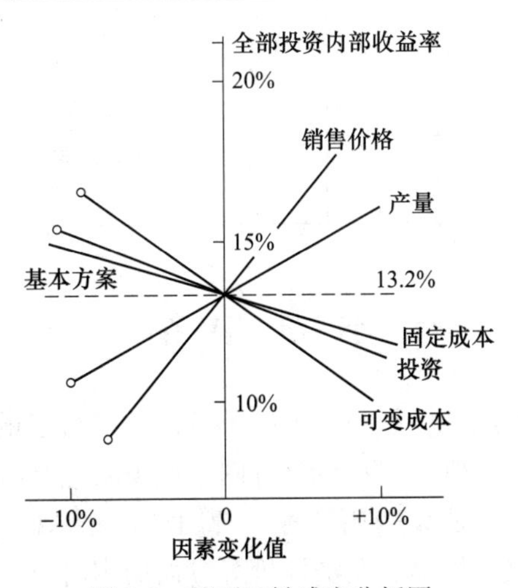

图 8-3 某项目敏感度分析图

由表 8-11 可见，该项目投资收益率对受产品销售价格变化的影响最为敏感，当销售价格增减 1%时，内部收益率就会相应上涨 0.61%或下降 0.55%。相比之下，投资和固定成本的变动对内部收益率影响的敏感度较小。

本章介绍了一些投资估算、成本估算及经济分析的方法，受到工程项目性质、外界条件等影响，经济评价结果及文件形式都会存在差异。表 8-12 是一个工程项目经济评价结果的书面文件格式示例，在具体设计中可以作为参考。

表 8-12 主要技术经济指标汇总

序号	指标名称	单位	数值	备注
1	规模 ①产品 ②副产品			
2	年工作日			
3	主要原料、燃料			
4	公用工程实量 ①水 ②电 ③蒸汽 ④冷冻量			
5	建筑面积及占地面积 ①建筑面积 ②占地面积			
6	年运输量 ①运入量 ②运出量			
7	工厂定员 ①生产人员 ②非生产人员			
8	“三废”排出量 ①废气 ②废水 ③废渣			
9	基建投资 ①工程费用 ②其他费用 ③不可预见费用			
10	流动资金			
11	总资产			
12	资金来源 ①国内贷款 ②国外贷款 ③自筹资金			
13	年总成本 ①固定成本 ②可变成本			
14	利润 ①年销售利润 ②企业留利润			
15	税金 ①产品销售现金 ②城市建设维护税等			
16	技术经济指标 ①人年劳动生产率 ②投资回收期（静态） 投资收益率（动态） ③投资收益率（静态） 内部收益率（动态） ④净现值（i=%） ⑤净现值率（i=%）			

本 章 小 结

工程概算及工程的技术经济性是一项工程具备建设可行性的基本前提。设计概算包括单位工程概算、单项工程综合概算、总概算等内容，需要计算和说明设备购置费、安装工程费、建筑工程费和其他基本建设费用等各项费用。在此基础上，做出技术经济的评价，包括投资估算、产品生产成本估算、经济评价等方面的内容。通过技术经济评价，掌握一项工程的资金来源、运营成本和创收能力，用以判断其是否具备盈利的可能。

习　题

8-1 对于例 8-1，假设煤炭价格涨价 30%，或者电价降低 20%，或者使用了一定比例的风电等新能源，试分析其总概算情况会如何变化。

8-2 试说明技术经济性与哪些因素有关，如何进行经济评价？

8-3 基建投资、原材料价格、产品价格等因素对工程概算有很大的影响。例如，对于海水淡化过程，膜分离技术因为技术经济性突出而被青睐，但是在 20 世纪某段时期还曾出现过多效蒸馏、多级闪蒸等蒸发法技术快速发展的情况，其原因之一在于用于蒸发换热设备的铜材价格下降。试举其他案例，分析市场波动因素对工程概算的影响情况。

9 设计文件编制

本章课件

本章提要：

（1）理解设计文件编制的内容和方法。

（2）掌握初步设计阶段和施工图设计阶段中设计文件编制的基本流程。

工厂设计的首要任务是用图纸、表格和必要的文字说明来描绘生产过程，即技术装备转变为工程语言，再用基本建设建立生产体系，并产生出合格的产品。对于图纸、表格和说明书的编制就是对绘制文件的编制。在工程项目实施过程中，设计文件是工程建设的最终成果，也是组织施工的基础。在不同的设计阶段，对设计文档的内容、深度等都有不同的要求。

9.1 初步设计阶段设计文件的编制

根据专业的不同，对工厂初步设计文件的编制包括总论、技术经济、总图运输、工艺及系统、布置与配管、厂区外管、分析、设备、自动控制及仪表、供配电、土建环保等；然后按照装置的不同分别编制设计说明书以及其附表、附图。

9.1.1 设计说明书的编制内容

设计说明书通常按照以下顺序来编制[2]。

（1）概述。

（2）原材料、产品（含中间产品）及助剂的主要规格。原材料产品及助剂的主要技术规格按表9-1的格式进行编制。

表9-1 原材料产品及助剂的主要技术规格

序号	名称	规格	分析方法	国家标准	备注

（3）危险性物料主要物性。危险性物料是指为了确保车间（装置）区或者厂房的防火、防爆等级，和工作环境中超过国家卫生标准的有害物质浓度，应采取隔离、保护、置换（空气）等安全措施的主要材料，可按表9-2的格式进行编制。

表 9-2 危险性物料的主要物性

序号	物料名称	相对分子质量	熔点/℃	闪点/℃	燃点/℃	在空气中爆炸极限		国家标准	备注
						上限	下限		

（4）生产流程简述。按照生产流程，描述材料通过工艺设备的顺序和方向，写出主、副反应方程式，以及主要的操作控制指标。对于间歇性操作，须说明操作的周期、一次加料量和不同阶段的控制指标，一般以流程示意图和材料平衡表表示。并说明产品和原料的贮存、运输方式以及相关的安全措施和注意事项。

（5）主要设备的选择与计算。其中，对车间起决定性作用的设备，应对其型式、能力、备用情况进行说明，并对其技术可靠性和经济合理性进行论证，同时推荐制造厂；此外，还要对主要设备做出必要的工艺计算，对于机泵等定型设备，还要填写其技术特性表，并将全部设备设计的结果填入一览表内，推荐制造厂。

（6）原材料、动力消耗定额及消耗量。原材料的消耗定额和消耗量按表 9-3 所示的形式进行编制，动力（水、电、汽、气）消耗定额以及消耗量可按表 9-4 所示的形式进行编制。两个表格中的消耗定额可按每吨 100%分析纯产品计或每吨工业产品计。

表 9-3 原材料消耗定额及消耗量

序号	名称	规格	单位	消耗定额	消耗量		备注
					每小时	每年	

表 9-4 动力（水、电、汽、气）消耗定额及消耗量

序号	名称	规格	使用情况	单位	消耗定额	消耗量		备注
						正常	最大	

（7）生产控制分析。生产控制分析的编制格式可参考表 9-5。

表 9-5 生产控制分析

序号	取样地点	分析项目	分析方法	控制指标	分析次数	备注

注：1. 取样地点指的是在哪台设备（或管线）上取样。

2. 分析项目系指为使工艺生产正常运行所需要控制的分析组分。

3. 对于分析方法，简要标明所采用的分析方法即可（如重量法、容量法、色谱法等）。

4. 控制指标系指所分析的项目需控制的上、下限范围。

5. 分析次数系指当工艺生产正常运转时，每小时或每次所进行分析的次数，开车时的分析次数视情况的需要而定，应用括号括出，并在备注中说明。

（8）车间或工段定员。车间或工段定员的编制格式可参考表 9-6。

表 9-6 车间或工段定员

序号	名称	生产工人		辅助工人		管理人员	操作班次	轮休人员	合计
		每班定员	技术等级	每班定员	每班定员				

（9）主要节能措施。论述选择和利用能源的合理性，所采用的新的节能技术、工艺、材料、设备情况，以及节能效益。

（10）废弃物治理。首先说明排放物性质，以及有害物质的组成与含量、数量、排出场所及其对环境的危害情况，同时提出对废弃物的治理措施和综合利用办法。废弃物排量及组成的编制格式见表 9-7。

表 9-7 废弃物排量及组成

序号	排放物名称	温度/℃	压力/Pa	排出点	排放量			组成及含量	国家排放标准	处理意见	备注
					单位	正常	最大				

（11）产品成本估算。车间成本主要包括原材料费、动力消耗费、工资、车间经费和副产品，同时还包括其他回收费用，需对这些费用进行估算。车间生产成本估算可以参考表 9-8 的形式。

表 9-8　产品成本估算

序号	名称	单位	消耗定额	单价	成本	备注
一	原材料费 合计					
二	动力费 水 电 合计					
三	工资 合计					
四	车间经费 折旧费 修理费 管理费 合计					
五	副产品及其他回收费 合计					
六	产品车间成本					

（12）自控部分。自控专业按照初步设计的条件进行编写。

（13）概算。按照概算编制的原则来编制出每个车间的总概算书，并编入说明书最后部分。

（14）技术风险备忘录。需指出造成技术风险的原因和技术问题，并说明使用技术或专利会对设计的性能保证指标、原材料和公用工程的消耗指标可能带来的负面影响，同时应对其后果进行估计。

（15）存在问题及解决意见。应说明设计过程中存在的主要问题和解决的办法等，以及是否需要报请上级部门审批的若干问题。

9.1.2　设计说明书的附图和附表

设计说明书的附图和附表主要包括以下几部分内容[2]，即流程图的图例符号、缩写字母及说明（或首页图），物料流程图与物料平衡表，管道和仪表流程图，设备布置图，主要设备的设计总图，附表等。各种图、表要统一编排序号，编号的基本原则是“工程代号-设计阶段代号-主项代号-专业代号-专业内分类号-同类图纸序号”。

另外，设计说明书包括了表 9-1~表 9-8，以及设备一览表等各类附表。设备一览表主要按照容器类、塔类、换热器类、泵类等类别分项编写，设备的位号按流程顺序，分工序编写，可参考表 5-1 和表 5-2，也可以参照表 9-9 的形式（以反应器为例）。

表9-9　反应器

序号	流程编号	名称	台数	形式	操作条件			体积流量	空速	催化装置量	装料系数	线速度	停留时间	规格		备注
					介质	温度	压力							内径	体积	

9.2　施工图设计文件的编制

施工图设计是指在经初步的设计批准后，在施工的过程中，设计文件以施工图纸为主。施工图设计文件主要作用是为项目的建设和安装提供依据。

施工图设计阶段的工作，主要是根据初步设计的批准意见，解决在初步设计中未明确的问题，并根据这些问题对施工单位进行施工组织设计，编制施工预算及施工方法等。

在施工图设计阶段，工艺专业要完成的设计工作有很多，所以设计文件的数量也很多，工艺专业通常会根据主要的几个方面来编制设计文件的图纸目录。

工艺专业施工图设计技术文件大致包括如下部分内容[2]：

（1）工艺设计说明。工艺设计说明可以按照要求按照以下几个方面进行：设计基础；设计的范围；工艺修改原则；设备安装规范；设备防腐、脱脂、除污的要求，设备外壁的防锈、涂色要求，以及压力试验、泄漏试验和清洗要求等；设备安装存在的其他问题；管路的安装说明；路面的防腐、上色、去油和除污要求，管路的试压、试漏和清洗要求；管路安装时需注意的问题；施工过程中的安全问题及措施；设备和管路的安装所采用的标准以及其他说明事项；装置开车、停车的原则及说明。

（2）管道及仪表流程图。应标示出所有工艺设备及物料管线和阀门等，同时还包括进出设备的辅助管线，要注明相对应的工艺以及自制仪表的图例、符号。

（3）辅助管路系统图。应给出系统的全部管路，通常在管道和仪表流程图的左上方绘制，或者单独绘制。

（4）首页图。在设计过程中采用的部分国家标准或规定，应以图、表的形式绘制成首页图，其内容主要包括管道和仪表流程图中所采用的图示、符号、设备的位号、物料的代号和管道的编号等；装置和主项的代号及编号；自动控制科在生产过程中使用的检验与控制系统的图例、符号、代码等；以及其他相关说明事项。

（5）分区索引图。

（6）设备布置图。包括平面图和剖面图，应给出所有工艺设备的安装位置和安装标高，以及建筑物、构筑物、操作台等。

（7）设备一览表。根据设备的订货分类标准，分别做出定型装置一览表、非定型装置一览表、机电装置一览表等。

（8）管道布置图。主要包括管道布置平面图及剖面图，应给出所有管道、管件及阀件，包括简单设备的轮廓线和建筑物、构筑物的外形。

（9）配管设计模型。在做模型的设计时，推荐使用配管设计模型取代管道布置图。

（10）管道轴测图及材料表。是用来表示某个设备至另一个设备（或另一管道）之间的一段管道的立体图样。此外，应将管道材料对应的内容填入管道轴测图的附表中。

（11）管架和非标准管件图。对焊接的非标管、管架有特殊要求，或结构比较复杂的，要按照装备专业图纸的要求，画出总体结构图，列出材料表并填写重量。

（12）管架表。

（13）综合材料表。应对综合材料表进行分类，并对其进行编写，主要是按照管道安装材料和管架材料、设备的支架材料、保温防腐材料三种类型进行划分，其格式可参考表9-10[2]。

表 9-10　综合材料

材料名称	规格	单位	数量	材料	标准或图号	备注

设计文件编制完成后，所有的设计文件和计算书等资料都需要整理入库、归档。

本章小结

在初步设计阶段和施工图设计阶段，均需要进行设计文件的编制工作。在初步设计阶段编制设计文件时，应编写总论、技术经济、总图运输、工艺流程、设备与管道布置、非工艺设计条件等多个方面的内容，并附上必要的表格和图样。在施工图设计阶段，需要更详细地编制各类设计文件及图纸目录，包括工艺设计说明、管道及仪表流程图、设备和管道布置图、设备一览表、管架和非标准管件图、管架表、综合材料表等，归档后作为工程建设的依据。

习　题

9-1 在初步设计阶段，试讨论设计文件需要包括哪些内容。

9-2 总结和分析施工图设计文件和初步设计阶段设计文件的差别之处，分析施工图设计文件在哪些方面更加详细和深入。

9-3 查阅文献并分析某工业固废的资源循环回用流程，试分析其回用工程设计文件的内容。

10 工厂选址及总布置设计

本章课件

本章提要：

（1）理解厂址选择的要求、程序和资料收集方法，能够提供厂址选择报告。

（2）掌握工厂总平面设计的内容、方法、步骤和阶段，以及建（构）筑物及管线的布置方法。

（3）依据工厂的总平面设计，能够绘制总平面布置图。

生产企业在进行总体布局时，首先要了解待选厂址的地质、气候、交通运输等条件，以及当地的中、长期规划，以便企业能健康良性地发展和运营。从厂址选择的环境上看，在建厂时就应该规避气象灾害和地质活动频繁的区域，对于地震、泥石流、山体滑坡等区域应谨慎选址。对于因为采矿、排废等工业活动而影响原有地质结构的区域，在选址时也应该避开，或进行修复处理。

选址时还应对当地市政规划进行充分的调研，并遵守相关的环保法规，尽量避免选择河流发源地或其他对公司今后发展可能产生限制的区域，谨慎考虑排污限额分配情况。如果选址所在地是工业园区，就需要关注园区内的废弃物处理系统。另外，还需要考虑选址地是否有利于工艺流程的集中布置，运输半径是否会对生产成本产生较大影响，以及是否可以设置远期发展的预留用地等。

10.1 厂址选择

10.1.1 厂址选择的重要性和基本原则

厂址选择涉及选址地区的工业生产布局及长远规划，是工厂设计的主要工作之一。厂址选择合理与否会影响到建设进度、工厂规模、投资费用、投产后生产条件、经济效益等。此外，产品质量、卫生条件、产品的运输和销售情况都与厂址选择有密切关系。厂址选择还会影响职工的劳动环境、通勤距离和生活安排。在设计时要权衡利弊，遵守设计任务书的要求。在确定地将场地区内通过深入细致的调查和认真仔细的方案比较，选定一比较理想的厂址。

项目选址应贯彻国家有关政策，并与地方工业、农业发展计划相一致。切实贯彻“节俭”方针，减少耕地占用，合理利用坡地和荒地。要视企业的生产条件选择合适的地点，轻型化工企业通常都会选择在城市的边缘或乡村，为了方便市场，一些污染较小的企业也可以选择在城市的中心，而那些生产有毒物质，对环境造成严重污染的轻型化工企业，则应该选择在偏远地区。选址应尽可能靠近原料、燃料基地及产品的销售区域，并在其经济交通半径内；在选择厂址时，要有较好的交通条件，并靠近水源、供电；具备良好的基础设施、生产和合作环境。同时，也要依靠并尊重当地政府和广大群众的意见和建议。

10.1.2 工厂选址的一般要求

建厂地点要符合当地城镇总体发展规划和行业布局的要求，并与附近工业企业协调配合。厂址的面积和外形能满足工厂生产工艺的要求，并留有适当的扩建余地。地形宜平坦，地面坡度最好不超过3%，以便于厂区运输线路的布置。符合国家有关卫生、防火、人防等要求，厂址应设立在当地最高洪水水位之上。厂址应靠近主要原料场地，以保证原料供应，减少不必要的长途运输；要有可靠的水源，以缩短管路及动力电缆的铺设工程。根据交通运输方式的不同考虑厂址的位置。厂址在供电时间、容量上能得到供电部门的保证，输电线距离尽可能地缩短。建厂地要耐压 20 t/m^2 以上，土质要坚硬且均匀，避免选择地表过浅或有露头岩石的地区以及土崩、滑坡、溶洞、流沙等地，不要选择有矿场或有古迹地区、风景游览区或有机废料堆放场。职工生活区应布置在上风侧，并提供生活福利设施，考虑综合利用废料、废水处理及堆放场地。选址时也需了解施工期间水、电、汽供应，劳动力来源，施工工人居住生活等情况，以及不同产品的特殊要求。

10.1.3 厂址选择的程序

厂址选择分为地区、地点和场地选择。地区选择是指在地理区域范围内的选择，解决国民经济需要和布局问题。在选厂地区确定后，须按照基本原则进行详细的调查勘测工作。在确定好方案后，建设单位会出具厂址选择报告，并经上级机关审批。厂址选择工作分为准备、现场踏勘和结束阶段。

准备阶段包括成立工作组、搜集资料和经济指标等。工作组的目的是保证厂址选择的准确性和科学性，通常需要有设计单位和建设单位共同参与，由技术经济、总图运输、建筑及工程地质等专业人员组成，并吸纳地方领导机关和勘测部门、环保部门及城建等有关部门的代表。工作组制订工作计划，搜集厂址选择的原始资料，拟建工厂的经济指标，考虑工厂总平面草图的编制，以及了解区域总体规划的要求等。

在现场踏勘阶段，需要到拟建厂点，对厂址选择地、场地面积、地形、地势、地质、风向、河流、水源、道路、码头和车站进行摸底，调研主要原材料供应的地点和运输条件、运费，水电、燃料的供应来源和价格，比较当地建筑材料的供应情况和价格，分析排污水和住宅区的位置因素，以及对与其他部门的协作条件进行实地踏勘和调查。通过搜集和整理各种资料和信息，为后续的厂址选择工作提供可靠依据，保证厂址选择的可靠性和科学性。

结束阶段包括组织验收和总结报告等。在初步设计中，必须符合主管部门在建厂设计任务书中所作的规定和要求。在结束阶段，根据选址小组成员的意见，征求地方决策部门意见，提出认为合理的厂址推荐方案，并编写厂址选择报告，报告中应详细论述和分析土地转让或征用，水源，污水、废料的排放和处理，邻近单位的协调等诸多问题；在此基础上，厂址选择报告需要对不同方案的优缺点进行比较，提出厂址改良和完善的建议。

10.1.4 厂址选择资料的收集

计划在某地建厂时，必须搜集该地区的自然条件与技术经济条件的资料，可采用查阅、点差和实地踏勘等方法。资料收集包括地理位置、地形、气象、矿藏及古物、交通运输、地质、水源、绿化、邻近地区情况、施工条件、给水、排水、排水、动力供应、供电与电讯。

10.2 厂址选择报告

厂址选择报告应包括叙述选厂依据、叙述建厂地区概况、概述厂址建设条件、叙述厂址方案比较，并提出厂址技术经济比较表、厂址建设费和经营费用比较表，见表 10-1 和表 10-2；同时，叙述各厂址方案的综合分析论据，以及当地政府部门对厂址的意见；提出所选厂址存在的问题，并提供解决措施。

对于厂址选择报告的附件，应包括厂址规划示意图、工厂总平面布置图（草图）、厂区规划地形图（注明等高线）；提供厂址的环境影响评价报告书，以及有关协议文件和附件；同时，相应附件文档还包括厂址技术经济条件表、厂址建设及经营费用比较表、厂址工程地质和水文地质初步勘察报告等。

表 10-1 厂址技术经济条件比较表

序号	项　目	方案甲	方案乙	方案丙
1	原料的基本情况			
2	位置及周围环境			
3	面积与地形			
4	地势及坡度			
5	地质条件（土壤、地下水、地耐力等）			
6	土石方工程数量及性质			
7	地面建筑物、障碍物、所有权及拆运工作			
8	运输条件（铁路、公路工程量、费用等）			
9	水路运输条件			
10	给排水条件（包括防洪、防汛）			
11	供电、供热条件			
12	协作条件			
13	污染危害情况及“三废”处理设施			
14	建筑施工条件和建筑材料供应情况			
15	生活条件（与城市距离、交通方便程度、生活供应、教育、医疗条件）、自建生活区工作量			
16	自然气候条件			

表 10-2 厂址建设费用与经营费用比较表

序号	项　目	方案甲	方案乙	方案丙
1	建设费用			
	①土方工程费			
	②拆迁赔偿费			
	③土地购置费			
	④铁路专线费			
	⑤公路费（场内外）			
	⑥给排水管道（长度及构筑物）费			
	⑦电力供应（动力、变电、输电设备）费			
	⑧建材费用（水泥、沙、砖、构件等）			
2	生产经营费用			
	①原料、材料、产品费用			
	②水、电、汽费用			
	③“三废”治理费用			
	④运输及其他生产费用			

10.3 工厂总平面设计

10.3.1 工厂总平面设计内容

总平面设计是工厂设计的重要组成部分，以生产规模、特点、资料和总平面布置的原则为依据，结合厂址条件进行合理布置，使建筑群组成一个有机整体。总平面设计涉及范围较广，需要工艺、交通运输、公用工程等人员的密切配合。

总平面设计的内容因产品不同、规模不同和需要不同而有较大的差异。一般总平面设计的内容包括平面布置设计、竖向布置、运输设计、管线综合设计、绿化美化设计和环境保护等，在设计中应结合工厂实际情况，合理布置综合利用设施和扩建预留地等。

平面布置是总平面设计的核心内容之一。在进行平面布置时，需要根据厂址面积、地形、生产要求以及相关原则等因素进行选定，将全厂生产车间、辅助建筑物、构筑物在平面上合理布置。平面布置的方式有很多种，其中较为常见的包括整片式、区带式、周边式和组合式等。

在进行竖向布置时，需结合地形、工艺要求确定厂区建筑物、构筑物、道路、沟渠、管网等各项设施的设计标高。可以利用厂区自然排水的条件，对各种设施进行合理布置，减少土方工程量，提高土地利用率，使各种设施之间达到相互协调。

在运输设计中，可以根据场地周围环境情况，确定场内外的运输方式，并据此进行道路、铁路（厂内拥线）以至码头等的设计。首先需要综合考虑厂址地形地貌、运输距离、运输期限、运输成本、环保和安全等多种因素，确定公路、铁路、水路等运输方式，然后进行相应道路、铁路和码头等设施的设计工作。运输设计制约着总平面布置中的厂区外形、车间布局，以及仓库、堆场等的位置关系。

在进行管线综合设计时，要综合考虑各类管线的特点、管材性能和工艺技术要求，以及它们的坐标、标高、占地宽度，以减少拥挤和交叉现象。管线设计需要考虑湿地上、地下各种管线和下水道的布置等各个方面，通过权衡管材性能、坐标、标高、占地宽度等因素，设计出经济、合理、整齐、美观的管线布置方案，以提高生产效率，降低建设成本并保障生产安全。

在进行绿化美化设计和环境保护总平面布置时，要考虑绿化布置，决定全厂的专用绿地和各种绿化设施的布置形式和植物类型。在环保设计资料的基础上，通过规划会产生烟尘、振动、噪声等有害物质的车间及设施的位置，设计废弃物堆放场地及其处理构筑物的合理位置。

最后，做好布置综合利用设施和扩建预留地等其他方面的设计工作。

10.3.2 总平面布置原则及方法

10.3.2.1 总平面设计的原则

总平面布置要参照国家有关的设计标准和规范，轻化工厂总平面布置的原则包括如下几点：首先，工厂总平面设计要按要求设计，平面布置紧凑、节约用地，一次完成；分期建设需为远期发展留有余地；生产车间布置应按流程顺序，符合要求，合理安排；建筑物和构筑物之间应保持合理距离，减少管道和运输距离，符合卫生和消防标准；工厂划分要根据生产特点，保持各区域协调配合，符合防火和环境美化要求；工厂内运输需要有最短的线路，以避免交叉返回；车间应靠近服务的负荷中心，锅炉房靠近耗蒸汽量最大的车间，原料仓库靠近生产用料车间等；厂房的位置和方向要符合建筑物对通风、采光和风向的要求；生活的地方应该尽量靠近商业区或居住区，方便职工生活；工厂内外运输要根据技术经济比较选择，厂内运输则要考虑货流量、人流量和道路布置方式等因素；可以把次要建筑物、构筑物、堆场，如锅炉房、厕所、变电所、排污池、堆煤场等放置在边角处；厂区和未建筑物要有绿化美化设施，符合实用、经济和美观的原则；建筑物应错落有致，外表整齐美观，道路平坦；在排水畅通的情况下，确定建筑物和构筑物的设计标高，减少土方工程量；相似车间应尽量放在一起，以提高场地利用率；最后，总平面设计要考虑工厂的特殊要求，例如，食品厂靠近公路的一面要设防护带，造纸厂必须有污水处理设施，皮革工业的废渣应留出堆放和回收场地。

10.3.2.2 总平面布置设计的方法

总平面布置设计方法包括整片式、区带式、周边式及组合式等。其中，整片式适合生产车间、辅助车间和生活设施成块分布，优点是占地面积小，扩建空间小；区带式适合将车间分在几个区域内，有足够的间距，便于后期扩建；周边式适合生产规模小的工厂，当工厂地形为矩形时，采用此种布置可以减少运输、便于管理，不适用于大规模工厂；组合式适合将生产车间、仓库、管理部门等设施布置在一栋或几栋建筑物内，垂直运输量大，占地面积小，生产效率高，一般用于大中型的工厂。

10.3.2.3 总平面设计需要收集的资料

总平面设计资料包括原始资料、生产工艺资料和各专业部门的有关资料。其中，原始资料包括厂区所在地区现有企业的生活福利设施，厂址所在地的城镇规划和工业规划，厂区的气象、地形、水文、工程地质等方面的资料；生产工艺资料包括工厂的设计规模、生产方法、产品种类、车间组成、各建筑间的相互关系、运输要求及生产定员等；还需包括生产的主要特征，如车间名称，建筑物大小、形状和层数，防火距离，车间内部特殊要求等。生产车间需注意原材料的种类、数量、储存方式、堆放场地距离和面积的要求，有害物质的排出方式、浓度和成分，污水数量和成分，有害程度和处理方法，以及其他特殊要求。工厂设计人员提供的数据、资料和图样包括土建、动力和给排水等方面。地形图是按照投影方法绘制的，需标明北方或南方；风玫瑰图是用来反映风向频率和风速特征的图例，是工厂厂房设计和总平面设计的重要气象资料。

10.3.3 总平面设计的步骤和阶段

10.3.3.1 总平面设计步骤

首先，根据收集的资料，设计总平面草图。其次，根据生产能力，规定外部和车间之间的运输量；确定建筑物和构筑物的尺寸、高度和层数，以及建筑物和构筑物的间距；初步选定车间之间和外部运输的形式，确定道路宽度；拟定辅助建筑、构筑物、堆场和扩建余地的大致位置。再次，选出风向布置的方式和系统；比较几个总平面设计草案，并选出适当的方案；确定建筑物和构建物，以及运输和工程技术管线等的准确位置，并进行风向布置标高的选择。最后，编制风向布置和排水的设计方案，确定厂址的绿化和美化设计。总平面设计是设计的第一步，一般包括初步（扩初）设计和施工图设计两个阶段。

10.3.3.2 初步设计

初步设计包括总平面布置图和设计说明书等。

对于总平面布置图，图的比例多用 1∶200、1∶500、1∶1000，包括地形、建筑物、构筑物和设施的布置以及绿化、道路分布、管线排布、排水沟等。在适当位置上绘制风向玫瑰图和区域位置图。应考虑将污染性大的车间或部门布置在污染系数最小的方位上，并避开生活区，否则需在总图布置时考虑防护带（也称隔离带）的设置。

总平面设计说明书包括主要技术经济指标、概算、设计依据和布置特点等内容。主要技术经济指标包括厂区总占地面积，建筑物、构筑物占地面积，露天堆场面积，道路长度及面积，广场面积，绿地面积，围墙长度，建筑系数，土地或场地利用系数等，见表 10-3。建筑系数和土地利用系数的计算方法如式（10-1）和式（10-2）所示。

$$\text{建筑系数}(\%) = \frac{\text{建(构)筑物、堆场和露天作业场占地面积}}{\text{厂区占地面积}} \times 100\% \qquad (10\text{-}1)$$

$$土地利用系数(\%) = 建筑系数 + \frac{道路及工程管线等占地面积}{厂区占地面积} \times 100\%$$

$$= 建筑系数 + \frac{铁路占地面积 + 道路和人行道占地面积 + 地上、地下工程管线占地面积 + 建筑物散水占地面积}{厂区占地面积} \times 100\% \quad (10\text{-}2)$$

表 10-3 总平面布置的技术经济指标表

序号	指标名称	单位	数量	序号	指标名称	单位	数量
1	全厂总面积	m^2		6	管线、围墙等占地面积	m^2	
2	建（构）筑物、堆场占地面积	m^2		7	场地利用系数	%	
3	建筑系数	%		8	土方工程量	m^3	
4	厂区道（铁）路长度	m		9	绿化面积	m^2	
5	厂区道（铁）路占地面积	m^2		10	围墙长度	m	

总平面设计的主要技术经济指标的计算方法包括如下几个方面：对于工业企业总占地面积，其中包括厂区占地面积和场外用以布置有关设施的其他用地面积；工业企业厂区占地面积是指厂区围墙或规定界限内的用地面积，一般按围墙中心线计算；建筑面积包括楼隔层、楼廊、电梯井（按楼层计）、建筑物外走廊、檐廊、挑廊及有围护结构或有支承的楼梯等；建筑占地面积是指建筑物、构筑物的用地面积；铁路占地面积按照铁路总长度乘以平均路基宽度来进行计算；计算公路或道路占地面积时，城市型道路只计算路面部分，郊区型包括路面及路肩部分；围墙长度以围墙中心线计，不计入构筑物面积内；绿化面积等于树木、草坪、花坛绿化面积之和，其占地面积情况见表 10-4。

表 10-4 各种绿化物绿化面积参考表

绿化物名称	面积计算	绿化物名称	面积计算
单株乔木	10~16 m^2	成排小灌木	1.2 倍排长
单丛小灌木	1.0~1.5 m^2	成排大灌木	1.6~2 倍排长
单丛大灌木	3~4 m^2	草坪	实际面积
路旁排乔木	4 倍路长	花坛	实际面积

10.3.3.3 施工图设计

在初步设计批准后，即可进行施工图设计，包括总平面布置图、管线综合布置图和竖向布置图。总平面布置图需标出各建筑物、构筑物的定位尺寸，一般按 1∶500 或 1∶1000 绘制；管线布置图需标明管线间距、纵坡度、转折点、标高、各种阀门、检查井位置，以及各类管线、检查井、阀门等图例符号说明；竖向布置图需注明建（构）筑物面积、层数，室内地坪标高、道路转折点标高、坡向、距离，以及纵坡的部分地形的标高布置图。

总平面布置施工图说明书应附在施工图一角，用于说明设计意图、施工注意问题，以及各种技术经济指标、工程量、项目编号等。

10.3.4 各类建（构）筑物的布置

生产车间的布置应既尽可能地满足线性目的，又不形成一长条，建筑物可以设计成T形、L形等形状。车间的生产线路分为水平和垂直两种，车间之间的距离应该是最小的，并符合防火、卫生等有关规范。

辅助车间包括锅炉房、变电站、污水处理站、空压站、循环水冷却构筑物、维修设施、水泵房、仓库等。锅炉房应尽可能配置在使用蒸汽较多的地方，其优点是管线缩短，可减少压力和热能损耗。变电站应靠近电力负荷中心，并设置防护围栏，构成一个独立区域。污水处理站应布置在厂区和生活区的下风向，并保持卫生防护距离。同时，应利用标高较低的地段，使污水尽量自流到污水处理站。污水排放口应在取水的下游，污泥干化场地应设在下风向，并考虑汽车运输条件。空压站所生产的压缩空气主要用于仪表动力、鼓风、搅拌、清扫等，应尽量布置在空气较清洁的地段，并尽量靠近用气部门、循环冷水设施和变电所，其与其他建（构）筑物的防护间距可参考《压缩空气站设计规范》（GB 50029—2003）等国家标准，并考虑振动、噪声对邻近建筑物的影响。对于循环水冷却构筑物，由于生产过程中的冷却水应尽可能循环使用，因此这些设施应布置在通风良好的开阔地带，并尽量靠近使用车间；同时，其长轴应垂直于夏季主导风向。为避免冬季产生结冰，循环水冷却构筑物应位于主（构）建筑物的冬季主导风向的下侧，并与其他建筑物之间保持一定的防护距离，防止漏水等情况，以确保安全，此外可以参考《建筑给水排水设计标准》（GB 50015—2019）等国家标准。维修设施包括机修、电修、仪修等车间，应集中布置在厂区的边缘和测风向，并与其他生产区保持一定距离。仓库要靠近生产车间和辅助车间及运输干线，并根据储存原料的不同，选择符合防火安全所要求的间距和结构。工厂行政管理部门包括管理机构、公共会议室、食堂、保健站、托儿所、单身宿舍、中心实验室、车库和传达室等，一般布置在生产区的边缘或厂外，最好位于工厂的上风向位置，通称厂前区。

10.3.5 平面布置与竖向布置

平面布置通常用于确定建筑、仓库、铁路、道路、码头和工程管线的坐标；竖向布置则用于反映标高，确定建设场地的高程关系，组织排水。

竖向布置方式一般采用连续式和重点式两种。连续式又可分为平坡式布置和阶梯式布置。对于建筑密度大、地下管线复杂、道路较密的工厂，一般采用连续式布置方案。重点式布置一般用于建筑密度不大，建筑系数小于15%，运输线及地下管线简单的工厂。在轻化工厂设计中，需根据厂区的自然地形条件，工厂的规模、组成等具体情况确定采用何种竖向布置方式。

10.3.6 管线布置

管线布置是总平面设计中非常重要的一部分。管线布置应注意以下原则和要求：满足生产使用，尽量简洁、方便操作和施工维修；宜直线敷设，干管应布置在靠近主要用户及支管较多的一侧，并保证管线与道路及建筑物的轴线平行；尽量减少管线交叉；应避开露天堆场及建（构）筑物的扩建用地；除雨水、下水管外，其他管线一般不宜布置在道路下面；不得让易燃、可燃液体或气体管线穿过可燃材料的结构物或可燃、易燃材料的堆场；地下管线应尽量集中共架（或共杆）布置；地下管线不宜重叠敷设，并应注意安全事项；管线应避免靠近同行管沟或地下室，因为煤气罐可能会散发可燃气体；给水管也应避免靠近建筑物，因为较大的管径会增加压力。

10.4 总平面布置图内容

10.4.1 图纸内容

总平面图是用来表示总平面设计结果的图形，其绘制过程应该遵守《建筑制图标准》（GB/T 50104—2010）等国家标准及规范。绘制采用的比例一般为 1∶500、1∶1000、1∶2000。

总平面图一般包括以下内容，即等高线和坐标网、风玫瑰图、道路、铁路、河流和码头等，以及所有建（构）筑物和堆场等的平面位置。

10.4.2 技术经济指标

总平面布置的技术经济指标反映了厂区面积、建筑面积以及场地利用的合理性和经济性，一般包括以下内容：厂区占地面积；建（构）筑物占地面积；露天仓库、露天堆场占地面积；地上、地下工程管线的占地面积；建筑系数；场地利用系数；土方工程量（填、挖方量）。

其中，建（构）筑物占地面积按其外轮廓线计算；露天仓库是用于存放固定的堆存原料、燃料及成品等的堆置场，露天堆场为无固定存放，是用于存放生产必需的零星物料或废料的堆放场地；铁路占地面积等于铁路总长乘以铁路路基宽度，以路堤底部和路堑顶部的宽度来计算；计算公路或道路占地面积时，对于郊区型道路，应包括车行道、路肩及排水沟等的占地面积；土方工程量是指厂区内粗平土方量的挖方和填方数量，包括建（构）筑物的余土。

厂区建筑系数及场地利用系数可以按照式（10-1）和式（10-2）计算。

10.4.3 实例

例 10-1 对于例 4-2 中电石渣矿化生产纳米碳酸钙过程，试设计其总平面布置图。

解：根据例 4-2 中的图 4-3，拟将浸取、矿化反应、干燥与包装等工序集中到一个纳米碳酸钙生产车间中，并在其旁侧设置一个辅助生产车间。在生产车间附件中，还将设置原料库和成品库，以及办公实验楼。另外，在厂区中还将设置一个事故水池。

按如上思路，电石渣矿化生产纳米碳酸钙厂区的总平面布置图可绘制如图 10-1 所示。

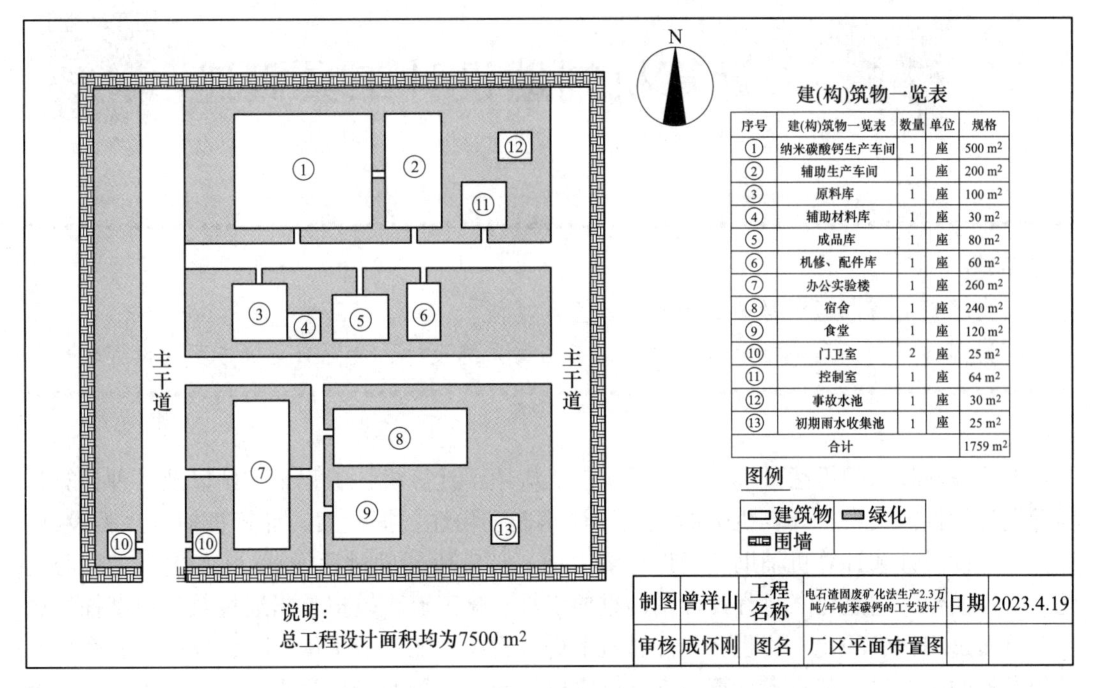

图 10-1　电石渣矿化生产纳米碳酸钙厂区的总平面布置图

本 章 小 结

工程项目的选址应符合国家和地方的相关政策要求，并做到有利于工厂的生产布局及发展规划。厂址选择工作分为准备、现场踏勘和结束阶段，在选址工作结束以后提交厂址选择报告，详细说明选厂依据、厂址方案比较、可能存在的问题及解决措施等。对于厂址的选择，还应作出工厂的总平面设计及总平面布置图，提供平面布置、竖向布置、运输、管线、绿化、环境保护、扩建预留地等方面的设计信息，并综合评价厂区土地、建筑以及场地利用的合理性和经济性。

10-1 讨论不同地域的厂址选择要求有什么差别，试做出相应厂址选择报告的基本内容。

10-2 试阐述例 3-1 中工厂总平面设计的方法，试作出其总平面布置图。

10-3 讨论不同地形条件下，平面布置与竖向布置的注意事项。

11 计算机辅助设计工具概述

本章课件

本章提要：

（1）了解计算机设计软件的特点、类型和功能。

（2）基本了解工程制图、流程模拟、装置及系统设计、装置布置等方面的设计软件。

随着高新技术的迅猛进步，化工领域广泛应用了计算机、工程工作站以及各种计算机辅助设计软件。其中，计算机辅助化工设计涵盖了物性数据检索、计算机辅助过程设计、计算机辅助设计和计算机辅助工程设计等方面。计算机辅助过程设计（CAPD）的核心是化工流程模拟，它是化工过程设计中的重要工具。化工流程模拟是指通过数学模型描述由多个单元过程构成的化工流程，在计算机上进行物料和能量的平衡计算，并完成各个单元过程设备的工艺尺寸和成本计算。它能够完成物料和热量的平衡计算、单元过程计算以及流程方案的选择和优化，生成带有控制点的工艺流程图（PID），输出物料和热量平衡数据表以及相关文档资料。

计算机辅助设计（CAD）是指根据 PID 图上的设计意图以及相关设计标准和规范等要求，在 CAD 系统上建立化工装置的软模型，然后进行碰撞检查、缺漏检查和应力分析等，最后生成施工图纸、材料报表和其他设计文件。

计算机辅助工程（CAE）是指工程公司利用计算机信息网络系统，集成各类应用软件和不同专业的设计软件，实现设计、订货、采购和施工的全过程集成化。所有用于设计的信息数据、标准规范和定型设计资料等基础资料都存储在不同的数据库中供用户调取。施工现场的计算机系统与工程公司的计算机网络相连，可实现资料共享，以及远程传送图纸和资料信息，使施工现场能够按照设计信息进行开工和备料，并可利用建立的三维软模型指导施工、安装、工程管理和试车。本章简要介绍了化工过程设计、化工装置设计和计算机辅助绘图中常用软件的相关知识，重点介绍了与化工工艺设计相关的过程模拟软件，对于软件的详细功能和使用方法，请参考相关设计软件的使用手册或专著。

11.1 计算机设计软件概述

20 世纪 80 年代以来，随着计算机硬件、软件和数据库技术的不断进步，计算机辅助化工过程设计软件得到了迅速的发展和广泛的应用。国内在过去十多年也开始重视化工应用软件的开发和研究工作，并引进了 ASPEN 和 PROCESS 等软件，这些软件被广泛运用于化工设计领域，极大地提高了计算、绘图、文件编制和管理等方面的设计效率和水平。

化工设计软件的主要作用包括：提高设计效率，利用计算机强大的运算能力加速单元操作计算和多组分体系平衡的计算过程，从而提高设计效率；提高设计水平，使优化设计方案，化工设计软件能够帮助设计师更好地理解和应用化工设计原理，优化操作参数和选择设备尺寸，从而提高设计水平，使设计师可以轻松地优化设计方案，并通过比较多个方案，找到最佳设计，以实现更好的投资回报；避免差错，保证质量，通过统一设计规范和传递设计条件及相关信息，可以预防和减少差错的发生。此外，三维 CAD 系统能进行干扰碰撞检查，及时发现冲突问题并修改设计，从而减少现场修改的工作，提高设计质量。节省安装材料费用，有利于缩短施工周期。

当前，国际知名工程公司已经建立了主机（高级服务器）、工作站和微机终端的计算机网络系统，实现了各类应用和不同专业设计软件的一体化，并将设计、订货、采购、施工等各个阶段进行了集成化。从项目评估、规划、可行性研究、工艺过程设计、装置设计，直至建设工作前期准备、施工管理、开车、培训和维护等环节，都可以通过计算机来完成。此外，所有的设计图纸、资料和原始条件都以电子形式保存，实现了全程的“无图纸”设计。

在化工和石化行业的发展中，化工设计软件的应用可能起到关键性甚至决定性的作用。因此，国内正在积极推广和开发化工设计软件，推动设计软件的一体化已经成为必然趋势。这种趋势将带来显著的效益，提高工程设计效率，降低成本，并促进设计质量的提升。同时，通过电子化设计的方式，可以更好地管理和传递项目信息，使得设计过程更加高效和可控。

所以，化工设计软件在化工和石化行业的发展中扮演着重要的角色。通过推动设计软件的普及和一体化工作，可以进一步提升行业的竞争力和发展水平。

11.2　计算机制图

早期的制图工具包括铅笔、橡皮、三角板、圆规、丁字尺、图板等。20 世纪 50 年代开始，计算机绘图开始酝酿，至 60 年代初露萌芽，在 80 年代和 90 年代期间渐趋成熟。本节将对 AutoCAD、DraftSight、QCAD、CAXA 等绘图软件进行讲述，但仅以简要介绍为主，目的是让读者对相应软件有一定了解，有进一步需求的读者可以查阅相关教程。

11.2.1　AutoCAD 制图软件

Auto CAD 由 Autodesk 公司开发，是一款功能强大而全面的计算机辅助设计软件，在绘图设计方面的性能突出。该软件可以用于二维和三维的制图，其特色在于有可用性很强的用户界面，含有快速访问工具栏、菜单栏、功能区、文件标签栏、图形窗口、命令行、状态栏、特性属性选项等多个区域，学习者能够很方便地掌握其使用方法。通过 AutoCAD 的操作界面，使用者可以通过交互菜单或命令行方式进行各种操作。

AutoCAD 是一款商业软件，更新频率很高，近年来几乎每年都有新版被公开发布，适用于化学工程、矿冶工程、土木建筑、装饰装潢、机械电子、服装加工等多个领域。很多工程设计教材对于 AutoCAD 都有介绍，也出版了很多专门的 AutoCAD 教材，因此本书对于该软件不再赘述。有需要的读者，可以阅读专业的 AutoCAD 教材。

11.2.2 DraftSight 制图软件

DraftSight 是一款功能丰富、专业的 CAD 设计软件，由 3DS 公司（达索系统集团）开发，被广泛应用于技术制图领域。

DraftSight 的用户界面包含丰富的功能组件和绘图工具，与各类文件格式兼容，用户可以轻松创建、编辑和查看任何类型的 2D、3D dwg 文件和模型，并且具备诸如 G 代码追加、尺寸改进、版块改进和文字弯曲等功能。此外，用户还可以在文件菜单中将设计图纸输出为 bmp、emf、jpg、pdf、png、sld、svg、eps 等图片格式。

DraftSight 的特点包括熟悉的用户界面和极短的学习曲线，它提供了可靠的 DWG 兼容性，适用于当前和历史项目，并满足版权合规要求。同时，它还支持迁移到 Microsoft Windows 的最新版本，让用户可以选择更易于部署和管理的网络许可证。

DraftSight 具有良好的互操作性，支持存储 DWG/DXF 文件返回到先前的版本，以及打印到文件和附着图像文件。软件中的对象包括圆弧、圆、直线、点、环实体和坡度填充注释。与 AutoCAD 相比，DraftSight 具有相似的界面、功能和快捷命令，使用方式几乎相同。它还支持图层，并且两者的文件具有兼容性，可以互相通用。

11.2.3 QCAD 制图软件

QCAD 是理正结构系列中一款极具实力的产品。它打破了传统结构绘图依赖绘图工具的工作模式，采用了以计算模型和上部结构计算数据为核心的软件开发思路。通过整合建筑施工图和结构模板图数据，结合归并、选筋和配筋系统，QCAD 能够快速地自动生成结构施工图。

QCAD 具有诸多优势。首先，它非常方便，数据分析速度快。即使在绘图完成后，用户也可以直接使用计算数据对模板图和配筋图进行更新，简化了大量的编辑和修改工作，显著提高了工作效率。另外，QCAD 易于使用，减少了学习成本。它可以将计算结果数据与施工图同时显示在一个操作窗口中，并根据需要随时切换显示，使数据校核变得简单易行，配筋结果更加准确。

QCAD 具备专业性，可严格执行钢筋混凝土规范、抗震规范和高层规范，并严格遵守各种制图标准，准确运用国标图集。此外，QCAD 还具有良好的交互性。它的应用程序框架采用 ECMAScript 接口，可用于快速构建和扩展 CAD 特定的应用程序。通过 ECMAScript 接口，用户可以在 QCAD 中自动启动脚本，初始化所有工具和用户界面组件，并启动主应用程序循环。

11.2.4 CAXA 制图软件

CAXA 实体设计软件是一套全面的三维设计工具，旨在帮助企业快速完成新产品设计，满足个性化需求。相较于传统 CAD 软件，CAXA 实体设计采用了更加先进的思维模式。它能够设计出产品模型，并绘制零部件的二维图形，利用工程应用特征作为零部件的基本单元，从而快速完成零部件的三维结构设计。

此外，CAXA 实体设计软件还提供了丰富的标准库和各种标准查询、搜索、添加与预览功能，可以精确地设计复杂结构和曲面的部件。通过施加约束和配合关系，管理装配和零部件特征的树形结构清晰明了。此外，该软件还支持设备装配和爆炸过程、剖视过程、运动仿真等操作。

在完成三维设计后，CAXA 实体设计可以将其转换为符合国家标准的二维工程图。它拥有二维绘图模板，能够生成不同类型的视图。在生成可视且可编辑的明细表后，还能自动添加全部零部件序号。此外，通过将三维智能尺寸投影到图纸上，用户可以直接在图纸环境中编辑这些尺寸，提高绘图效率。同时，借助 CAXA 实体设计软件的高级渲染功能，用户可以将设计出的化工设备模型输出为逼真的效果图和生动的立体动画。

11.3 流程模拟软件

在工程设计中，首先应确定原则工艺流程，即确定其流程、操作参数，控制方案和设备尺寸等的基本信息。此时，需要完成单元操作和多组分体系平衡的计算，据此选择适宜的工艺流程。具体而言，化工流程模拟是指根据化工过程的数据，采用合适的模拟软件，将由众多单元过程构成的化工流程转化为数学模型描述，通过计算机模拟实际或设计的生产过程，获得详细而完整的物料平衡和热量平衡数据。

由于传统技术难以准确描述化工实际生产过程中单元操作的静态和动态特征，过程模拟技术在石油、化工、制药、冶金等重要行业得到了广泛应用。为了实现预期目标，所有应用都必须建立在全面准确了解企业生产过程的基础上，并借助流程模拟软件对生产过程进行模拟。流程模拟技术常使用序贯模块法，通过严格的质量和能量平衡、相态平衡以及化学平衡等手段，预测工艺过程的表观现象。这种技术能够提供准确的模拟数据，有助于优化生产过程、提高效率并确保工艺的稳定性。

流程模拟技术可提供工程设计所需的基础数据，并且能够对生产过程中的故障进行模拟诊断。在新产品的开发过程中，通过流程模拟可以极大地方便新产品的研制。它可以模拟新产品开发中的工艺参数，辅助新工艺的开发，并减少不必要的实验投资。这为企业节省了大量时间和资源，提高了新产品开发的效率，并降低了开发过程中的风险。同时可对现有装置进行生产能力的标定，以帮助确定系统中的瓶颈部位。

在生产过程中，优化操作一直是研究开发和应用的热点领域。通过应用流程模拟技术，可以对工艺操作条件进行优化，实现生产装置的最佳运行状态，从而实现节能降耗，减少投入并获得更大的经济效益，提高生产技术水平。此外，流程模拟还可用于进行生产过程的经济评价，对多种工艺方案进行最优评估。能够支持实现研究和开发阶段的数学模拟放大、概念设计、工艺设计及工程设计、工厂开工指导及操作工仿真培训、工艺流程改进及优化、工厂消除瓶颈及技术改造等。并且，可在生产中实施先进过程控制和企业的优化生产管理。

近年来，化工模拟软件基本是沿两个方面发展和提高的，一是在化工模拟理论和技术方面发展，使软件应用范围更加广泛；二是在软件及计算机辅助工具方面发展，研究更好的办法，使工程师更易掌握、使用这种软件，在研究方案中更灵活地运用这种软件。

总之，工艺流程模拟是指利用模拟计算的手段，定量模拟一个生产过程，大多数是采用人机交互的界面式操作模式，部分软件已经开始使用云平台进行模拟。模拟软件一般是基于传递、反应热力学和动力学的方程，描述不同类型的单元操作，由此模拟实际的生产过程，给出物料流量、组成、温度、压力等各方面的数据。本节主要介绍这些模拟软件的基本特性和功能，以便读者能够了解在设计中可以使用哪一类软件。如果需要详细地了解这些软件的操作细节，请读者参阅相应的专业著作。

11.3.1 流程模拟软件用途

化工流程模拟软件是化工过程合成、分析和优化最有用的工具，只有依靠流程模拟软件才可能得到技术先进合理、生产成本最低的化工装置设计。具体地说，流程模拟软件有如下几种用途：

（1）工艺合成和设计。流程模拟软件可以帮助工程师通过建立化工装置的数学模型来进行工艺合成和设计。它提供了各种热力学模型、传递模型和反应动力学模型，以及单位操作模型（如塔板、换热器、反应器等）的选择和配置工具。通过模拟不同操作条件和设备参数的组合，工程师可以找到最佳的工艺方案，从而实现技术先进、合理高效的化工装置设计。

（2）过程分析和优化。流程模拟软件可以对已有的化工装置进行过程分析和优化。通过输入实际操作参数和设备尺寸等信息，软件可以模拟装置的运行情况，并计算各种关键指标，如物料流量、温度、压力、能耗等。基于这些数据，工程师可以分析装置的性能，并对其进行优化，以提高生产效率、降低能耗、改善产品质量等。

（3）系统安全和可靠性评估。流程模拟软件还可以用于化工过程的安全性和可靠性评估。通过模拟各种事故情况，如设备故障、管道破裂等，软件可以预测装置的响应和影响，并评估其对人员和环境的风险。这有助于工程师采取必要的措施来提高系统的安全性和可靠性，减少潜在的危险因素。

总之，应用流程模拟软件，在过程开发阶段，可以评价和筛选各种生产路线和方案，减少甚至取消中试的工作量，节省过程开发的时间和费用；在过程设计阶段，可以有效地优化流程结构和工艺参数，提高设计成品的质量；在生产过程中，可以作为工程技术人员进行科学管理的有力工具。

11.3.2 稳态模拟和动态模拟

化工流程模拟分为稳态模拟和动态模拟。

稳态模拟主要有三方面的作用，即为改进装置操作条件、降低操作费用、提高产品质量和实现优化运行提供依据；指导装置开工，节省开工费用，缩短开工时间；分析装置“瓶颈”，为设备检修与设备更换提供依据。动态模拟主要研究系统动态特性，又称动态仿真或非稳态仿真。动态仿真数学模型一般由线性或非线性微分方程组表达。仿真结果可描述当系统受到扰动后，各变量随时间变化的响应过程。其主要用途有：工艺过程设计方案的开车可行性试验；工艺过程设计方案的停车可行性试验；工艺过程设计方案在各种扰动下的整体适应性和稳定性试验；系统自控方案可行性分析及试验；自控方案与工艺设计方案的协调性试验；连锁保护系统或自动开车系统设计方案在工艺过程中的可行性试验；DCS 组态方案可行性试验；工艺、自控技术改造方案的可行性分析。

动态特性是化工过程系统最基本的特性之一。动态特性可以用于间歇过程、连续过程的开停工，连续过程本征参数依时变化，控制系统的合成，过程系统局部与全局特性分析，利用人为非定态操作来强化过程系统性能和实现技术目标等。动态特性还可以用于辨识某些系统的结构、过程的机理和估计描述系统性能的模型参数，甚至作为诊断过程系统运行故障的手段。

随着稳态模拟技术的日趋成熟和动态模拟系统的不断发展，要求稳态模拟与动态模拟相结合。稳态模拟是动态模拟的起点，也是动态模拟的终点。二者结合在一起便于方便切换，相互利用，使流程模拟技术的应用范围不断扩大、更加实用。

11.3.3　通用流程模拟软件简介

目前，微机版流程模拟软件主要包括由美国 ASPEN TECH 公司开发的 ASPEN PLUS 和 HYSYS，SimSci-Esscor 公司开发的 PRO/Ⅱ，Chemstations 公司开发的 CHEMCAD，以及 WinSim Inc. 公司开发的 DESIGN Ⅱ，还有英国 ICI（帝国化学公司）开发的 FLOWPARCK Ⅱ等。

在我国，ASPEN PLUS、PRO/Ⅱ和 CHEMCAD 等软件是流程模拟领域主要的应用软件。各石油化工设计单位结合实际情况进行了大量的二次开发工作，使得这些软件更方便地应用于设计工作。

11.3.3.1　ASPEN

ASPEN 是一个通用且强大的流程模拟软件，现在一般被称为 ASPEN PLUS。关于这个软件，美国能源部在 20 世纪 70 年代开始组织研发，由麻省理工学院开发，其全称为 Advanced System for Process Engineering。1982 年，为了将这个软件系统进行商品化，成立了 ASPENTech 公司，自此这个软件在工程设计领域普及开来。

ASPEN PLUS 是一种流程模拟软件，被广泛应用于生产过程的研究、开发、设计、优化和技术改造。它具有模拟大型化工、电站等系统的优势，并且是国际上功能最强的流程模拟软件之一。ASPEN PLUS 能够进行稳态过程的质量和能量衡算、设备尺寸计算、优化、灵敏度分析和经济评价。它能够提供完整的单元操作模型，可以模拟从单个操作单元到整个工艺流程的各种操作过程。ASPEN PLUS 具有直观、方便的数据输入界面，包括完备的物性模型和数据库管理功能。它还提供了广泛的单元操作模型，可以方便地构建各种生产流程。ASPEN PLUS 的应用范围广泛，可以分析模拟各类工业过程，并提供重要的模拟分析工具和与其他软件的通信接口。ASPEN PLUS 使用交互式图形界面（GUI）来定义问题、控制计算和检查结果，可以选择不同的运行类型。它的主要功能包括对基本流程的模拟、灵敏度分析、带有设计规定的流程模拟、物性分析和物性数据回归等。此外，ASPEN PLUS 还支持用户编写外部 FORTRAN 子程序进行模拟运行。

总体来看，在实际应用中，ASPEN PLUS 作为工程师的辅助软件，可以将流程模型与投资分析、产品优化相结合，解决蒸发、精馏、混合、热交换、吸收、萃取等过程的计算问题，广泛用于石油化工、天然气、煤炭、医药、冶金、节能环保、动力、食品加工等工业领域。ASPEN PLUS 主要是模拟连续稳态的工艺过程，在 2022 年的新版本中增加了对间歇工艺过程的支持。通过流程模拟，该软件可以起到辅助设计新工艺、新装置的作用，或者支撑旧装置的改造，以及生产过程故障的诊断。

ASPEN PLUS 拥有 Windows 交互性界面，能够显示工艺流程的视图，并且有图形向导功能，可以帮助用户把模拟结果输出成各种图形，从而直观地显示模拟结果。由于软件内置了很多的模型、模块、控件和参数，因此可以直接地进行流程的模拟计算。例如 Batch 模块是针对间歇工艺过程的模块；EO 模型可以进行流程模拟的灵敏度分析，或者针对特定部分进行分析。在 ASPEN PLUS 中，序贯模块法和面向方程的解法允许用户模拟多重嵌套流程。在模拟结束之后，ASPEN PLUS 可以做出灵敏度分析，即使用表格和图形的形式，展示出工艺参数随设备型式和操作条件的变化趋势。

值得注意的是，ASPEN PLUS 也能够进行热力学物性的模拟和分析。在该功能中，使用物性模型、数据以及 ASPEN Properties 中可用的估算方法，可以模拟广泛范围内的物性参数，例如从简单的理想物性流程到复杂非理想混合物及电解质流程。采用 ASPEN PLUS 软件，可以选择嵌入的 UNIFAC（UNIversal Functional Activity Coefficient）模型，借助半经验的基团贡献法，计算液体混合物组分活度系数，从而对相平衡状态做出较为贴近实际的预测。除了 UNIFAC 模型之外，还可以选择 Pitzer 物性方法，使用灵敏度模块绘制多组分盐溶液的溶解度曲线，从而对蒸发结晶、反应结晶等过程的相分离情况进行预测。在预测多组分盐溶液溶解度的计算过程中，一般是在 ASPEN PLUS 的界面中使用 Mixer 和 Heater 模块，假设不同的盐组分与水混合在一起，然后将其“控温”在特定的温度下，就可以计算出盐溶液的化学组成。

对于上述的模拟计算过程，已经出版了很多专著，读者可以按照设计需求进行查阅。

11.3.3.2 Pro/Ⅱ

SimSci PRO/Ⅱ由 SimSci 公司开发，属于流程模拟软件。PRO/Ⅱ软件主要应用于模拟化学过程的质量和能量平衡情况，适用于化工、石油、化学、工程和建筑、聚合物、精细化工、制药等行业，可以用来设计新工艺、技术与装置改造、环境评估、效益评估等。

PRO/Ⅱ流程模拟程序是化学过程严格质量和能量平衡的广泛应用工具。从油气分离到反应精馏，PRO/Ⅱ提供了最广泛、最有效、最易于使用的模拟工具。它具有标准的 ODBC 通道，可以与换热器计算软件或其他大型计算软件连接，还可以与 Word、Excel、数据库进行数据交互，并支持采用多种输出方式呈现计算结果。

最初，该软件的开发针对炼油化工行业，SimSci 的计算模型已成为国际标准。从 PRO/Ⅰ到 PRO/Ⅱ，其实用性逐步增强，PRO/Ⅱ可以通过与计算软件和数据库连接，实现多种方式输出计算结果，PRO/Ⅱ V5.5 还提供了在线模拟功能。

国内有多家设计院、工程公司、科研机构和高等院校正在使用 PRO/Ⅱ软件。特别地，在炼油化工行业中，PRO/Ⅱ比其他同类软件更具优势，可用于设计新工艺、评估改变的装置配置、改进现有装置、按环境规则进行评估和验证、消除装置工艺瓶颈、优化和改进装置产量和效益等方面。并且，可使用典型的化学工艺模型进行模拟，包括合成氨、共沸精馏和萃取精馏、结晶、脱水工艺、无机工艺、液—液抽提、苯酚精馏、固体处理等。

此外，PRO/Ⅱ的说明书中还提供了丰富的实例，便于用户熟练使用该软件。

11.3.3.3 CHEMCAD

CHEMCAD 是 Chemstations 公司开发的产品，采用了图形用户界面，使得初学者可以轻松上手。它具有友好的图形人机对话界面，通过 Windows 交互操作功能，可以与其他应用程序进行交互。使用者可以方便地在 CHEMCAD 和其他应用程序之间传输模拟数据，将过程模拟的效益扩展到工程工作的各个阶段。

借助于 CHEMCAD，用户可以在计算机上建立与现场装置相符的数据模型，并通过运算模拟装置的稳态或动态运行情况，为工艺开发、工程设计和操作优化提供理论指导。CHEMCAD 已经内置了 50 多个通用单元操作模型，同时用户还可以根据需要构建自定义模型。CHEMCAD 可以将各个单元操作组织成整个车间或整个工厂的流程图，从而完成对整个流程的模拟计算，并及时生成工艺流程图（PFD）。此外，CHEMCAD 还支持动态模拟，并具备强大的计算分析功能。

11.3.3.4 HYSYS

HYSYS 流程模拟软件是一款主要应用于化工和机械领域的专业流程模拟工具，它允许设计者通过概念上的设计在计算机上实现生产装置的模拟化。HYSYS 的工程仿真功能强大，主要用于油田地面工程建设设计和石油石化炼油工程设计的计算分析。

HYSYS 软件由稳态和动态两部分组成，可以从多个角度评估同一模型，并共享过程信息。稳态部分主要用于油田地面工程建设设计和石油石化炼油工程设计的计算分析。动态部分可用于控制原油生产和储运系统的运行。油田设计系统普遍采用该软件进行工艺设计，例如中国海洋总公司、壳牌中国分公司（Shell）、辽阳石油化纤公司、大庆石化设计院、扬子石化公司、抚顺石化设计院等都广泛使用了 HYSYS 软件。

除了油田和石油化工的应用之外，HYSYS 还广泛用于精细化工、制药等领域的过程模拟、优化和设计。它可以创建严格的模型以用于工厂设计和性能监控，轻松操作过程变量和单元操作拓扑，并提供定制和扩展功能以满足用户需求。此外，HYSYS 可以生成各类工艺报表、性质关系图和剖面图，并方便地生成工艺流程图。它具备较强大的物性计算和数据回归能力，可以与 DCS 系统连接，具备较高可用性和高效性。

HYSYS 的优势在于其操作界面美观、易学且智能化程度高，可为用户的方案比较和计算提供便利。并具备多种功能，包括非序贯模拟技术、集成式工程环境、强大的动态模拟功能、内置人工智能、数据回归包、物性计算包、物性预测系统、DCS 接口、事件驱动、工艺参数优化器、窄点分析工具、工况方案分析工具和操作员培训系统（OTS）。此外，它还可以进行水力学计算和塔板分析，帮助分析装置的瓶颈问题。

11.3.3.5 DESIGN Ⅱ

DESIGN Ⅱ 是由美国 WinSim Inc. 公司开发的流程模拟软件，是一款强大的流程模拟计算工具。它可以对大量的管道和单元操作进行热量平衡和物料平衡计算。

DESIGN Ⅱ 拥有简便而精确的模块，提供了自由格式的文字窗口，只需输入很少量的数据和命令即可使用。这使得工艺工程师能够将注意力集中在工程本身，而不是计算机操作上。

11.3.3.6 FLOWTRAN

FLOWTRAN（Flowsheet Translator）是由美国孟山都公司（Monsanto）于 20 世纪 60 年代开发的一套流程模拟软件。它使用序贯模块法进行设计，包括 30 个通用单元操作模型和 180 种物料的物性数据。该软件采用了一种连续修正的面向问题的语言（POL）进行程序开发。

FLOWTRAN 的一个显著特点是它包含费用和尺寸计算子程序，具有很强的实用性。它不仅可以进行物料和热量平衡计算，还能进行费用和尺寸计算。

11.3.3.7 DESIGN/2000

DESIGN/2000 是由美国 Chemshare 公司开发的第三代流程模拟软件。它采用先进的序贯模块方式进行程序设计，大大改善了循环收敛计算的效果。

DESIGN/2000 的特性数据库系统采用 Chemshare 开发的 Chemtran，其中包含 1000 多种化合物，并且可以根据基团贡献估算参数。早期的 DOS 版本（5.0 版）支持交互式输入，能够生成工艺流程图并通过屏幕显示帮助信息，但不支持图像输入。

11.3.4 专业的工艺流程设计

11.3.4.1 ROSA、EDI 膜分离计算软件

ROSA 是 FILMTEC 公司开发的一个反渗透系统分析设计软件，主要用于辅助水过滤系统的设计。该软件包含了最新的 Filmtec 海水和微咸水元素，以及反渗透（RO）和纳滤（NF）元素。改进后的 ROSA 还增加了元素值分析（EVA）功能，并能生成概述报告和详细报告，为用户提供有用的信息。

无论是单独操作还是与其他分离过程结合，反渗透和纳滤过程都具有明显的优势。常规的过滤过程根据颗粒大小可分为悬浮物过滤和小颗粒与可溶性盐类过滤。前者包括传滤式过滤、袋式过滤、砂滤和多介质过滤；后者包括错流式膜过滤。

EDI 是反渗透设备后的二次除盐设备，可以连续制取超纯水。EDI 技术是一种将电渗析和离子交换相结合的新型膜分离技术。它具有技术先进、操作简便和环保特性等优点。

目前，EDI 广泛应用于电力、医药、化工、微电子、半导体、发电、制药和实验室等行业。通过 EDI 技术制取的超纯水可以用作蒸馏水、食品生产用水、发电厂锅炉补给水以及其他应用中的超纯水。

11.3.4.2 Intergraph SPP&ID 工艺管道仪表流程设计

Piping and Instrumentation Diagram（简称 P&ID）是一款智能工艺管道仪表流程图设计软件。它使用图形符号和文字代号，以图示的方式组合工艺装置所需的部件，可用来描述工艺装置的结构和功能。在化工厂的工程设计中，P&ID 是从工艺流程到工程施工设计的重要阶段，也是工厂安装设计的基础。

SPP&ID 具有用户友好、清晰易懂的界面。图例线型以目录形式展示，方便设计人员组合库中相应的图例线型。同时，图例属性的输入方便，工程数据编辑器 EDE 可快速查询和定位。与传统的非智能绘图工具相比，SPP&ID 的最大特点在于数据存储遵循相应规范，而图形只是 P&ID 数据的一种表现形式。在绘制 P&ID 图时，需要用图例符号描述工艺流程，并为管道、设备、仪表等输入正确的数据。利用这些数据信息，可以进行快速查询、批量修改、自动生成报表和统计材料等工作。通过数据管理功能，还可以对数据进行分类存储和管理。

SPP&ID 具有强大的规则性和自动化能力，拥有全面的用户自定义规则系统，不仅可在设计阶段发挥作用，而且在后续的生命周期中也可发挥作用。数据直接输入数据库，规则可执行，反馈快速。绘制 P&ID 的过程实质上是向数据库输入数据的过程，要求数据符合装置及工程标准。绘制完成后，可以自动生成相应的报表，确保图纸信息与报表数据的一致性，从而加快设计进程，提高效率。SPP&ID 可以在普通操作平台上运行，无需 CAD

引擎即可创建 P&ID。其友好的用户界面、智能化的设计系统和异地协同设计等优势使其在业内广受好评。

11.3.4.3 BioWin 污水处理工艺模拟

BioWin®是一款功能强大的污水处理运营和设计工具，由加拿大 Enviro Sim 公司于 20 世纪 90 年代研发，并由软件套件 EnviroSim Associates Ltd，Canada 开发。它被广泛用于设计、升级和优化各种类型的污水处理厂。

BioWin 的核心是专有的生物模型，并辅以其他过程模型，支持多种操作系统，具有用户友好的界面，操作便捷。例如，其相册可以记录模拟项目结果；通过使用默认单位系统、流程图显示首选项和自动保存设置等选项，可以自定义工作环境以满足需求；通过复制/粘贴操作，可以快速将结果传输到电子表格、文字处理和演示软件，或者使用 BioWin 的“报告到 WordTM”功能自动生成综合报告。BioWin 不仅可以模拟单个处理工艺单元，还可以模拟整个污水处理厂的所有处理单元。

BioWin 能够计算各个部分的能耗，并模拟能耗需求，统计每天、每月或每年的能耗总量；同时还可以模拟与污水处理厂的运营费用相关的能耗、化学药品和消耗品以及污泥处理费用。

在中国，BioWin 软件主要应用于市政污水处理厂领域，可用于模拟大多数污水处理厂。其应用主要集中于活性污泥法，而对于生物膜法的模拟应用则相对较少，主要用于模拟曝气生物滤池中的试验装置。

11.3.4.4 RSGL-LC 3.0 工艺流程设计

工艺流程设计软件（RSGL-LC3.0）旨在解决化学教学和工程中常见的化学过程流程图的电脑输入问题。该软件将化工常规设备中的 254 个“图形”模块化，划分为 13 个组库，包括“管件、阀门、储罐、塔器、封头、仪表、换热器、搅拌器、除尘器、传动结构、管道特殊件、管道符号、几何图形”，完整涵盖了化学工艺流程图绘制所需的所有图形元素。用户可以根据化学原理对各种单元进行各类操作，轻松绘制所需的化工工艺流程图。

通过该软件，绘制的流程图可以一键发送到 Word、PowerPoint 和 ETBook 等办公平台上。方便的导入导出功能使得用户不仅可以将绘制的化学流程图导出为图形，还可以导入各种图像。只需点击鼠标或按键盘操作，即可生成各种化学图形，并支持撤销和恢复功能，使用户能够轻松制作各种化学图形。软件还支持多种字体格式，并允许按比例自定义。光标自动定位功能解决了文字横竖排列和上下定位的难题。使用该软件绘制的“工艺流程图”和自动生成的“标题栏”均符合国家制图标准。

11.4 平衡计算辅助工具

11.4.1 WPS 表格和 Office Excel 编程计算

工程计算涉及范围很大，涉及的许多变量都是非线性的，经常需要试差计算。在 20 世纪 80 年代和 90 年代，很多的试算都习惯于使用编程的方法。随着办公软件性能的提升，WPS 表格、Microsoft Office Excel 等电子表格也具备了衡算的功能。只需要将公式输入到工作表的单元格中，就可以快速、准确地完成复杂计算。

在平衡计算过程中，最典型的一个现象是多个线性方程的求解。对于这些方程，最直接的解法是反复试算，但工作量很大；虽然可以使用编程的手段，但是该方法的可移植性不强。事实上，WPS 表格、Office Excel 作为应用普遍的办公软件，有很多功能可以用于这样的平衡计算过程。例如，电子表格的单变量求解功能可以很好地解决含有一个未知数的非线性方程。或者，快速复制功能及绘图功能可以将数据绘制成各类曲线或拟合成准数关联式，以此简化或解决测量参数多、实验数据量大的问题。另外，数组矩阵乘积（WPS 和 Excel 的 MMULT 函数）、逆矩阵（WPS 的 MINVERSE、Excel 的 INVERSE 函数）等内置函数功能可以快速求解线性方程组。

11.4.2 通用平衡计算辅助工具

工业过程往往体现在流体的单元操作上，在质量、动量和能量传递方面均表现出连续性，现代过程工业大多使用的流程模拟技术可以系统化和普遍性地描述这一过程。在流程模拟技术中，大部分单元过程都是以“黑箱”模型为基准的。在 11.3.3.1 节中介绍的 ASPEN PLUS 软件，就是常用的流程模拟软件之一。

在对流动、传质、换热、反应比较敏感的单元过程进行设计时，需要更多或者更微观地了解有关质量、动量、能量流的信息，此时可以采用单元仿真技术来解决这个问题。单元仿真模拟利用非线性纳维-斯托克斯（Navier-Stokes，N-S）方程等形式的计算，描述了质量、动量和能量的相互关系；利用离散化的原则，把单元装置分解为多个微元，利用代数方程对其进行近似求解，获得速度、温度、压力、浓度等参数。一般来说，微元分解得越小、越密集，其求解越准确；由于微元的分解可以是无限的，所以其结果也可以无限接近于真实问题。

对于流体力学类的单元模拟而言，FLUENT 是目前国际上较受欢迎的商用软件包，可应用于流体、热传递和化学反应等有关的工业过程。FLUENT 软件嵌入了丰富的物理模型和先进的数值计算方法，可以模拟虽然复杂机理的流动问题，既可以模拟不可压缩流体，也可以模拟高度压缩的复杂流体。该软件包含基于压力的分离求解器、基于密度的显式求解器和基于工程验证的物理模型，同时采用了多种求解方法。类似的软件如 POLYFLOW，是一种用于黏弹性材料层流流动的模拟软件。FloWizard 是一款高度自动化的流动模拟工具，能够在设计研发初期快速、精确地进行设计和验证。这些 Fluent 的系列软件还包括 FLUENT for CATIAV5 等。G/Turbo 可用于生成叶轮机械网格，AIRPAK 能够提供室内外空气品质的技术指标，MIXSIM 可用于模拟搅拌槽流场。

流程模拟和单元模拟虽然分别属于宏观工艺和微观单元的模拟手段，但二者也是互补的。流程模拟得到的工艺参数可以作为单元模拟的输入参数或边界条件，单元模拟可以用于修正流程模拟的参数。

11.4.3 专业衡算方法

11.4.3.1 化工事故安全风险计算软件

TRACE 是一款化学品风险管理工具，采用一套完整的计算方法来模拟储罐故障、管线泄漏、泄漏源的物理现象、重质气体模拟、高斯扩散等有毒气体的泄漏。使用者可以通过 TRACE 软件构建出一套详细的、科学的模型，进行计算分析，并按客户要求定制产品。TRACE 为使用者提供了一个在线的上下文连接的协助工具和指南，让使用者能够在资料输入时得到引导。在用户定义模拟事件的时候，软件在数据项中提供了一个默认值作为初始数据，用户既可以对数据进行重新定义，也可以在默认数据的基础上建立模型。在建立模型的时候，要有化学属性、泄漏情况、气象数据、相关的影响等级、接收者（receptor）、人口数据和地图等相关数据。在用户提供有效数据之后，TRACE 软件能够提供专家级的支持。TRACE 可以为用户提供多种泄漏配置方案，以帮助用户定义特定的方案；可以建立多个属性的接收方，以便进行详细的效果分析；可以提供结合地图的模拟结果；可以图形化地建立人口分布，使得复杂数据变得清晰，并能直观地检验输入数据是否正确。最终 TRACE 给出分析结果，用户可以通过多种方式来浏览分析，包括报告、泄漏源特征、等值线剖面图、接收者影响、人口影响等。对于分析结果，用户可以自定义色彩、制图格式、范围以及坐标轴的比例，还可以通过简单操作将图形结果相关的数据转换到文字处理软件、表格软件或演示软件中。

11.4.3.2 电厂热平衡计算软件

美国 Thermoflow 公司致力于电力与热电联产领域的热能工程软件研发，提供商业化的电厂热平衡软件。使用电厂热平衡计算软件的不同模块，能够实现燃气-蒸汽联合循环、燃煤电厂、复杂多变电厂等系统的模拟。

在燃气-蒸汽联合循环系统模拟方面，GT PRO 可以对燃气-蒸汽联合循环系统进行初步设计，用户可以根据热工参数的设置，对设备的硬件及整个电站进行设计。GT MASTER 可以对燃气—蒸汽联合循环系统进行变工况分析，该装置的硬件参数是固定不变的，当环境温度、处理大小等因素发生变化时，就会自动计算出对整个系统的影响。GT PRO+PEACE 可以对燃气-蒸汽联合循环系统进行初步设计，编制电站项目的详细设计及费用预算；发现不合理的项目，优化好的项目。GT MASTER+PEACE 能够对燃气-蒸汽联合循环系统进行变工况分析。对于已经全面定义的电厂，通过这些模拟可以进行详细的初步工程设计和成本预算，对某些零部件硬件参数的修改进行成本和热力平衡分析，详细说明管路、水泵系统及其对电厂运行的影响。

对于常规燃煤电厂、火电厂的模拟，STEAM PRO 可以实现传统蒸汽站的自动化。通过输入参数对新电厂进行优化设计，并找到它们的最佳配置和设计参数。可以得到完整的文本和图形形式的热平衡计算报告，包括电厂概要图、热力系统图、多种计算报告书。STEAM MASTER 可以对已经完成初步设计的常规电厂进行变工况分析。设备硬件参数是固定不变的，当系统发生变化时，如改变出力大小、环境温度等，就会自动计算出其对整个系统的影响。STEAM PRO+PEACE 对常规电厂进行初步设计，能够对发电厂的项目进行详细的设计和成本预算；发现不合理的项目，优化好的项目；在概念设计阶段，可估算一些特别附加功能的成本；每改变一次设计条件，可得出完整的热平衡计算报告，还可得到投资成本分析报告、整厂性能分析报告、设备性能分析报告及整厂的布置图等。STEAM PRO+STEAM MASTER+ PEACE 可对常规电厂进行初步设计和变工况分析，得出整个电厂的完整的设计和分析方案。

在复杂多的变电厂系统模拟方面，THERMOFLEX 能很好地适应不同类型的电站的设计和模拟，该方案不仅适用于燃气-蒸汽联合循环以及传统的火力发电厂，而且可以进行变工况分析，从而得到一份完整的热量平衡计算报告。THERMOFLEX+ PEACE 可设计燃气-蒸汽联合循环系统和常规燃煤电，并进行变工况分析，得出完整的热平衡计算报告书、投资成本分析报告、整厂性能分析报告、设备性能分析报告及整厂的布置图。在 THERMOFLEX 中，可按照需求完成任何工艺路线的连接，需要在 STEAM PRO 和 GT PRO 中搭建模型，然后导入 THERMOFLEX 中进行详细设计，在有限的时间内高效地完成电厂设计。

11.4.3.3 ROSA 等膜分离计算软件

在 11.3.4.1 节中已经介绍了 ROSA 等膜分离计算软件，由于该类软件既具有流程设计功能，也具有物料衡算功能，因此在本节中再做简要说明。

ROSA（Reverse Osmosis System Analysis）是陶氏化学公司 FILMTEC 子公司专门为用户开发的辅助设计工具。电渗析过程也有相应的计算软件，可以从膜厂商处获得。

以 ROSA 软件为例，表征反渗透（RO）、纳滤（NF）等膜系统的性能时，通常采用产水通量和产水品质两个参数，这两个参数需要与特定的进水水质、进水压力和系统回收率产生关联。在工艺流程设计和衡算中，针对所需的产水量而尝试不同的操作条件，可使所设计的系统尽可能地降低操作压力，同时选择具有较高性价比的膜元件，也有助于设计过程中尽可能地提高产水量和回收率，便于改进后期的系统运行稳定性、降低清洗维护费用。优化设计的实际效果取决于上述各个方面。另外，苦咸水膜系统的回收率取决于难溶盐的溶解度；在海水淡化系统中，由于浓水渗透压和膜元件耐压能力等的限制，一般回收率都被设定为45%左右。

11.4.3.4 其他辅助衡算方法及工具

COMOS 是西门子公司研发推出的数字化平台软件，其功能主要是工厂全生命周期的分析，能够在同一个工程数据平台上进行数据处理。在 COMOS 平台中，Feed 模块用于做前期工艺包设计，COMOS P&ID 模块进行工程项目基础设计，COMOS EI&C 模块进行电仪专业工程设计。

在使用 COMOS 平台进行工程设计之前，设计单位需要进行五个方面的二次开发工作，或是注意事项：首先，用户的二次开发工作是在 COMOS 平台的 iDB 基础数据库内完成；其次，需要不同专业的设计人员根据特定需求定制对象，并且对数据对象做出分类和规划；再次，根据对象的属性参数，将这些对象进行图例形式的定制；另外，在创建对象时，因为同一对象在不同的图纸类型中具有不同的表现形式，所以需要在设计方案中进行特定的定义；最后，在建立对象、确定图纸类型和文档模板的创建过程中，需要综合考虑它们各个方面的属性问题。

11.5 装置及其布置设计软件

11.5.1 CFD 软件

计算流体动力学或计算流体力学（Computational Fluid Dynamics，CFD），通过计算机和离散化数值方法对涉及流体力学的问题进行数值模拟和分析，是流体力学的分支学科。基于计算流体力学的 CFD 软件能够提出各种优化的物理模型，针对各种物理问题的流动特性，均有其适用的数值解法，用户可通过选择显式或隐式差分格式，达到最优的计算精度、稳定性和速度等。此外，CFD 软件采用统一的前、后处理工具，软件之间可进行数值变换。其中，ANSYS FLUENT 是目前使用最广泛的商业 CFD 软件，较为著名的还包括 Phoenics、CFX、STAR-CD 等。CFD 软件通常由前处理器、求解器、后处理器三部分组成，进行数值模拟的流场首先需要经历网格划分，其次确定计算方法和物理模型，然后设定边界条件和材料属性，最后对计算结果进行后处理。

ANSYS 公司提供的通用 CFD 软件包 FLUENT 软件，能够模拟复杂流动，从不可压缩到高度可压缩范围。FLUENT 利用多种求解方法和多重网格加速收敛技术，以实现最佳的收敛速度和求解精度。该软件具备灵活的非结构化网格、基于解的自适应网格技术和成熟的物理模型，使其在转捩与湍流、传热与相变、化学反应与燃烧、多相流、旋转机械、动/变形网格、噪声、材料加工、燃料电池等领域得到广泛应用。

ANSYS 公司提供的 ANSYS CFX 是通用的 CFD 软件，广泛应用于单相流、多相流、流固耦合、动网格、传热与辐射、燃烧和化学反应，尤其是在泵、风扇、压缩机、内燃蜗轮和水力涡轮等旋转机械等领域有着更为突出的价值。

由德国厂家西门子提供的通用软件 STAR-CCM，目前在船舶行业应用广泛。主要应用在单相流、多相流、流固耦合、动网格、传热与辐射、燃烧和化学反应、声学与噪声等领域；由瑞典厂家 comsol 提供的通用软件 Comsol，应用在结构力学、化学工程、传热、射频、AC/DC 模块、微电机模块和声学领域；由法国厂家达索提供的通用软件 XFLOW，其特点是在多物理场仿真模拟中能够提供丰富的湍流模型和多相流模型，应用在流体力学和辐射传热领域。

由中国苏州舜云工程软件有限公司提供的通用软件 shonDy，应用在流固共轭传热、旋转机械，以及低速流体的仿真分析领域；由中国南京天洑软件有限公司提供的通用软件 AICFD，应用在热流体仿真领域；由中国苏州中源广科信息科技有限公司提供的专业暖通软件 CLABSO，应用在流体力学、污染物模拟、温湿度模拟等领域。

11.5.2 换热器及换热流程设计软件

EVAP-COND 软件是美国 NIST 推出的一套免费的翅片式换热器设计软件，计算结果非常准确，可以根据设计需求，绘制管路的走向，比较贴合实际设计者的换热器 EVAP-COND 的帮助菜单中提供了有关程序的功能和如何使用它的信息。可用于模拟管的管或管截面、制冷剂的分布；一维的、非均匀的气流分布；优化制冷剂回路。西门子换热器设计软件由西门子公司出品，为商业软件，可以绘制换热器的流路和模拟不同流路下换热器的换热，也可做换热器的优化分析。

Coildesigner 软件，由美国马里兰大学开发，可以自由地设计换热器的流路、输入基本参数，进而计算出换热器的换热参数。CoilDesigner 官方版实现了每个管内的逐段方法，以考虑跨过热交换器的空气分布的二维不均匀性，以及通过管的异质制冷剂流动模式。Xace 设计软件为美国 HTRI 协会出品的换热器设计软件，可保证在计算空冷器等领域的精度。

HTRI Xchanger Suite 是用于模拟研究试验数据的专业计算软件，主要用于换热器设计及核算，简称 HTRI。其中，HTRI. Xist 能够计算所有的管壳式换热器，HTRI. Xphe 可用于设计、核算、模拟板框式换热器，HTRI. Xvib 可对换热器管束的单管进行分析。HTRI. Xfh 能够模拟火力加热炉的工作情况。

11.5.3 管道与管网计算软件

PIPENET™由英国 Sunrise Systems Limited 开发，主要用于复杂管网的流体分析。这是一种集输管网仿真模拟计算软件，可用于离线或在线测试和评估输气管道的设计，设置实际操作参数，并与气田集输实时监控系统进行紧密结合，为集输管网的运行提供辅助专家诊断和分析。它包含稳态流设计模拟系统、瞬态流设计模拟系统和消防管路设计系统等功能模块。通过 PIPENET™，可以快速进行管网系统的计算和优化、设备的选择，以及在事故情况下的水力分析。

PipePhase 软件是由 SimSci 公司研发的一款用于精确模拟稳态多相流的油气管道网络和管道系统程序。该软件在石油领域的设计和规划中是一个有效的工具，采用现代化的生产管理方法和科学的分析技术，并拥有庞大的物性数据库和准确的热力学计算方法。它包含多个功能模块，例如油气混合网络、天然气传输与管道分布、管网节点分析、管线尺寸大小选择、油田规划与油藏管理研究、蒸汽注入网络、管输 CO_2、气举分析、管道输送重油的热传递分析和含水物预测等。适用于单相流体（气体和液体）、混合组分、原油、凝析油、蒸汽、纯组分以及单个蒸汽组分或 CO_2 注入网络等介质。

PIPEFLO 是由加拿大 Neotec 公司开发的一款稳态集输单管或复杂管网水力热力学模拟软件。它具有与 OLGA 软件的专用接口，具有将输入直接保存为 OLGA 软件模型的功能。该软件拥有以下特点：可以使用简化气组分输入、黑油、蒸汽或详细组分状态方程；可以进行埋地管线、海底管线、地面管线或部分埋地管线的传热计算；可以计算管线的 CO_2 或 H_2S 腐蚀、管线清管以及冲蚀速度限制；可以模拟管线停输时的温降和水合物生成边界；可以进行组分或非组分物性计算；支持广泛的流动相关式，能够模拟系统任何位置的压力，进行热动力学计算、持液率计算和压降预测等功能。

AutoPIPE 是一款综合性的管道设计软件，可用于管道应力分析。它提供了建模环境并具有高级分析功能，可以提高工作效率并改善质量控制效果。通过与先进的工厂设计应用程序的互操作，AutoPIPE 实现了管道应力工程师、结构工程师和 CAD 设计师之间的高效交流。AutoPIPE 允许用户创建、修改和审查管道和结构模型以及其分析结果。软件内置了全面的元件属性库和材料库。可以分析计算在不同操作条件下的弹簧吊架，并提供内置钢结构框架分析、多种非线性分析选项和指定非线性荷载顺序的功能。AutoPIPE 还提供了与 WinNOZL 软件的接口，可用于分析设备管嘴连接处的局部应力。它采用内置的有限元分析机制来进行管道及其附属结构的应力分析，并支持流体的瞬时冲击合成分析。在对管网进行分析之后，用户可以通过可视化模型查看数据，并将这些数据以不同颜色显示在图形模型上，以便工程师快速准确地确定危险点。此外，报表输出可以根据用户设定的过滤条件进行选择所需的数据输出。

Bentley AutoPIPE 是基于 Windows 界面的管道分析软件，可用于计算管道系统受静态（static）及动态（dynamic）荷载时的法规应力（code stresses）、荷载力及变形量（deflections）。具备直觉式界面，支持 99 次 Read/Undo 操作，具有高阶分析功能，包括局部应力计算（local stresses）、时间变化动态分析（time history）、流体瞬态变化、减压阀计算、支吊架缝隙及摩擦力计算、夹套管计算（jacketed pipe）等，提供了 25 种管道规范。

可通过图形点选获取应力、变形量、力（forces）和力距（moments）的图形化分析结果。支持超过500种荷载组合，可利用对话框过滤、排序、打印最大值并以表格（grid）显示，支持读取Bentley OpenPLANT、PlantSpace、Intergraph PDS和Aveva PDMS的模型数据，具有AutoPIPE与OpenPLANT双向界面，经分析后可更新OpenPLANT的CAD模型。

11.5.4 装置布置设计软件

SolidWorks公司是达索系统（Dassault Systemes S. A）的子公司，专注于开发和销售机械设计软件。SolidWorks公司软件是一个基于Windows开发的三维CAD系统，遵循易用、稳定和创新三大原则。SolidWorks软件的优势在于其便捷性，可大幅缩短设计时间，加速产品的市场投放。其主要模块是零件模块，可提供强大的基于特征的实体建模功能。曲面建模方面可通过控制线的操作创建复杂的曲面，可直观地对曲面进行修剪、延伸、倒角和缝合等操作。SolidWorks提供了开放的API和全中文帮助文件系统。格式转换器支持市场上多种CAD软件的格式转化，渲染软件集成高级渲染，可节省制作成本，快速投放市场。SolidWorks运行环境要求硬件配置可以是Windows 7、Windows Vista、Windows XP、Windows 2000、Windows NT、Windows ME、Windows 98以及Windows 95 Pentium或Alpha级别的处理器，鼠标要512M内存或更高，光驱需要Microsoft Office2000或97Internet Explorer 6. x版本或更高，并且特征识别软件可重新生成引入的三维模型，提供灵活功能和多特征组合能力。具有标准的数据转换器，可实现不同CAD系统几何信息的共享。SolidWorks与旗舰产品SolidWorks、COSMOS的解决方案、技术、成功方案等一同提供设计、验证、仿真一体化专区。其竞争对手包括西门子公司的UGNX、PTC公司的PRO/E、AutoDesk公司的Inventor。

PDMAX是长沙思为软件有限公司自主研发的三维工厂设计软件，基于独立数据库和AutoCAD图形平台，支持多专业、多用户协同设计。模块包括项目管理、原件等级、设计、出图、接口和运行环境，适用于Windows 2000、Windows XP、Vista等系统，要求AutoCAD 2006及以上版本。

PDMS是英国AVEVA公司的主打产品，是大型、复杂工厂设计项目的首选设计软件系统。它是D PDMS（Plant Design Management System）的工厂三维布置设计管理系统，具备全比例三维实体建模、多专业实时协同设计、实时三维碰撞检查等功能，该软件在整体上可保证设计结果的准确性，拥有独立的数据库结构，可以存储元件和设备信息在参数化的元件库和设备库中。PDMS易于上手，建模速度快，广泛应用于石油石化设计院，特别是配管专业，如西南设计院、华东院等。

CADWORX Plant Professional 2013是美国Intergraph公司基于AutoCAD平台开发的3D工厂设计软件，完全兼容AutoCAD命令。作为Intergraph CADWorx and Analysis Solution（简称ICAS）系统中的一部分，CADWorx内置规范元件库、管道等级文件和系列规范。软件具备灵活的3D建模功能，支持结构模型、管架框架、设备、容器和暖通风（HVAC）建模。CADWorx摆脱了其他CAD配管软件的限制，公司将继续开发增强CADWorx功能，力求为设计师提供最佳工具。

AutoPLANT Piping是Bentley公司出品的基于AutoCAD的管道设计和三维建模软件，能快速创建智能的三维生产模型。AutoPLANT Piping可将组件和工程图控制的数据动态链接至外部项目数据库，支持工程施工图的创建和导出三维模型数据，最终生成工程图。可输出管道组件格式（PCF）Alias，供ISOGEN等软件生成等角图，Drawing Flattener模块则可从三维模型中生成二维平面工程图。

PDS（Plant Design System）是美国Intergraph公司研制开发的大型工厂设计应用软件，可实现智能的（CAD/CAE）设计，并优化设计结果，降低项目造价，提高产值，最小化风险，保留有价值的数据。PDS的应用优势包括自动化工程提高效率、三维建模优化设计、支持动态浏览、减少碰撞检查和材料成本、提高设计的精确度。它能在通用的Windows操作系统平台上运行，与多种关系数据库系统如Microsoft SQL Server、Oracle等接口兼容。

AutoCAD Plant 3D（P3D）是三维工厂设计软件，适用于加工工厂的设计、建模和文档编制。它简化了管道、设备和支撑结构的放置流程，集成了AutoCAD功能，可创建、编辑管道与仪表流程图，并协调三维模型基本数据。P3D内置在Autodesk Plant Design Suites中，包含等级库和元件库，支持ANSI/ASME和DIN/ISO标准。

计算机模拟设计经过几十年的发展，当前的软件种类繁多，应用也极为广泛。除了本章介绍的部分设计软件之外，还有Caesar流程模拟、Chempro Engineer流程设计、Caesar管道应力分析、PDSTA辅助设计、Intools仪表辅助设计、EDSA电气辅助设计等各类辅助设计工具，在此不再赘述。

本章小结

本章概括性地介绍了常用的计算机辅助设计软件，以及这些软件的基本功能，包括计算机辅助制图、流程模拟、平衡计算、装置及布置等方面的部分软件，目的是使读者能够大致了解在工程设计中应该选择哪些软件进行辅助设计。需要指出的是，很多计算机辅助设计软件都是多功能性的，例如本章所述的ASPEN、FLUENT等软件，既可用于流程模拟，又可用于物料衡算，对于设备的设计也有一定的帮助。

习　题

11-1 利用AutoCAD、QCAD或CAXA等制图软件，依据例3-1和例5-2，试作出工艺流程图、车间布置图等图样。

11-2 试利用流程模拟软件，重新设计例4-2等过程的工艺流程。

11-3 试分析装置及系统设计软件、装置布置设计软件的应用场合和特点。

12 工程设计发展回顾

本章课件

本章提要：

（1）了解工程制图、工程设计、智能生产的发展历史。

（2）了解不同类型工程设计技术的发展历程。

12.1 工程制图的发展历程

作为专门的科学技术，近代意义上的工程制图可认为是起源于工业革命之后的时期。如果从广义上看待工程制图，那么在远古时期就已经开始使用简单的几何图形来做示意性的表达，具备了基本的图示功能。

工程制图普遍应用于各类工程领域，在世界工程科技史的发展过程中占有重要的地位，突出的案例之一是在建筑发展中的应用。在世界范围内，中东和欧洲的建筑艺术为制图学提供了发展的舞台，古希腊的数学和几何学也为制图理论的逐步成熟提供了借鉴。公元前 1 世纪末，古罗马建筑师维特鲁威维亚撰写了《建筑十书》，讨论了建筑透视及建筑物的平面图和立体图，这是古代对图学理论的一次总结。欧洲开始工业革命以后，法国科学家蒙日总结了利用平面图形表示空间形体的规律，提出了画法几何学，随后因工业、农业、交通的发展，制图原理也日趋完善，并逐渐在世界范围内推广开来。15～16 世纪时，意大利的达·芬奇绘制了很多作战器械图和机械结构图。1556 年，德国科学家乔治厄斯·阿格里科拉在著作《论金属》中，作出了许多矿工工具和机器的图样。1799 年，法国的加斯帕尔·蒙日出版了《画法几何》一书，介绍了工程制图的理论基础，其中就包括二投影面的正投影法原理。

中国古代在建造建筑物时，普遍依赖于经验和直观感受，但也取得了很多的制图成就。《周礼·考工记》是东周时期记述官营手工业规范和制造工艺的文献，其中包括了建筑学等方面的经验。我国在东周战国时期就已经有运用设计图来指导工程建设的先例，秦汉以后也已出现图样，当时主要是体现了制图的建筑功能。河北省平山县曾出土了战国时代中山王墓的建筑规划平面图，是世界上罕见的早期工程图样，按照铭文可知其是建筑施工时所依据的图样。

在南朝画家宗炳的著作《画山水序》中，提出了远小近大、透过透明画面观察物体，然后在画面上作出物体图像的透视画法。在隋朝，已经开始使用比例为 100∶1 的图样和模型进行建筑设计。到了宋代，图纸格式已经渐趋规范。北宋的李诫著有《营造法式》一书，介绍了建筑平面图、立面图、轴侧图和透视图等（图 12-1），共计 570 余幅图样。值得指出的是，《营造法式》也是一部建筑工程设计的经典著作，规范和解释了很多建筑术语，并且指出泥作、瓦作、木作、雕作等工种的任务和技术标准，制订了施工人数和材料定额。宋代的苏颂也著有《新仪象法要》，其中用轴测图画法作出了部分机械的图样。在元代薛景石著有《梓人遗作》，其中举例了纺织机械的图样。在元代王祯的《农书》中，也收录了258幅农业机械的图样。明末清初，徐光启与意大利传教士合译了《几何原本》。清代年希尧著有《视学》，介绍了图学理论。清代著名的样式雷家族曾经主持宫廷建筑设计达200年，绘制了大量建筑图样。这些古代的著作和经验积累支撑了工程制图的进一步发展，也支撑了世界范围内制图学理论的逐步形成。

另外，清朝康熙年间，曾有组织地在全国范围内绘制地图，这是测绘制图科学的一次重要运用。

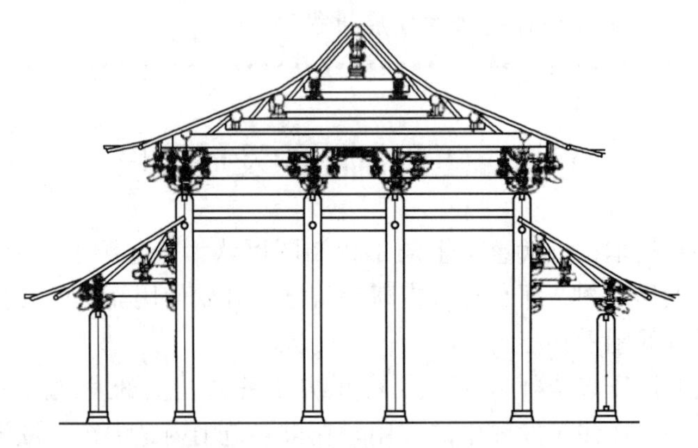

图 12-1 《营造法式》中的图样示例

19世纪中叶以后，受鸦片战争等因素的影响，中国工程科学的发展呈滞后态势。20世纪以后，工程制图理论研究逐渐开始复苏，在我国得到较大范围的推广和应用。新中国成立后，原机械工业部标准《机械制图》、国家标准《建筑制图》相继颁布，1959年颁发了我国第一个《机械制图》国家标准，结束了我国德、美、法、日等国标准共用的混乱局面，被称为“工程界的语言”的制图学开始形成标准化和体系化的理论基础。

1946年，计算机技术诞生。在20世纪60~80年代，计算机技术得到了快速的发展，至21世纪初，计算机绘图、计算机辅助设计技术已经得到了极为广泛的应用，逐步取代了传统制图中的尺规作业模式。20世纪60年代，美国麻省理工学院提出交互式图形学研究计划。1982年，当时还是小型企业的Autodesk公司在展览会上展出了仅占用两块软盘的AutoCAD二维制图软件，随后很快发展成为全球著名的跨国公司。1993年，SolidWorks公司在美国马萨诸塞州成立，提出三维CAD解决方案，使得三维CAD技术开始逐渐得到推广。2015年，CAD云平台Onshape开放公测，基于云端架构进行制图设计，能够在可联网的电脑、手机等终端设备上即时制图，除了实体建模能力以外，还具备协作功能。这样的技术改进，使得制图进入了云设计的阶段。

我国在计算机辅助制图方面，也一直在进行着持续性的研发。从20世纪80年代开始，我国在各个五年计划中均有CAD技术的研发投入。在“七五”期间，机械工业部组织浙江大学、中国科学院沈阳计算所、北京自动化所、武汉外部设备所等机构开发了四套CAD通用支撑软件。到了20世纪90年代，一批国产软件逐步形成，例如高华CAD、北航海尔、凯图 CAD 等。当时，国产 CAD 软件不仅面临着国内用户的筛选，还面临着 AutoCAD 等进口软件的竞争，这样的市场环境筛选出一批能坚持住的软件开发企业，成为了后期 CAD 软件开发的主要力量。至 21 世纪初，市场的竞争与融合进一步催生了国内 CAD 软件的发展，例如 CAXA（数码大方）等公司已经拥有了商业化的 CAD 软件，可供计算机制图人员使用。国产 CAD 软件的一大特色在于其功能可以满足国内制图行业的个性化需求，并且很多软件都设置了案例库。

12.2 工程设计的发展历程

受城市污染问题的影响，19 世纪末期逐渐发展起了萌芽意义上的环境工程，而相应的环境工程设计也逐渐起步，但当时还没有将环境工程的概念予以明确化。20 世纪初，人们开始关注环境污染的成因和影响规律研究，到 20 世纪 50 年代，环境污染问题和环境工程已经引起广泛的注意。在 1972 年联合国人类环境会议之后，各国政府开始制定环境保护法律，环境工程开始作为一个学科得到快速发展，资源循环回用技术也受到了关注。至 21 世纪初，全球气候变化、能源过量使用、碳排放等问题逐渐突出，为减少碳排放对环境的影响，太阳能、风能等新能源开始得到应用，在此基础上，资源循环工程也开始得到各行业、各领域的重视。

工程设计是环境工程、资源循环工程相关技术得以产业化的基础之一。如果说到与近代意义上的工程设计较为接近的科学技术，则一般认为古埃及和古希腊的各类设计是较为相像的，这些早期的工程设计在古希腊和近代西欧得到了进一步的发展。作为四大文明古国之一，中国的工程设计在技术发展中也做出了很大的贡献，以经验性设计为主，同时也有科学理论方面的总结，大都属于建筑、水利等方面的设计。都江堰工程、灵渠工程都是中国古代设计实践的智慧结晶。例如，都江堰工程于公元前 256 年建造，由战国时期秦国蜀郡太守李冰组织修建，位于四川成都平原西部的岷江之上。通过实地勘探，设计了将岷江水流进行分流的方案，其中一条水流被引入成都平原，起到分洪和灌溉的目的。

工业革命以后，近代意义上的工程设计开始发展起来，工程设计的作用也越来越大。到目前为止，公认的经验规则是工程设计制约着 70%的产品成本，因此，有效的工程设计能够降低工程造价，提高生产效率、产品质量和市场竞争力。但是在中国，受旧社会“三座大山”和战争的影响，工程设计直到新中国成立以后才得到健康且持续的发展。我国的工程设计队伍是随着国家经济建设的各个五年计划而逐步壮大的，经历了从无到有、由弱至强的艰苦历程。

新中国成立初期，国内的资源工业基础十分薄弱，除了范旭东先生创办的天津永利碱厂、南京永利宁厂，吴蕴初先生创办的上海天原厂（氯碱），以及大连、沈阳、吉林、重庆等少数化工厂之外，几乎没有可以正常运行的资源生产类工厂。在当时，由于紧缺的化肥成为国家粮食安全的压舱石，因此化工成为了首先发展起来工业门类之一。中央开始集中和组织不同专业的技术人员，开始化学工程的科技攻关。1953 年，在沈阳成立了化工设计公司，化工设计队伍在技术资料极其匮乏的情况下，与生产工人一起研发，自力更生地开展了工程设计，恢复了南京、沈阳、天津等地的老化工厂的运营，为之后培养和锻炼工程设计人员积累了宝贵的经验。建国初期，受南京永利宁厂急需硫铁矿等因素的影响，马鞍山铁矿产区在1950年之后很快恢复了生产，促进了矿业和冶金工程的复苏，在此之后马鞍山钢铁厂的建设被列入国家第一个五年计划。在这样一段艰难的国民经济恢复时期，化工、矿业、冶金等基本的工业门类逐渐重新建立起来，为后续的工程发展打开了局面。

1953年是国家第一个五年计划的开端之年，在党中央的直接领导下，"一五"计划实现了国民经济的快速增长，并奠定了我国工业化的基础，开始了系统建设社会主义的进程。在这一时期，吉林、太原、兰州等地的化工基地开始建设，培养出了新中国的第一代工程设计人员。当时，工程设计人员主要学习苏联的设计经验，注重学习初步设计、技术设计、施工图设计等设计模式，掌握工程规划、厂址选择和设备安装运行等方面的基本要领。"一五"期间，有很多典型的引进、吸收、消化的设计案例，例如，我国于1956年自行设计了四川化工厂年产7.5万吨的合成氨装置。"一五"之后，得到锻炼的工程设计队伍发挥了更大的作用，如上海医药工业设计院于1959年自行设计了高桥化工厂处理炼厂气的裂解分离装置。更具代表性的案例是，当时的装备制造能力也得到了提升，支撑了各类工程建设的实施，如1958年大化碱厂开始建设"侯氏制碱法"大型装置，将侯德榜先生的发明予以推广应用。

20世纪60年代是我国独立自力发展工程设计能力的关键时期。在当时的历史条件下，来自国际的技术外援极少，我国的工业发展只能依靠自己的力量来推动。中央开始统一部署，号召科研设计、制造、生产等开展"三结合"形式的联合研发，逐步形成了工程设计的自主发展路线。在"三结合"研发过程中，工程设计人员从前期准备、概念设计出发，详细研究材料、设备、过程控制、公用工程、安全环保等方面的工程问题，此时的工程设计队伍已经具备了全流程自主设计的能力，也形成了多套示范性工厂建设的设计方案，并实现了建厂投产。一些生产优化和控制的相关理论也在60年代得以萌芽，例如鞍山钢铁厂技术人员开始利用线性规划方法编制露天矿生产计划，用排队论方法布置铁道运输线路，用穿孔卡计算机试算矿石储量和剥采比。

20世纪70年代和80年代的工程设计特征是大力引进国外的新技术，同时消化和吸收先进的设计理念，进一步充实和形成了适合我国国情的工程设计能力。1973年，国家从美国、欧洲等地以及多套以天然气为原料的合成氨、尿素装置，以及以渣油为原料的德士古型合成氨气化炉，在这些技术引进的过程中，工程设计队伍积累了技术交流、对外合同谈判、设计联络、现场施工安装等新的经验。到了80年代后期，我国的工程设计能力已经可以支撑新型工厂的建设，此时的对外引进也从全套技术装备引进转变为采购关键的专利技术等方面。值得一提的是，在20世纪70年代和80年代，环境保护和废弃物处理已经引起了国内科研与设计人员的重视，废气、污水等的治理和循环利用开始在工程设计中得以体现，例如吉林化学工业公司采用了刮吸泥机设计、污水生化处理等在当时较为先进的综合治理技术，获得了全国优秀工程设计奖。

20世纪70年代和80年代的一个标志性设计技术变革是计算机设计的起步和发展。我国从美国引进了Calam系统等计算工具，并将其应用在工程设计上，显著提高了设计的速度和质量。同期，国内组织了一部分科研机构和高等院校投入研究力量，开发流程模拟系统软件，并于1979年在一定范围内将其应用于生产过程模拟设计。实际上，早在20世纪60年代和70年代，兰州石化设计院、北京石化工程公司、洛阳石化工程公司和北京设计院等科研机构就已经着手研发工艺计算软件，用于精馏、换热、水力学、催化裂化等方面的流程设计和平衡计算。青岛化工学院（现青岛科技大学）曾基于 DOS 操作系统，使用 Fortran 语言，开发了通用流程模拟软件“化工之星”（ECSS），在当时是唯一独立开发的商品化模拟软件，引起了行业内的极大轰动，并于 1988 年获得了国家科技进步奖二等奖。90 年代后期，化工之星软件开始采用 C++语言重新编写，并为了便于用户操作，更换为 Windows 系统的界面。回顾国产工程设计软件的发展史，20 世纪的后十五年是一个厚积薄发又异彩纷呈的发展时期。

20 世纪 90 年代至今，我国改革开放的潜力和成效得到深度释放，社会经济的发展速度不断加快，工程设计行业的发展也呈现出加速前进的势头。这一时期在设计能力、技术积累、经营管理、产学研联动、学科交叉等方面都已经表现出协同和融合的趋势，大型工程设计公司纷纷建立，迄今已发展出中国电力工程顾问集团有限公司、中国石化工程建设有限公司、华设设计集团股份有限公司、中国天辰工程有限公司、中国寰球工程有限公司、中国成达工程有限公司等数十家国际性工程设计与服务公司。

在进入 21 世纪以后，资源循环和环境工程在工程设计中的重要性愈发明显。同时，清洁能源、废物回收、绿色建筑等新技术也向工程设计提出了新的要求。工程设计开始关注于生产过程中的物质循环和能量转换，以及如何减少污染物的排放、使用节能低碳技术和清洁能源等，强化碳中和的设计理念。人工智能、物联网等新技术的出现，也使得智能化资源循环成为工程建设的设计重点。在这一时期，循环经济园区的概念开始融合在工程建设中，强调“资源—产品—再生资源”的生产模式。《中华人民共和国国民经济和社会发展第十四个五年规划和 2035 年远景目标纲要》提出“全面推行循环经济理念，构建多层次资源高效循环利用体系。深入推进园区循环化改造，补齐和延伸产业链，推进能源资源梯级利用、废物循环利用和污染物集中处置。加强大宗固体废弃物综合利用，规范发展再制造产业”。近年来，通过推进矿产等资源的高效利用，国内在绿色矿山设计方面取得了显著的成效，在开发过程中实现了源头减量；使用节能、节材、减排新技术，优化过程控制，提高了资源和能源的利用率；推进了大宗工业固废的再生资源化，回收利用废气、废水中的有用资源，实现了废弃物的循环利用。

12.3 智能工厂概念的提出与发展

自 2010 年以来，工业机器人、物联网、云计算、大数据、人工智能等新技术的发展速度加快，带动了工业领域的深度变革。

以生产方式为标志，似可按照如下若干个阶段看待实体工业的发展进程：第一个阶段是机器生产的蒸汽机时代，蒸汽机的发明推动了工业革命的深入，改变了古典的家庭手工作坊式生产方式，机器开始普遍应用于矿业、冶金、化工、交通等行业，资产阶级和无产阶级形成；第二个阶段是电气时代，自 19 世纪 70 年代以后，电力开始大范围地推广应用，内燃机、无线电设备等工具被发明出来，大型企业开始出现；第三个阶段是信息技术阶段，随着电子计算机、空间技术、生物工程、核能等技术的发明，工业生产方式发生了很大的改变，企业也出现了专业化和集成化并重的局面，既发展有专业的工程公司，也出现跨行业的集团公司，信息与网络类型的公司成为新兴的企业形式。

此外，人工智能的成熟也在推动着实体工业迈向新的发展阶段，网络技术、信息技术支撑了智能生产模式的形成，产品与物流、生产与管理、人工与机器、厂内与厂外实现了深度融合。2015 年，国家开始部署《中国制造 2025》战略，提出加快推动信息技术与制造技术融合发展，推进生产过程智能化，培育新型生产方式；研发先进节能环保技术、工艺和装备，推行低碳化、循环化和集约化，构建高效、清洁、低碳、循环的绿色制造体系。

现在一般通俗地将蒸汽机阶段称为工业 1.0 时代，电气阶段称为工业 2.0 时代，信息技术阶段称为工业 3.0 时代。工业 4.0 时代则被视为是智能化时代，也有一种说法为第四次工业革命。

如果以计算机辅助设计和制造技术的发明为起点，那么智能生产的起源就可以追溯到 20 世纪 50 年代和 60 年代，从数控机床的发明演变到程序化生产控制、柔性制造系统。随后，自动控制和计算机技术的发展逐渐推动了工业机器人进入生产线，计算机集成制造系统也促进了设计、生产、管理等各工序的协同。在工业互联网技术普及之后，物联网、大数据、云计算、区块链等技术也开始得以实用化，逐步形成了网络化智能生产的模式。智能生产的特征是网络化、自动化的程度高，在实体生产中大范围地应用智能机器，建立智能工厂、智慧工厂，设计、生产、管理和市场通过共享数据而交叉融合。以智慧矿山为例，根据《智慧矿山信息系统通用技术规范》（GB/T 34679—2017），智慧矿山是指基于泛在网、云计算、大数据、虚拟化、计算机软件及各种网络，借助于传感感知、数据通信、自动控制、智能决策等技术，支撑可视化展现、生产环节自动化运行、智能化服务决策、安全预警等诸多环节，“使整个矿山具有自我学习、分析和决策能力”。

值得一提的是，据报道，2023 年 9 月 1 日，国内首款商用可重构 5G 射频收发芯片研制成功，将有效提升我国 5G 网络核心设备的自主可控度。这揭示出我国的芯片制造、信息工业都在努力奋进的路上，除日常生活之外，工业生产和设计也都将在智能化时代得到进一步的促进和发展。

本章小结

本章简要回顾了工程设计的发展历程，仅供读者做初步的了解和参考。受作者视野所限，本章所述的工程设计发展历程存在很大的局限性，敬请读者予以选择性阅读。

习题

12-1 回顾工程设计的发展历程，针对环境工程、资源循环科学与工程的特点，讨论工程设计方法的革新及发展方向。

12-2 对于中国古典的工程设计，有很多理念在现代设计中仍然是可以借鉴的，例如建筑设计中的榫卯结构、园林设计中的山水平面布置等。试讨论还有哪些古典设计理念可以应用到现代环境工程与资源循环工程的设计中。

附　　录

附录1　四效蒸发制盐物料衡算与传热面积试算的程序

该程序采用C语言编写。

```
#define N 9
#define T 4
#define PI 3.1415926
#include "math.h"
#include "stdio.h"
float fun1(a,n,x,y)          /*函数内插模块*/
float a,x[50],y[50];int n;
{int i;float fny;
   if(a-x[1]==0){fny=y[1];return(fny);}
   if(a-x[n]==0){fny=y[n];return(fny);}
 for(i=2;i<=n;i++)
   if(a<x[i]){fny=y[i-1]+(a-x[i-1])*(y[i]-y[i-1])/(x[i]-x[i-1]);
   return(fny);
 }  }
float r(t)                  /*潜热--温度函数   */
float t;
{
float
tt[]={0,30.0,35.0,40.0,45.0,50.0,55.0,60.0,65.0,70.0,75.0,80.0,85.0,90.0,95.0,100.,105.,110.,
115.,120.,125.,130.,135.,140.,145.,150.};
float
rt[]={0,2423.7,2412.4,2401.1,2389.4,2378.1,2366.4,2355.1,2343.4,2331.2,2319.5,2307.8,2295.2,
2283.1,2270.9,2258.4,2245.4,2232.0,2219.0,2205.2,2191.8,2177.6,2163.3,2148.7,2134.0,2118.5};
float tw;
tw=fun1(t,25,tt,rt);
return(tw);
}
float  ii(t)                /*饱和蒸汽的焓值的温度函数*/
float  t;
{floatih;
```

```
float
tt[26]={0,30.0,35.0,40.0,45.0,50.0,55.0,60.0,65.0,70.0,75.0,80.0,85.0,90.0,95.0,100.0,105.0,
110.0,115.0,120.0,125.0,130.0,135.0,140.0,145.0,150.0};
float
i[26] = {0, 2549.3, 2559.0, 2568.6, 2577.8, 2587.4, 2596.7, 2606.3, 2615.5, 2624.3, 2633.5, 2642.3,
2651.1,2699.9,2668.7,2677.0,2685.0,2693.4,2701.3,2708.9,2716.4,2723.9,2731.0,2737.7,2744.4,
2750.7};
ih=fun1(t,25,tt,i);
return(ih);}
/* 温度  压力插值  */
float  tp(t)
float t;
{float
pt[]={0,30.0,35.0,40.0,45.0,50.0,55.0,60.0,65.0,70.0,75.0,80.0,85.0,90.0,95.0,100.0,105.0,
110.0,115.0,120.0,125.0,130.0,135.0,140.0,145.0,150.0};
float
pp[]={0,4.2464,5.6194,7.3749,9.5814,14.985,15.740,19.918,25.018,31.157,38.542,47.368,57.861,
70.12,84.536,101.31,120.82,143.28,169.07,198.59,232.13,270.18,313.04,361.39,415.62,476.13};
float  p;
p=fun1(t,25,pt,pp);
return(p);  }
/*压力  温度插值    */
float  tt(p)
float  p;
{ float
ty[]={0,30.0,35.0,40.0,45.0,50.0,55.0,60.0,65.0,70.0,75.0,80.0,85.0,90.0,95.0,100.0,105.0,
110.0,115.0,120.0,125.0,130.0,135.0,140.0,145.0,150.0};
float
pp[]={0,4.2464,5.6194,7.3749,9.5814,14.985,15.740,19.918,25.018,31.157,38.542,47.368,57.861,
70.12,84.536,101.31,120.82,143.28,169.07,198.59,232.13,270.18,313.04,361.39,415.62,476.13};
float t;
t=fun1(p,25,pp,ty);
return(t);  }
/*断面强度--压力函数  */
float dqe(kpa)
float kpa;
{int pp;
float py[]={0,0.1,0.4,0.6,0.8,1.0,1.2,1.4,1.6,2.2};
float ee[]={0,800,920,990,1050,1100,1150,1180,1200,1250 }
;
float ew;
```

```
for(pp=0;pp<=9;pp++){py[pp]=98.07*py[pp];}
ew=fun1(kpa,9,py,ee);
return(ew);
}
/*蒸汽密度--压力函数  */
float md(p)
float p;
{ float
pm[ ]={0,8,9,10,15,20,30,40,50,60,70,80,90,100,101.33,120,140,160,180,200,250,300,350,400,
450,500,600};
float m[ ] = {0,55.14,61.56,67.98,99.56,130.68,190.93,249.75,307.99,365.14,422.29,478.07,
533.84,589.61,597,698.68,807.58,829.81,1020.9,1127.3,1390.4,1650.1,1907.4,2161.8,2415.2,
2667.3,3168.6};
float mw;
mw=fun1(p,26,pm,m)/1000;
return(mw);
}
float sw(x0)/*四舍五入*/
float x0;
{float y,x=x0;
y=(int)(x);
y=(int)(2*((x)-(y)))+(y);
return(y);
}
float jin(x,y)/*x-元素 y-进位*/
float x,y;
{float x1;
x1=(y)*((int)((x)/(y)));
if(x! =x1) x1=(x1)+(y);
return(x1);
}
float jian(x0,y)/*减位函数*/
float x0,y;
{float x=x0;
x=y*((int)((x)/(y)));}
main()
{static float sjrs,s[T+1],kz[T+1]={0,2090,1860.,1620,1270},dt[T+1];
static float fds[T+1]={0,10,9,8,7},ws[T+1]={0,2.5,3.5,3.5,4};
static float min,max;
static int tmin,tmax,tjr=1;
static int flag,i,k,j,l,n=N,js[N+1];
```

```
static  float nx[T+1],ns=0.95,ny=0.98;
static float pzf[T+1];
static float tf[T+2];
static float wz[T+1],w=44.5852,q=84.5572,cs=4.186,cl=3.3061,c0=3.3488,cg=0.866502;
static float c,qn=1,kk=1;
static float wyl,dz[T+2],dd[5][3],dll[T+2],f[T+1],jz[T+1],g[T+1];
static float b1=0.02,b2=0.04,bg=0.991,m1=0.96,m2=0.97,m,lbw=894.97,lbg=287.8,jja,jjb;
static float d,t;
static float x[N+1],a[N+1][N+1],b[N+1];
/*static float x0=0.2185,x1=0.2185;*/
static float jrbh=0.010,d0=0.045,db0=0.0035;/*加热管规格45*3.5*/
static float zd[T+1],zfr[T+1]={0,0.8,0.9,1.05,1.3};
static float /*加热段流通面积*/fts,/*循环管流通面积*/xhs;
static float /*循环管直径*/xhd,/*循环流量(m3/s)*/xhq,/*循环泵轴功率kW*/xhbn;
static float /*蒸汽流速zqv  m/s,蒸汽管内径zqd*/zqd[T+1],zqv[T+1]={20,25,30,35,40},sy[T+1];
static float bb,bh,ll,nc,u,v,t1,t2,wl,wv;
static float lsj[9],kd,zx,sx,d1,d2,h0;
static float u0,sc,gd;
static float /*精盐干燥前后水分*/x1=0.03,x2=0.003;
static float q1,q2,po,t0,qq1,cy,qq2,qq4,ddd,h1,h2,lw0,lw1,i0,i1,qk,ur,kx,qz;
static float sf[T+1],vvmax;
pzf[0]=392.13725;
pzf[1]=0.488778*pzf[0];pzf[2]=0.4561224*pzf[1];pzf[3]=0.4038031*pzf[2];pzf[4]=pzf[3]
*0.2991689;
nx[1]=0.95;nx[2]=0.96;nx[3]=0.97;nx[4]=0.97;
ABC:
jjb=0.4182794;jja=0.3115134;c=2.107651;c0=3.3488;
cl=3.3488;tf[0]=15;tf[1]=35;tf[2]=55;tf[3]=75;tf[4]=95;
wz[1]=0.28629*w;wz[2]=0.24904*w;wz[3]=0.232841*w;wz[4]=0.23183*w;
wyl=0.095*wz[4];
AA:
for(i=1;i<=T;i++){tf[i]=tt((pzf[5-i]))+fds[5-i]-15;
if((tf[i]-tt((pzf[5-i]))+1.0)==1.0)tf[i]=tf[i]-5;}
for(i=0;i<=N;i++)
    for(j=0;j<=N;j++)   {x[i]=0;b[i]=0;a[i][j]=0;};
a[1][1]=nx[1]*r((tt((pzf[0]))));
b[1]=(jjb*c*(tt((pzf[1]))+12.5)+ii((1+tt((pzf[1]))))-c0*tf[4]*(jjb+1)-q*jja)*wz
[1];
a[2][1]=-1*ns*cs*(tt((pzf[0]))-1)+cs*(tt((pzf[1]))-1);
a[2][2]=ii((1+tt((pzf[1]))))-cs*(tt((pzf[1]))-1);
a[2][6]=ii((1+tt((pzf[1]))))-cs*(tt((pzf[1]))-1);
```

```
a[3][1]=-1*ns*cs*(tt((pzf[1]))-1)+cs*(tt((pzf[2]))-1);
a[3][2]=ns*cs*(tt((pzf[1]))-1)-cs*(tt((pzf[2]))-1);
a[3][3]=ii((1+tt((pzf[2]))))-cs*(tt((pzf[2]))-1);
b[4]=ns*cs*(tt((pzf[1]))-1)-cs*(tt((pzf[2]))-1);
a[4][2]=-1*ns*cs*(tt((pzf[1]))-1)+cs*(tt((pzf[2]))-1);
a[4][4]=ii((1+tt((pzf[2]))))-cs*(tt((pzf[2]))-1);
b[5]=(wz[1]+wz[2])*(ns*cs*(tt((pzf[2]))-1)-cs*(tt((pzf[3]))-1));
a[5][2]=-1*ns*cs*(tt((pzf[2]))-1)+cs*(tt((pzf[3]))-1);
a[5][3]=-1*ns*cs*(tt((pzf[2]))-1)+cs*(tt((pzf[3]))-1);
a[5][5]=ii((1+tt((pzf[3]))))-cs*(tt((pzf[3]))-1);
a[5][7]=-1*ns*cs*(tt((pzf[2]))-1)+cs*(tt((pzf[3]))-1);
a[5][8]=ii((1+tt((pzf[3]))))-cs*(tt((pzf[3]))-1);

b[7]=(wz[1]+wz[2]+wz[3])*(jjb+1)*cl*(tf[2]-tf[1]);
a[7][8]=ny*r((tt((pzf[3]))));
b[8]=-1*(wz[1]+wz[2])*(jjb+1)*cl*(tf[3]-tf[2]);
a[8][7]=ny*r((tt((pzf[2]))));
b[9]=-1*wz[1]*(jjb+1)*cl*(tf[4]-tf[3]);
a[9][6]=-1*ny*(ii((1+tt((pzf[1]))))-cs*(tt((pzf[1]))-1));
a[6][9]=ny*(w-wz[4]+wyl)*cs;
b[6]=(w-wz[4]+wyl)*cs*(tt((pzf[3]))-1)-(jjb+1)*w*cl*(tf[1]-tf[0]);
flag=1;
for(k=1;k<=n-1;k++)
{d=0;
for(i=k;i<=n;i++)
for(j=k;j<=n;j++)
  if(fabs(a[i][j])>d)
  {d=fabs(a[i][j]);js[k]=j;l=i;}
  if(d+1.0==1.0)
  {flag=0;return;}
  if(js[k]!=k)
    for(i=1;i<=n;i++)
{t=a[i][k];a[i][k]=a[i][js[k]];a[i][js[k]]=t;}
 if(l!=k)
  {for(j=k;j<=n;j++)
 {t=a[k][j];a[k][j]=a[l][j];a[l][j]=t;}
t=b[k];b[k]=b[l];b[l]=t;}
for (j=k+1;j<=n;j++)
   a[k][j]=a[k][j]/a[k][k];
   b[k]=b[k]/a[k][k];
for(i=k+1;i<=n;i++)
```

```
    {for(j=k+1;j<=n;j++)
    a[i][j]=a[i][j]-a[i][k]*a[k][j];
    b[i]=b[i]-a[i][k]*b[k];}  }
  if(fabs(a[n][n])+1.0==1.0)
    {flag=0;return;}
  x[n]=b[n]/a[n][n];
  for(i=n-1;i>=1;i--)
    {d=0;
     for(j=i+1;j<=n;j++)   d=d+a[i][j]*x[j];
     x[i]=b[i]-d;
    }
  for(k=n-1;k>=1;k--)
  if(js[k]! =k)
  {t=x[k];x[k]=x[js[k]];x[js[k]]=t;}
  BB:
  dz[1]=x[1];dd[1][1]=x[2];dd[2][1]=x[3];dd[3][1]=x[4];dd[4][1]=x[5];
  dll[4]=x[8];dll[3]=x[7];dll[2]=x[6];tf[5]=x[9];
  dz[2]=wz[1]+dd[1][1];dz[3]=wz[2]+dd[3][1]+dd[2][1];dz[4]=wz[3]+dd[4][1];
  dd[1][2]=dz[1]-dd[1][1]-dll[2];dd[2][2]=dz[1]-dd[1][1]-dd[2][1];dd[3][2]=dz[2]-
dd[3][1];dd[4][2]=dz[3]+dll[3]-dd[4][1]-dll[4];
  f[0]=(jjb+1)*w;f[1]=(jjb+1)*wz[1];f[2]=(jjb+1)*wz[2];f[3]=(jjb+1)*wz[3];f[4]=(jjb
+1)*wz[4];
  jz[1]=jjb*wz[1];jz[2]=jjb*wz[2];jz[3]=jjb*wz[3];jz[4]=jjb*wz[4];
  g[1]=jja*wz[1];g[2]=jja*wz[2];g[3]=jja*wz[3];g[4]=jja*wz[4];
  dll[5]=wz[1]+wz[2]+wz[3]+dd[1][1]+dd[2][1];
  /*第一阶段结束 求出未知量*/
  min=1000;max=0;
  for(i=1;i<=T;i++){   dt[i]=tt((pzf[i-1]))-tt((pzf[i]))-fds[i]-ws[i]-1;
  if(i==T)dt[i]=dt[i]+1;
  /*蒸发室面积*/s[i]=1000*dz[i]*r((tt((pzf[i-1]))))/(3.6*kz[i]*dt[i]);
  if(min>=s[i]){min=s[i];tmin=i;}
  if(max<=s[i]){max=s[i];tmax=i;}}
  if(((max-min)>(0.001*min))&&(tjr<=5000)){tjr=tjr+1;
     pzf[tmin]=1.0001*pzf[tmin];pzf[tmin-1]=0.9999*pzf[tmin-1];
     pzf[tmax]=0.9999*pzf[tmax];pzf[tmax-1]=1.0001*pzf[tmax-1];
     goto ABC;   }
  s[0]=(s[1]+s[2]+s[3]+s[4])/4;
  sjrs=jin((1.05*s[0]),10.0);/*圆整 jin 10 wei*/
  printf("\n=========================================");
  /*关于加热段*/
  for(i=0;i<=T;i++)
```

```
printf("温差 dt[%d]=%8.4f 加热室面积 s[%d]=%8.4f \n",i,dt[i],i,s[i]);
printf("平均 s[0]=%8.4f 圆整 sjrs=%8.4f\n",s[0],sjrs);
printf("误差(s1-s4)/s4=%8.4f ",((s[1]-s[4])/s[4]) );
printf("(max-min)/min=%8.4f\n",(max-min)/min);
/* 阶段结束 求出加热室面积 */
t=f[0];
dt[1]=((tf[5]-tf[0])-(tt((pzf[3]))-1-tf[1]))/log(((tf[5]-tf[0])/(tt((pzf[3]))-1-tf
[1])));
for(i=2;i<=T;i++) dt[i]=(((tt((pzf[5-i]))-1-tf[i-1])-(tt((pzf[5-i]))-tf[i])))/log
(((tt((pzf[5-i]))-1-tf[i-1])/(tt((pzf[5-i]))-tf[i])));
for(i=1;i<=T;i++) kz[i]=800;kz[1]=450;/* w/m2.c */
for(i=2;i<=T;i++){t=t-f[6-i];
s[i]=1000*t*cl*(tf[i]-tf[i-1])/(3.6*kz[i]*dt[i]*ny);}
s[1]=1000*f[0]*cl*(tf[1]-tf[0])/(3.6*kz[1]*dt[1]*ny);
for(i=1;i<=T;i++)sy[i]=s[i];
printf("\n=============================================
===================");
for(i=1;i<=T;i++)printf("温差 dt[%d]=%8.4f 预热器面积 s[%d]=%8.4f \n",i,dt[i],i,s[i]);
/* 第二阶段结束 求出加热室和预热器面积 */
if(flag==1)
{printf("\n=============================================
===================");
for(i=0;i<=T;i++)printf(" pzf[%d]=%8.4f",i,pzf[i]);
printf("\n %8.4f %8.4f %8.4f %8.4f DZ[1]=%f",dz[1],dz[2],dz[3],dz[4],dz[1]);
printf("\n %8.4f %8.4f %8.4f %8.4f Wj=%f
Ws=%f",wz[1],wz[2],wz[3],wz[4],wz[1]+wz[2]+wz[3]+wz[4],w);
printf("\n %8.4f %8.4f %8.4f %8.4f F=%f",f[1],f[2],f[3],f[4],f[1]+f[2]+f[3]+f[4]);
printf("\n %8.4f %8.4f %8.4f %8.4f J=%f",jz[1],jz[2],jz[3],jz[4],jz[1]+jz[2]+jz[3]+jz[4]);
printf("\n %8.4f %8.4f %8.4f %8.4f G=%f",g[1],g[2],g[3],g[4],g[1]+g[2]+g[3]+g[4]);
printf("\n dd[1][1]=%8.4f dd[2][1]=%8.4f dd[3][1]=%8.4f dd[4][1]=%8.4f",
dd[1][1],dd[2][1],dd[3][1],dd[4][1]);
printf("\n dd[1][2]=%8.4f dd[2][2]=%8.4f dd[3][2]=%8.4f
dd[4][2]=%8.4f",dd[1][2],dd[2][2],dd[3][2],dd[4][2]);
printf("\n dll[2]=%8.4f dll[3]=%8.4f dll[4]=%8.4f",dll[2],dll[3],dll[4]);
printf("tf[5]=%8.4f",tf[5]);
printf("\n%f(=0.967426)%f(=0.965327)%f%f
\n",dd[1][2]/dz[1],dd[2][2]/(dd[1][2]+dll[2]),dd[3][2]/dz[3],dd[4][2]/(dz[3]+dd[3]
[2]) );
}
else printf("thereis no answer!");
printf("\n=============================================
```

```
==================");
    /*加热管规格45*3.5*/
    /*加热管根数*/d=d0-db0;
    /*长度*/t=8;
    m=sjrs/(PI*t*d);/*加热管根数初值*/
    t=jin((1.0*m),1.0);;/*加热管根数圆整值*/
    printf("加热管根数初值=%8.2f圆整=%8.2f",m,t);
    /*加热室内径d*/
    d=(1.3*( 1.1*(sqrt(t))-1)+4)*d0;
    printf("jrdc=%8.4f ",1000*d);
    d=(jin((1000.0*d),100.0))/1000;
    printf("加热室内径d=%8.2fmm 壁厚=%6.2fmm\n",1000*d,1000*jrbh);
    /*蒸发室直径*/zd[0]=0;;
    for(i=1;i<=T;i++){zd[i]=sqrt( 4*1000*wz[i]/(PI*dqe((pzf[i]))) );
      if(zd[0]<=zd[i])zd[0]=zd[i];
    printf(" zfd[%d]=%8.4f",i,zd[i]);}
    printf("\n");
    /*蒸发室体积s[]*/for(i=1;i<=T;i++){
    s[i]=(1000*wz[i]/( (md((pzf[i])))*zfr[i] ))/3600;
      if(s[0]<=s[i])s[0]=s[i];
    printf(" zfv[%d]=%8.4f",i,s[i]);}
    printf("\n");
    /*蒸发室高dt[]*/for(i=1;i<=T;i++){ dt[i]=4*s[i]/(PI*zd[i]*zd[i]);
    if(dt[0]<=dt[i])dt[0]=dt[i];
    /*printf(" zfh[%d]=%8.4f",i,dt[i]); */ }
    /*printf("zfh[0]=%8.4f",dt[0]); */
    zd[0]=sw((1.0*zd[0]));
    zd[0]=jin((1.0*zd[0]),1.0);
    s[0]=sw((1.0*s[0]));
    dt[0]=jin((1.5+dt[0]+1.0),1.0);
    max=PI*zd[0]*zd[0]*dt[0]/4;vvmax=max;
    printf("蒸发室直径d[0]=%5.2fm 高h[0]=%5.2fm 体积max=%f\n",zd[0],dt[0],max);
    printf("\n====================================================
===================\n");
    /*求出加热段的沸腾管*/
    /*加热段高4m*/min=4;
    /*加热段流通面积*/
    fts=((1000*(d0-2*db0))*(1000*(d0-2*db0))*t*PI/4000)/1000;
    /*循环管流通面积*/xhs=1.3*fts;
    /*循环管直径*/xhd=(sqrt((4*(10000*xhs)/PI)))/100;
    xhd=(jin((1000.0*xhd),10.0))/1000;
```

```
/＊循环流速--经验(m/s)＊/t=2;
/＊循环流量(m3/s)＊/xhq=fts＊t;
/＊循环泵压头--经验 3m 循环泵轴功率 kW 密度取为 1737(kg/m³)效率取为 0.7＊/
xhbn=xhq＊3＊1737/(102＊0.7);
/＊蒸汽流速 zqv m/s,每秒耗蒸汽量 wz[ ]/3.6,蒸汽密度 md(pzf[ ]),蒸汽管内径 zqd m＊/
dz[5]=wz[4];
for(i=0;i<=T;i++){
t=md((pzf[i]));
t=3.6＊PI＊zqv[i]＊t;
t=4＊100＊dz[i+1]/t;
t=sqrt(t);
zqd[i]=100.0＊t;/＊mm＊/
/＊if(zqd[i]<=450)zqd[i]=jin((1.0＊zqd[i]),50.0);＊/
/＊else zqd[i]=jin((1.0＊zqd[i]),100.0);<p388-biao 3> ＊/
              }
printf("加热段高 h=%4.1fm 加热管流通面积 S=%fm2 \n 循环管流通面积 S=%fm2 循环管直径 d=%fmm 循环泵计算功率 N=%fKw\n",min,fts,xhs,1000＊xhd,xhbn);
printf("蒸汽管内径 mm:");for(i=0;i<=T;i++)printf("d[%d]=%8.3f ",i,zqd[i]);
/＊冷凝水管径＊/printf("\n 冷凝水管径 mm:");
        /＊流速＊/ u=2;
        for(i=1;i<=T;i++){
d=10＊(sqrt(((4＊dz[i])/(PI＊0.36＊u))));/＊    mm    ＊/
                printf(" d[%d]=%8.4f ",i,d);
                        }
/＊进卤管径＊/printf("\n 进卤管径 mm:");
        /＊流速＊/ u=1;
/＊卤水密度 1190kg/m3＊/   m=0.1190;
        for(i=1;i<=T;i++){
d=10＊(sqrt(((4＊f[i])/(PI＊m＊3.6＊u))));/＊    mm      ＊/
                printf(" d[%d]=%8.4f ",i,d);
                        }
/＊盐浆管径＊/printf("\n 盐浆管径 mm:");
            /＊流速＊/ u=0.5;
/＊盐浆密度 1737kg/m3＊/   m=0.1737;     jz[0]=0;
            for(i=1;i<=T;i++){
d=10＊(sqrt(((4＊jz[i])/(PI＊m＊3.6＊u))));/＊    mm      ＊/
                printf(" d[%d]=%8.4f ",i,d);
                jz[0]=jz[0]+jz[i];
                        }
d=10＊(sqrt(((4＊jz[0])/(PI＊m＊3.6＊u))));
printf("\n 总盐浆管径 mm:%8.4f",d);
```

```
}}}}}
printf("\n===============================================================================");
/*预热器*/printf("\n 预热器-正三角排列");
/*加热管 d0*db0 mm*/d0=38;db0=3.0;printf("\n 加热管%6.2f*%6.2fmm",d0,db0);
/*管中心距 1.3-1.4d*/ t=1.4;printf("管心距%3.1fd ",t);t=t*d0;
/*壳管距=1.4d*/bb=1.4;printf("壳管距%3.1fd\n",bb);bb=bb*d0;
printf("根数          中心管数 壳内径 mm      壁管长 m 流量 m3/s 流速 接管径 mm\n");
for(i=1;i<=T;i++){
/*管长*/ll=6;
      /*根数*/d=(1000*sy[i])/(PI*(d0-db0)*ll);
   m=jin( d,1.0);printf("%6.1f/%g ",d,m );
/*中心管数*/nc=sqrt(m);nc=1.1*nc;printf("%6.1f/",nc);
                   nc=jin(nc,1.0);printf("%g ",nc);
/*壁厚 mm*/bh=10;
/*壳内径 mm*/d=t*(nc-1)+2*bb;printf("%6.1f/",d);
   d=jin( d,100.0);printf("%g %g ",d,bh);
/*管长 ll*/printf(" %g     ",ll);
max=0;
for(j=i;j<=T;j++)max=max+f[T+1-j];
/*卤水密度 1190kg/m3*/m=1190;m=m/1000;
/*体积流量 *1000m3/s*/     v=max/(1.19*3.6);
   printf("%8.5f ",v/1000);
/*流体在接管中的流速 m/s */u=2.0;printf("%g ",u);
/*接管直径 mm*/d=10*(sqrt((4*v*10)/(PI*u)));
            /*d=jin(d,100.0);*/  /*进位*/
                      printf("   %8.4f\n",d);
}
}}}}}
printf("==============================================================================\n");
/*冷却水进口温度*/t1=25;printf("冷却水进口温度%g ",t1);
/*查图 8-53  蒸汽 26Kg/m3 冷却水*/wl=26;
/*冷却水量 t/h*/wl=1.25*wz[T]/wl;/*  *1000m3*/
     wl=1000*wl;   printf("冷却水量%gt/h ",wl);
/*储槽时间 h*/t2=2;printf("储槽时间%gh",t2);
/*蒸汽体积流量 m3/s*/wv=(1000*wz[T])/(3600*(md((pzf[T]))));
                printf("蒸汽体积流量%gm3/s",wv);
/*蒸汽流速 m/s*/v=20;printf("流速%gm/s\n",v);
/*冷凝器直径 mm*/d=1000*( sqrt(wv/(0.785*v)) );printf("冷凝器直径%gmm",d);
                d=jin( d ,100.0);printf("圆整%gmm\n",d);
```

```
/*淋水板7块*/
/*间距lsj[]=D+(0.15-0.3)m*/lsj[0]=(d/1000)+0.3;/* m */
lsj[7]=lsj[0];printf("淋水间距 m:l[0]=%4.1f",lsj[7]);
for(i=1;i<=6;i++){ lsj[i]=0.6*lsj[i-1];lsj[7]=lsj[7]+lsj[i];printf("l%d=%4.2f",i,lsj[i]);}
lsj[8]=sw((lsj[7]));
printf("总高度:%g/%gm\n",lsj[7],lsj[8]);
/*中间五块板宽度*/d=d/1000;/* m */
kd=d/2+0.05;printf("中间五块板宽%g",kd);
        kd=jin(kd,1.0);printf("圆整%gm\n",kd);
printf("堰高%gmm",max=80);printf("孔径%gmm",min=8);
printf("阻力系数%g",zx=0.96);printf("收缩系数%g\n",sx=0.81);
u=2*9.81*max/1000;u=sqrt(u);
printf("冷却水流速%gm/s",u=zx*sx*u);
printf("单孔淋水量%gm3/h",u=3.6*PI*min*min*u/4000);
printf("第一板孔数%g/",v=1.15*wl/u);v=jin( (1.0*v),1.0);printf("%g",v);
printf("其余板孔数%g/",v=1.05*wl/(2*u));v=jin( (1.0*v),1.0);printf("%g",v);
printf("蒸汽进口径%gmm",d1=1200);
/*冷水气腿流速 m/s*/v=2.5;d2=PI*v;d2=4*wl/d2;d2=sqrt(d2);d2=d2/60;
printf("冷水出口径%gm",d2);d2=1000.0*d2;
d2=jin(d2,10.0);printf("/%gmm",d2);
printf("冷水进口径%gmm\n",d2=d2-60);
printf("真空度%gmmHg",h0=690);h0=h0*10.33/760+0.6;
printf("气压管长度 %gm",h0);h0=jin(h0,10.0);
printf("圆整%gm",h0);
printf("\n=============================================================
====================");
printf("沉降器\n");u0=1.5;
printf("沉降速度%gm/hr",u0);
/*盐浆密度1737Kg/m3*/v=1737;
/*沉降面积*/sc=(1.3*1000*jjb*w)/(v*u0);
d=sqrt((4*sc/PI));printf("沉降直径%gm",d);
d=jin(d,0.5);printf("圆整%gm\n",d);
/*根据经验沉降高度取2m*/gd=2;printf("沉降高度%gm",gd);
/*经沉降器沉降后,固液比为2:1*/t=2;printf("固液比为%g",t);
jz[0]=jja*w;
printf("湿盐量%gt/h\n",t=jz[0]*(t+1)/t);
printf("旋流器:");
/*流量Q=12.38m3/hr */q=12.38;
/*u=3-15m/s*/printf("u=%gm/s",u=10);
d=sqrt((q*4/(u*PI*3600)));t=jin((1000.0*d),1.0);
printf("D=%gm/%gmm",d,t);
```

```
/* Dc/D =7*/t=7;d =t*d;t=jin((1000.0*d),10.0);
printf("Dc=%gm/%gmm",d,t);
printf("\n==================================================================\n");
x1=0.03;x2=0.003;printf("干燥前后含水量:%g/%g",x1,x2);
q1=20;q2=60;
printf("干燥前后温度:%g/%g",q1,q2);
/*空气进入预热器前相对湿度:φ=60% */po=0.6;
printf("空气进入预热器前相对湿度:%g",po);
t0=20;t1=60;
printf("\n空气进离温度%g/%g",t0,t1);
/*固液比*/t=2;
wl=1000*(jz[0]*(x1-x2));wl=wl*(t+1)/t;
printf("蒸发量%gkg/hr",wl);
qq1=wl*(ii((100.0))-cs*q1);
printf("蒸发水分耗热%gkJ/kg",qq1);
/*盐比热*/cy=0.938;
qq2=1000*jz[0]*(t+1)*cy*(q2-q1)/t;
printf("\n湿盐耗热量%gkJ/h",qq2);
qq4=0.1*(qq1+qq2);printf("损失热%gkJ/h",qq4);
/*kg水/kg干空气*/h0=0.009;h1=0.009;
/*真空蒸发制盐工艺P123式3-16 (t1-t2)/(H2-H1) = Q/W(1+1.97H1) */
/*(140-t2)/(H2-0.009) = 1.1(Q+Q)/562.5×(1+1.97×0.009) */
/*整理得:4304.8H2+t2 =178.74采用试差法,先假定t2的值*/
/*由H-I图(《真空蒸发制盐工艺》P121)查出对应的H2值代入得t2=85 ℃ */  t2=85;
h2=0.028;/*kg水/kg绝干气*/
lw0=wl/(h2-h1);
lw1=0.8405729*lw0;
printf("\n沸腾床干空气量%gkg/h/%gm3/h",lw0,lw1);
printf("加热空气热量");
/*由H-I图查得kg/kg干空气*/i0=48;i1=160;
qk=lw0*(i1-i0);printf("%gkj/h",qk);
printf("加热蒸汽消耗量");
/*Q空=Drη即3352631.58=D×2093.62×0.96*/
ddd=qk/(0.96*2093.62);
printf("%gKf/h",ddd);
u=15;printf("\n加热蒸汽流速%gm/s",u);
printf("蒸汽管径");
d=4*ddd/(3600*u*PI);d=sqrt(d);
printf("%gm",d);
d=jin((1000.0*d),0.5);printf("/%gm",d);
```

```
printf("冷凝水流速%gm/s",u0);u0=1.5;
printf("冷凝水管径");
d0=4*ddd/(1000*u0*3600*PI);d0=sqrt(d0);
printf("%gm\n",d0);
printf("散热器:");
t1=157.9;printf("热介质平均温度%g",t1);
min=20;max=140;t2=0.5*(min+max);
printf("空气平均温度%g(设进口%g 出口%g)\n",t2,min,max);
ur=lw0/(1.226*3600);
printf("SRI-20*10D 型散热器,净通风 1.226m2 则空气重量流速%gkg/m2.s\n",ur);
/*查《采暖通风设计手册》得 k=11.7×ur0.49kcal/m2.hr.℃*/
kx=pow(ur,0.49);kx=11.7*kx;
qz=1.1*(qq1 +qq2);printf("总热量%gkJ/h",qz);
sx=qz/(kx*cs*(t1-t2));printf("散热面积%gm2",sx);sx=2*sx;printf("/%gm2\n",sx);
printf("鼓风机风量%gm3/h",lw0/1.226);
/*风压:3.8×2=7.2m H2O 柱　即 70.6kPa*/
printf("引风机风量%gm3/h\n",1.1*lw0/1.226);
printf("========================================================================\n");
printf("闪发器计算");
/*进入闪的冷凝水量*/s[1]=dz[1];　s[2]=dd[1][2]+fabs(dll[2]);
s[3]=dz[2];　s[4]=dz[3]+dd[3][2];
sf[1]=cs*(s[1]*(tt((pzf[0]))-1)-dd[1][2]*(tt((pzf[1]))-1))/ii((tt((pzf[1]))));
sf[2]=cs*(s[2]*(tt((pzf[1]))-1)-dd[2][2]*(tt((pzf[2]))-1))/ii((tt((pzf[2]))));
sf[3]=cs*(s[3]*(tt((pzf[1]))-1)-dd[3][2]*(tt((pzf[2]))-1))/ii((tt((pzf[2]))));sf[4]=cs*(s[4]*(tt((pzf[2]))-1)-dd[4][2]*(tt((pzf[3]))-1))/ii((tt((pzf[3]))));/* d=4*1000*sf[i]/(3600*PI*md((pzf[i]));*//*接管后管径 m*/
/* if(i>=3)d=4*1000*sf[i]/(3600*PI*md((pzf[i-1]));*/
printf("闪发量 t/h 管径 m");
for(i=1;i<=T;i++){d=4*1000*sf[i]/(3600*PI*md((pzf[i]))*zqv[i]);/*接管后管径 m*/
if(i>=3)d=4*1000*sf[i]/(3600*PI*md((pzf[i-1]))*zqv[i]);;
        d=sqrt(d);printf("sf[%d]=%gt/h d[%d]=%gm",i,sf[i],i,d);}
printf("\n 闪发器直径 m 高度 m :");
for(i=1;i<=T;i++){d=(4*s[i]*0.1)/(0.5*PI);d=sqrt(d);
            printf("d[%d]=%g  ",i,d);
            d=2*d;printf("D[%d]=%g  ",i,d);}
printf("\n=========================================================================\n");
t=4;d=f[0]*t;gd=3.5;
printf("卤水停留%gh 卤水流量%gm3/hr 储槽容量%gm3",t,f[0],d);
d=4*d/(3.5*PI);d=sqrt(d);
```

```
printf("高%gm 直径%g",gd,d);
d=jin(d,1.0);printf("/%gm",d);
t=4;
printf("\n 储盐浆按%gh 计算",t);
/*盐浆密度*/d=1737/1000;
    v=jjb*w*4/d;printf("%gm3/h",v);
    d=4*v/(PI*3.5);d=sqrt(d);printf("浆槽直径%g/",d);gd=3.5;
d=jin(d,1.0);printf("%g 高%gm",d,gd);
v=T*vvmax;
printf("\n 事故槽储量按四个蒸发罐体积计算%g",v);gd=3.5;
printf("高%gm",gd);
d=4*v/(PI*gd);d=sqrt(d);
printf("直径%g/",d);d=jin(d,1.0);printf("%gm",d);
t=4;v =4*(dz[1]+dz[2]+dz[3]+dz[4]);gd=3.5;
printf("\n 冷凝水槽储量按%g 小时冷凝水计算%gm3",t,v);
printf("高%gm",gd);
d=4*v/(PI*gd);d=sqrt(d);printf("直径%g/",d);d=jin(d,1.0);printf("%gm",d);
printf("\n=================================================================================");
}
```

根据第 5 章例 5-1,上述程序试算的结果如下:

```
==================================================
温差 dt[0]=0.0000 加热室面积 s[0]=376.2469
温差 dt[1]=10.7048 加热室面积 s[1]=376.3107
温差 dt[2]=10.9552 加热室面积 s[2]=376.3127
温差 dt[3]=12.0231 加热室面积 s[3]=376.3231
温差 dt[4]=12.7744 加热室面积 s[4]=376.0411
平均 s[0]=376.2469 圆整 sjrs=400.0000
误差(s1-s4)/s4=0.0007 (max-min)/min=0.0007
==================================================
温差 dt[1]= 25.6541 预热器面积 s[1]=123.5892
温差 dt[2]= 16.0554 预热器面积 s[2]= 88.9329
温差 dt[3]= 15.0751 预热器面积 s[3]= 68.0011
温差 dt[4]= 13.7897 预热器面积 s[4]= 39.6504
==================================================
pzf[0]=401.8226 =195.7742 = 84.7638= 31.9617 = 11.4948
14.1781  12.5105  11.6206  9.4263 DZ[1]=14.178148
```

12.7643 11.1035 10.3813 10.3362 W=44.585246

18.1033 15.7479 14.7235 14.6596 F=63.234336

5.3390 4.6444 4.3423 4.3234 J=18.649090

3.9762 3.4589 3.2339 3.2199 G=13.888901

dd[1][1]=0.2538 dd[2][1]=0.4917 dd[3][1]=0.0254 dd[4][1]=0.9550

dd[1][2]=13.7205dd[2][2]=13.9402dd[3][2]=12.4851dd[4][2]=9.5105

dll[2]=0.7114 dll[3]=1.3002 dll[4]=1.7650 tf[5]=36.1360

0.967722(=0.967426) 0.965932(=0.965327) 1.074397 0.394531

==

加热管根数初值=383.51 圆整=384.00 jrdc=1382.4974 加热室内径 d= 1400.00mm 壁厚=10.0mm

zfd[1]=3.6305 zfd[2]=3.6416 zfd[3]= 3.8530 zfd[4]=4.0386

zfv[1]=4.0116 zfv[2]=6.7910 zfv[3]=13.5644 zfv[4]=28.5270

蒸发室直径 d[0]=4.00m 高 h[0]=5.00m 体积 max=62.831852

==

加热段高 h=4.0m 加热管流通面积 S=0.435500m2

循环管流通面积 S=0.566150m2 循环管直径 d=850.000024mm 循环泵计算功率 N=63.568386kW

蒸汽管内径 mm:d[0]= 339.833 d[1]= 400.245 d[2]= 521.036 d[3]= 685.899 d[4]=1086.488

冷凝水管径 mm: d[1]= 70.8131d[2]= 66.5184d[3]= 64.1088d[4]= 57.7395

进卤管径 mm: d[1]= 51.8674d[2]= 48.3756d[3]= 46.7758d[4]= 46.6741

盐浆管径 mm: d[1]= 32.9713d[2]= 30.7516d[3]= 29.7346d[4]= 29.6700

总盐浆管径 mm: 61.6216

==

预热器-正三角排列

加热管 38.00 * 3.00mm 管心距 1.4d 壳管距 1.4d

根数 中心管数 壳内径 mm 壁 管长 m 流量 m3/s 流速 接管径 mm

187.3/188 15.1/16 904.4/1000 10 6 0.01476 2 96.9375

134.8/135 12.8/13 744.8/800 10 6 0.01134 2 84.9612

103.1/104 11.2/12 691.6/700 10 6 0.00790 2 70.9255

60.1/61 8.6/9 532.0/600 10 6 0.00423 2 51.8674

==

冷却水进口温度 25 冷却水量 496.932t/h 储槽时间 2h 蒸汽体积流量 37.0851m3/s 流速 20m/s

冷凝器直径 1536.92mm 圆整 1600mm

淋水间距 m:l[0]= 1.9 等板间距:960.0l1=1.14 l2=0.68 l3=0.41 l4=0.25 l5=0.15 l6=0.09 总高度:4.61703/5m

中间五块板宽 0.85 圆整 1m

堰高 80mm 孔径 8mm 阻力系数 0.96 收缩系数 0.81

冷却水流速 0.974206m/s 单孔淋水量 0.176288m3/h 第一板孔数 3241.69/3242 其余板孔数 1479.9/1480 蒸汽进口径 1200mm 冷水出口径 0.265144m/270mm 冷水进口径 210mm

真空度 690mmHg 气压管长度 9.97855m 圆整 10m

==

沉降器

沉降速度 1.5m/hr 沉降直径 3.44199m 圆整 3.5m

沉降高度 2m 固液比为 2　湿盐量 20.8333t/h

旋流器:u=10m/sD=0.0209249m/21mmDc=0.146475m/150mm

==

干燥前后含水量:0.03/0.003 干燥前后温度:20/60 空气进入预热器前相对湿度:0.6

空气进离温度 20/60 蒸发量 562.5Kg/hr 蒸发水分耗热 1458720kJ/kg

湿盐耗热量 781667kJ/h 损失热 224039kJ/h

沸腾床干空气量 29605.3kg/h/24885.4m3/h 加热空气热量 3315790kJ/h 加热蒸汽消耗量 1649.75kf/h

加热蒸汽流速 15m/s 蒸汽管径 0.197227m/197.5m 冷凝水流速 1.5m/s 冷凝水管径 0.0197227m

散热器:热介质平均温度 157.9 空气平均温度 80(设进口 20 出口 140)

SRI-20 * 10D 型散热器,净通风 1.226m2 则空气重量流速 6.70773kg/m2.s

总热量 2464420Kj/h 散热面积 254.197m2/508.395m2

鼓风机风量 24147.8m3/h 引风机风量 26562.6m3/h

==

闪发器计算闪发量 t/h 管径 m

sf[1]=0.614288t/h d[1]=0.08869m sf[2]=0.626116t/h d[2]=0.120943m

sf[3]=0.483626t/h d[3]=0.09840m sf[4]=2.56101t/h　d[4]=0.334426m

闪发器直径 m 高度 m :

d[1]=1.90011　D[1]=3.80023　d[2]=1.91704　D[2]=3.83409

d[3]=1.78488　D[3]=3.56975　d[4]=2.47759　D[4]=4.95519

卤水停留 4h 卤水流量 63.2343m3/hr 储槽容量 252.937m3 高 3.5m 直径 9.5924/10m

储盐浆按 4h 计算 74.5963m3/h 浆槽直径 5.2093/6 高 3.5m

事故槽储量按四个蒸发罐体积计算 251.327 高 3.5m 直径 9.56183/10m

冷凝水槽储量按 4 小时冷凝水计算 190.942m3 高 3.5m 直径 8.33435/9m

==

附录 2　部分低值/废弃物循环利用的设计案例

设计案例	二维码
本科毕业设计说明书及图样	

注:如上设计案例仅取材于本科毕业设计,并非实际工程案例,且已删去部分工程化数据,仅用于展示工程设计的格式与步骤。

附录3　部分教学资源的链接

章节	二维码
1　环境与资源领域的工程设计	
2　工程制图基础	
3　工艺流程设计	
4　物料与能量平衡计算	
5　设备选型	
6　车间与管道布置	
7　非工艺设计	
8　设计概算和技术经济	
9　设计文件编制	

续表

章节	二维码
10　工厂选址及总布置设计	
11　计算机辅助设计工具概述	
12　工程设计发展回顾	

参考文献

[1] 童华. 环境工程设计 [M]. 北京：化学工业出版社，2009.
[2] 李国庭，陈焕章，黄文焕，等. 化工设计概论 [M]. 北京：化学工业出版社，2008.
[3] 谢广元. 选矿学：第 3 版 [M]. 徐州：中国矿业大学出版社，2016.
[4]《制盐工业手册》编辑委员会. 制盐工业手册 [M]. 北京：中国轻工业出版社，1994.
[5] 机械工业部. 中小型电机产品样本 [M]. 北京：机械工业出版社，1995.
[6] 程晓，文丹枫. 工业互联网：技术、实践与行业解决方案 [M]. 北京：中国工信出版集团、电子工业出版社，2020.
[7] 陆剑峰，张浩，杨海超，等. 智能工厂数字化规划方法与应用 [M]. 北京：机械工业出版社，2020.
[8] 葛婉华，陈鸣德. 化工计算 [M]. 北京：化学工业出版社，1990.
[9] 杜军，彭海龙，黄宽，等. 化工计算 [M]. 北京：科学出版社，2019.
[10] 陈声宗. 化工设计：第 2 版 [M]. 北京：化学工业出版社，2008.
[11] 梁志武，陈声宗，任艳群，等. 化工设计：第 4 版 [M]. 北京：化学工业出版社，2015.